CÕI PHI THỜI GIAN: *NỀN TẢNG CỦA MỌI HIỆN TƯỢNG*

Mai, trung- Kiên

ISBN: 978-1-0679213-5-4
E book: 978-1-0679213-4-7

LỜI NÓI ĐẦU
BẢN NGUYÊN CỦA THỰC TẠI VÀ MÊNH LỆH TỪ CÕI PHI THỜI GIAN

Suốt hàng thế kỷ, nhân loại tự giam mình trong một cuộc chiến tư tưởng nhị nguyên dai dẳng giữa Vật chất và Tâm thức. Giới khoa học thực chứng nhìn vũ trụ như một cỗ máy cơ học khổng lồ cấu thành từ những nguyên tử vô tri, vận hành dưới sự thống trị độc tôn của dòng thời gian tuyến tính. Ngược lại, các hệ thống triết học tâm linh lại tìm cách trốn thoát khỏi thế giới thực tại để hướng về những cõi siêu hình mờ ảo. Cả hai lối tư duy ấy, dẫu đạt được những đỉnh cao riêng, đều phải dừng bước trước một bức tường ranh giới chung: Bản chất cốt tủy của thực tại là gì? Ý thức từ đâu sinh ra, và nó đóng vai trò gì trong việc kiến tạo nên thế giới vật chất?

Ngay cả Thuyết Dây (String Theory) và Thuyết M – những đỉnh cao kiêu hãnh của vật lý lý thuyết hiện đại – khi chạm đến biên giới của không gian 11 chiều với các cấu trúc Calabi-Yau siêu việt (cấu trúc cuộn và thắc gút), cũng đành phải bất lực trước câu hỏi khởi nguyên: *Sợi dây năng lượng ấy được dệt nên từ chất liệu gì, và lực nào đã cưỡng bức chúng phải dao động để sinh ra vạn vật?*

Cuốn sách này được viết ra để bổ sung thêm một giả thuyết triết hoc khoa học và kỳ vọng chạm đến bức tường bế tắc đó. Bằng việc thông qua khung nền lý thuyết **Tiền hình học hóa và Thời Gian hóa Thông tin thành Vật chất / HTTV (Information Pregeometrization and Temporalization into Matter IPTM)**, bài viết này sẽ trình bày cùng bạn một cuộc cách mạng thế giới quan triệt để: Tái định nghĩa toàn bộ phân tầng của thực tại thông qua mối quan hệ trực giao giữa Cõi Phi Thời Gian- **CPT)** và Vũ trụ biểu hiện.

Bài viết gợi ý cơ chế khởi nguyên vũ trụ bên kia lớp màn huyền thoại của cõi siêu hình để bước vào một không gian thông tin qua các mã toán học thuần túy: **CPT – Cõi Phi Thời Gian tuyệt đối**. Tại miền toàn thể tĩnh lặng và vĩnh cửu này, vật chất chưa khai sinh, chuyển động chưa bắt đầu, nhưng mọi quy luật, lịch sử và trạng thái xác suất của vũ trụ đã tồn tại sẵn dưới dạng các cấu trúc thông tin mã hóa gốc. Thông qua chiếc cầu nối của **Phép quay Wick** và hệ thống lọc tinh vi của **Tường lửa Giao diện**, dòng chảy thông tin tĩnh ấy được dịch mã, chuyển pha tiệm tiến qua cấu trúc

6 chiều ẩn của Thuyết Dây – chính là bản chất lượng tử của hệ thống **Ngũ uẩn** và **Cái Biết**.
Sợi dây năng lượng trong vật lý bấy lâu nay thực chất chỉ là áp lực dữ liệu từ CPT tràn qua Vùng Giao Diện, buộc không gian vật lý phải uốn cong và co giãn. Sự sụp đổ của hàm sóng lượng tử, bài toán hóc búa về người quan sát, rối Lượng tử, năng lượng tiêu hao khi não bộ tư duy, và cả tiến trình phân rã lượng tử bí ẩn của sinh mệnh khi tử vong... tất cả sẽ được giải mã một cách hệ thống bằng ngôn ngữ của Khoa học thần kinh và toán học lượng tử tối cao.

Vũ trụ này không phải là một sự tình cờ của vật chất làm nên không thời gian cong va vat chật xoắn gút điên đảo, cũng không phải là ảo ảnh của thần linh trừu tượng ma là thể hiên bản chất thông tin xiên lệch nặng nề Nghiệp cân tu sữa. Bản chất của thực tại là một chương trình toán học hoàn hảo được dệt nên từ thông tin thông qua ngôn ngữ của hình học nhất nguyên: **It from Bit** – Vật chất đến từ thông tin, và Thông tin chính là nguồn cội vĩnh hằng tự hiển lộ và không sanh diệt. "*Nếu vô minh được hiểu là sự nhận thức sai lệch về cấu trúc của thực tại, thì toán học là công cụ giúp giảm thiểu những sai lệch ấy trong quá trình suy luận. Tuy nhiên, bản thân toán học không thể tự quyết định các tiên đề của mình; do đó, nó vẫn cần một nền tảng sâu hơn để lựa chọn những cấu trúc phản ánh đúng thực tại.*"

Khảo cứu tiến trình phát triển tri thức nhằm tìm hiểu ý nghĩa của kiếp sống và phục vụ đời sống con người, chuỗi phát triển có thể được khái quát như sau:
Đạo → Đạo đức → Triết học → Khoa học thuần lý → Khoa học ứng dụng → Y học → Tu thiền định và minh sát → Phụng sự → Chuyển hóa tâm thức → Đạo đức → Đạo.
Đây không phải là một trình tự theo thời gian hay lịch sử phát triển của nhân loại, mà là một hệ thống thứ bậc của tri thức theo mục đích, trong đó mỗi tầng tri thức đều hướng đến việc phục vụ và hoàn thiện đạo đức. Vì vậy, vấn đề căn bản của mọi ngành học vẫn là tìm hiểu nền tảng của thực tại để thông suốt ý nghĩa và mục đích của kiếp nhân sinh.

Vũ trụ khởi nguyên từ Đạo – hay Chân Không – một thực tại tối hậu không thể diễn tả trọn vẹn bằng ngôn ngữ hay khái niệm. Đạo đức là sự biểu hiện của Đạo trong đời sống hiện tượng, giống như thế năng tiềm ẩn được hiện thực hóa trong mọi sự vật và mọi hành vi. Từ nền tảng ấy phát sinh triết học, khoa học và toàn bộ các ngành tri thức của con người. Giá trị đích thực của tri thức không nằm ở khả năng làm chủ thiên nhiên, mà ở khả năng giúp con người hiểu rõ chính mình, sống đúng với đạo đức và từng bước trở về với Đạo.

Chính những câu hỏi đó đã dẫn tác giả đến hành trình tìm hiểu vũ trụ và cơ chế hình thành các hiện tượng của thế giới vật chất cũng như các hiện tượng tâm linh, từ quy mô vi mô đến vĩ mô, dưới ánh sáng của khoa học, triết học, toán học, vật lý và mô hình đạo đức – tinh thần.

Cuốn sách được hình thành do sự mong muốn tìm kiếm một khuôn khổ lý luận có tính nhất quán để suy ngẫm về những nghịch lý còn tồn tại trong vật lý hiện đại, tâm lý học, cũng như sự đa dạng của các phương pháp tu hành đang được thực hành ngày nay. Những giả thuyết được trình bày không nhằm thay thế các giáo lý truyền thống hay các lý thuyết khoa học đã được xác lập, mà chỉ là một nỗ lực tìm kiếm một góc nhìn có thể góp phần đối thoại giữa khoa học và đời sống tâm linh. Trong nhiều phần của cuốn sách, một số nguyên lý liên quan đến sự tu hành, ý nghĩa của đời sống và bản chất của sáng tạo không được đưa vào như những tiền đề tôn giáo có sẵn. Trái lại, chúng xuất hiện như những hệ quả tự nhiên hay được suy ra từ logic nội tại của mô hình thông tin, sau khi thông tin ấy được biểu diễn bằng cấu trúc hình học và ngôn ngữ toán học. (phần lớn các phương trình tóan học được viết bơi AI theo yêu càu của tác giã và được kiểm chứng, dựa trên logic và triết lý khi xây dựng nên lý thuyết HTTV của CPT/LTD)

Điều đáng chú ý là các kết luận này, tuy được xây dựng tương đối độc lập từ mô hình lý thuyết, lại có nhiều điểm tương hợp với những tư tưởng đã được tìm thấy trong triết học và kinh điển tôn giáo như sự không ghi nhận vụ nỗ lớn, vu trụ vô han, va tuần hoàn, hiện tương tâm linh luân hồi va Nghiệp, dới sống vừa thiệ mý vừa khắc nghiệt nhung có ý nghĩa giáo huấn cải tạo. Sự tương hợp ấycó thể được hiểu như một dấu hiệu cho thấy những truyền thống tư tưởng khác nhau đôi khi đang tiếp cận cùng một nền tảng thực tại bằng những ngôn ngữ và phương pháp khác nhau.

Cẩn bút

KM

Ghi chú: Cac ký hiệu và công thưc toán hoc co muc dịch làm mạnh hơn logic của bài vitế có nhiều tanh siêu hình. Đọc giã không ưa chuộng toán học có thể bỏ qua mà không bị anh hưởng

CHƯƠNG 1 NHỮNG CÂU HỎI CHƯA CÓ LỜI GIẢI?

Tóm Lược

Đây là chương mở đầu nhằm nhìn lại bức tranh tổng quát của khoa học và toán học hiện đại. Trong gần hai thế kỷ qua, khoa học đã đạt được những thành tựu to lớn trong việc mô tả các hiện tượng của thế giới vật chất. Tuy nhiên, khi đi sâu vào những câu hỏi về bản thể và nguồn gốc của các hiện tượng ấy, chúng ta lại gặp phải một "bức tường tri thức" dày đặc.

Vì vậy, nhiều hiện tượng ngày nay mới chỉ được quan sát và ứng dụng thành công trong thực nghiệm, nhưng cơ chế nền tảng của chúng vẫn chưa được giải thích một cách thống nhất. Những hiện tượng như rối lượng tử (quantum entanglement), chồng chập lượng tử (quantum superposition), sự suy sập của hàm sóng khi quan sát, hay những giả thuyết về thời gian âm (negative time) vẫn còn là những câu hỏi mở của vật lý hiện đại.

Vấn đề không nằm ở chỗ các hiện tượng ấy không tồn tại, mà ở chỗ sự hiểu biết của chúng ta về chúng vẫn chưa toàn vẹn. Theo tinh thần đó, nhận định nổi tiếng của Albert Einstein về cơ học lượng tử vẫn còn mang giá trị cho đến ngày nay: một lý thuyết có thể mô tả chính xác hiện tượng nhưng vẫn chưa phản ánh đầy đủ bản chất sâu xa của thực tại.

Xuất phát từ lập luận logic rằng ***miền có thời gian và miền phi thời gian là hai trạng thái tồn tại khác nhau****, cuốn sách này đề nghị rằng* ***một miền phi thời gian phải hiện hữu như nền tảng của thế giới vật chất****. Từ nền tảng ấy, các hiện tượng vật lý, đặc biệt là các hiện tượng lượng tử, cùng với các hằng số vật lý, các cấu trúc toán học và thậm chí các tiên đề nền tảng của toán học có thể được hiểu như những biểu hiện tuần tự của một cấu trúc thông tin sâu hơn.*

Chương này sẽ điểm lại những câu hỏi nền tảng còn bỏ ngỏ của vật lý và toán học, từ đó làm rõ lý do vì sao cần xem xét một khung lý thuyết rộng hơn, trong đó ***miền phi thời gian (Timeless Domain)*** *được đề nghị như nền tảng chung cho sự hình thành của không gian, thời gian và thế giới vật chất.*

I. Vì Sao Vật Lý Hiện Nay Vẫn Còn Những Câu Hỏi Chưa Có Lời Giải?

Vật lý hiện đại là một trong những thành tựu lớn nhất của trí tuệ nhân loại. Cơ học lượng tử đã mở ra thế giới vi mô của nguyên tử, hạt cơ bản và các hiện tượng vượt ngoài trực giác thông thường. Thuyết tương đối rộng của Einstein đã cho thấy hấp dẫn không đơn giản là một lực kéo giữa các vật thể, mà là biểu hiện của độ cong không–thời gian. Mô hình Chuẩn của vật lý hạt đã mô tả với độ chính xác rất cao các hạt cơ bản và ba (lực điện từ, lực yếu va lực mạnh) trong bốn (lực thứ tư: hấp dẫn) tương tác nền tảng của tự nhiên. Nhờ những lý thuyết ấy, con người chế tạo được máy tính, laser, điện thoại, vệ tinh, máy gia tốc hạt, GPS và vô số kỹ thuật hiện đại khác.

Tuy nhiên, thành công trong ứng dụng không có nghĩa là con người đã hiểu tận cùng bản chất của thực tại. Vật lý hiện nay rất mạnh trong việc mô tả hiện tượng và tiên đoán kết quả, nhưng cho đến nay GUT (Grand Unified Theory) vẫn chưa được kiểm chứng, Supersymmetry/Siêu đối xưng cua thuyết 11 chiều không gian) chưa được phát hiện, Proton thoái hóa chưa được quan sát và Entropic gravity (trong lượng và độ hỗn loạn) vẫn còn tranh luận. Các dây trong lý tjuyết dây từ đâu mà có, ví sao co thể rung. Quan trọng hơn nữa khi đi sâu vào câu hỏi “vì sao” và “từ đâu”, nhiều vấn đề căn bản vẫn còn bỏ ngỏ. Chính tại những ranh giới ấy, khoa học bắt đầu gặp triết học. Và cũng chính tại đó, câu hỏi về một nền tảng sâu hơn không–thời gian trở nên cần thiết.

Trong thế giới lượng tử, hạt không luôn luôn hành xử như những vật thể nhỏ bé có vị trí xác định. Một hạt có thể ở trong trạng thái chồng chập, nghĩa là nhiều khả năng cùng tồn tại trước khi được đo. Nhưng tại sao sự đo lường lại làm cho một khả năng trở thành hiện thực, gần như hiên tương ma quỹ? Hàm sóng là thực tại khách quan, hay chỉ là công cụ toán học để mô tả tri thức của người quan sát? Đây vẫn là một trong những câu hỏi sâu nhất của cơ học lượng tử.

Hiện tượng rối lượng tử còn kỳ lạ hơn. Hai hạt từng tương tác với nhau có thể giữ mối liên hệ rất sâu, đến mức khi đo một hạt, trạng thái của hạt kia cũng được xác định tương ứng, dù chúng cách xa nhau rất lớn. Einstein từng gọi đây là “tác động ma quái từ xa”. Cơ học lượng tử mô tả hiện tượng này rất chính xác, nhưng câu hỏi bản thể học vẫn còn đó: nền tảng nào cho phép hai thực thể cách biệt trong không gian lại biểu hiện như một hệ thống thống nhất?

Xuyên hầm lượng tử cũng đặt ra một thách thức tương tự. Theo trực giác cổ điển, một hạt không thể vượt qua hàng rào năng lượng nếu nó không có đủ năng lượng. Nhưng trong thế giới lượng tử, hạt vẫn có xác suất xuất hiện ở bên kia rào thế. Hiện tượng này được dùng trong nhiều kỹ thuật hiện đại, nhưng về mặt triết học, nó gợi ý rằng thực tại vi mô không hoàn toàn bị giới hạn bởi hình ảnh không gian thông thường.

Sự kỳ dị của cơ học lượng tử đạt đến một mức độ đặc biệt khó hiểu khi các hạt lượng tử dường như hành xử như thể chúng nhận biết rằng mình đang bị quan sát. Chính hiện tượng này đã dẫn đến bài toán người quan sát (observer problem), một trong những vấn đề nền tảng và gây nhiều tranh luận nhất của cơ học lượng tử. Hiện tượng thời gian âm ghi nhận trong thí nghiệm khi photon bi giam giu trong môi trường cực lạnh cũng rất khó quan niệm. Không-thời gian cũng là một vấn đề chưa được giải quyết tận gốc. Trong thuyết tương đối rộng, không–thời gian là sân khấu động, có thể cong, giãn, co và bị ảnh hưởng bởi vật chất–năng lượng. Nhưng thuyết tương đối rộng không giải thích không–thời gian từ đâu mà có. Nó bắt đầu bằng giả định rằng không–thời gian đã hiện hữu như một cấu trúc nền. Còn cơ học lượng tử lại vận hành trên một nền thời gian đã cho sẵn. Như vậy, cả hai lý thuyết lớn nhất của vật lý hiện đại đều chưa giải thích được nguồn gốc của chính không–thời gian.

Big Bang cũng đưa ta đến một giới hạn tương tự. Nếu vũ trụ có một khởi điểm nóng, đặc và cực kỳ nhỏ, thì câu hỏi tự nhiên là: trước Big Bang là gì? Big Bang xảy ra "trong" cái gì? Nếu thời gian bắt đầu cùng Big Bang, thì chữ "trước" còn có nghĩa gì? Những câu hỏi này cho thấy thời gian không thể chỉ được xem như một dòng chảy đơn giản. Có thể thời gian là một hiện tượng phát xuất, nghĩa là nó không phải nền tảng tối hậu, mà là một biểu hiện xuất hiện từ một tầng sâu hơn.

Hố đen lại mở ra một nghịch lý khác. Theo tương đối rộng, hố đen là vùng không–thời gian cong đến mức ánh sáng cũng không thoát ra được. Nhưng khi kết hợp với cơ học lượng tử, hố đen có nhiệt độ, entropy và bức xạ Hawking. Điều này dẫn đến nghịch lý thông tin: nếu một vật rơi vào hố đen, thông tin về vật ấy có mất đi không? Nếu thông tin không mất, nó được lưu trữ ở đâu? Nếu thông tin mất, thì nguyên lý nền tảng của cơ học lượng tử bị vi phạm. Như

vậy, hố đen không chỉ là vật thể thiên văn, mà là cửa ngõ đi vào câu hỏi sâu hơn về thông tin, không–thời gian và thực tại.
Chất tối cũng là một bí ẩn lớn. Các quan sát thiên văn cho thấy có một dạng "cái gì đó" tạo ra hiệu ứng hấp dẫn, làm ảnh hưởng đến chuyển động của thiên hà và ánh sáng đi qua vũ trụ. Nhưng dạng ấy không phát sáng, không hấp thụ ánh sáng theo cách thông thường, và chưa được nhận diện trực tiếp. Nó có tác dụng hấp dẫn, nhưng bản chất vẫn chưa rõ. Điều này làm nảy sinh câu hỏi: hấp dẫn có nhất thiết luôn đi kèm với vật chất thông thường không? Hay hấp dẫn có thể là biểu hiện của một cấu trúc sâu hơn vật chất?
Năng lượng tối cũng chưa được hiểu rõ. Vũ trụ không chỉ giãn nở, mà còn giãn nở tăng tốc. Điều gì đang thúc đẩy sự tăng tốc ấy? Nó là hằng số vũ trụ, là năng lượng của chân không, hay là dấu hiệu cho thấy hiểu biết của ta về không–thời gian còn chưa hoàn chỉnh? Câu hỏi này vẫn đang nằm ở trung tâm của vũ trụ học hiện đại.
Ngay cả khối lượng cũng chưa phải là vấn đề đã hoàn toàn sáng tỏ. Trong thực tại được mô tả, không tồn tại khối lượng nghỉ âm. Mọi cấu trúc vật chất đều có khối lượng không âm; các hiện tượng dường như liên quan đến "khối lượng âm" chỉ là những khối lượng hiệu dụng phát sinh từ điều kiện động lực học hoặc môi trường đặc biệt, không phải là thuộc tính nền tảng của thực tại. Cơ chế Higgs giúp giải thích vì sao nhiều hạt cơ bản có thể biểu hiện khối lượng. Nhưng câu hỏi sâu hơn vẫn còn: tại sao trường Higgs tồn tại? Tại sao nó có giá trị như hiện nay? Tại sao một số hạt có khối lượng, còn photon thì không? Higgs giải thích cơ chế biểu hiện khối lượng, nhưng chưa giải thích tận cùng nguồn gốc của khả năng có khối lượng.
Từ các câu hỏi trên, một điểm then chốt xuất hiện: thời gian không nên được xem quá đơn giản như một cái nền có sẵn. Trong kinh nghiệm thường ngày, ta tưởng thời gian trôi từ quá khứ đến hiện tại rồi tương lai. Nhưng trong vật lý, thời gian có nhiều bộ mặt khác nhau. Trong tương đối rộng, thời gian gắn liền với không gian và bị ảnh hưởng bởi hấp dẫn, vận tốc và cấu trúc vũ trụ. Trong cơ học lượng tử, thời gian thường được dùng như một tham số bên ngoài, trong khi trạng thái lượng tử biến đổi theo nó. Trong nhiệt động học, thời gian lại gắn với chiều tăng của entropy. Như vậy, thời gian vừa có vẻ là nền tảng, vừa có vẻ là hệ quả. Nó vừa độc

lập trong kinh nghiệm sống, vừa có thể là một hiện tượng phát xuất từ một cấu trúc sâu hơn.

Nếu thời gian là phát xuất và không phải là nền tảng, thì vật chất, năng lượng, khối lượng và hấp dẫn cũng có thể không phải là những thực tại tối hậu. Chúng có thể là các biểu hiện khác nhau của một tầng thông tin hoặc cấu trúc nền chưa thuộc về không–thời gian. Theo hướng nhìn này, không–thời gian không còn là điểm khởi đầu tuyệt đối, mà là một giai đoạn hiện thực hóa. Cái "có thời gian" có thể phát sinh từ một miền "phi thời gian".

Không chỉ vật lý, ngay cả toán học cũng chỉ ra những giới hạn nền tảng. Toán học được xây dựng trên các tiên đề. Tiên đề là những mệnh đề không được chứng minh bên trong hệ thống, mà được chấp nhận để làm nền cho suy luận. Hình học Euclid, chẳng hạn, bắt đầu từ các định đề căn bản. Từ đó, cả một thế giới hình học được xây dựng. Nhưng chính các tiên đề ấy không tự chứng minh chính mình. Chúng là điểm khởi đầu, không phải điểm được giải thích.

Nguồn gốc của số cũng là một vấn đề sâu sắc. Số tự nhiên có vẻ rất hiển nhiên: 1,2,3…. Nhưng "số" thật sự là gì? Nó là sản phẩm của tâm trí, hay là cấu trúc khách quan của thực tại? Số vô tỉ như căn bậc hai của 2 không thể viết thành phân số, nhưng lại xuất hiện tự nhiên trong hình học. Số π xuất hiện trong vòng tròn, số e xuất hiện trong tăng trưởng, xác suất và giải tích, các hằng số toán học xuất hiện như những dấu ấn kỳ lạ của trật tự. Toán học sử dụng chúng thành công, nhưng câu hỏi về nguồn gốc bản thể của chúng vẫn chưa có câu trả lời cuối cùng.

Định lý bất toàn của Gödel càng làm rõ hơn giới hạn này. Một hệ hình thức đủ mạnh để chứa số học không thể vừa đầy đủ vừa tự chứng minh được tính nhất quán của chính nó. Nói cách khác, luôn có những chân lý không thể được chứng minh từ bên trong hệ thống. Đây là một phát hiện cực kỳ sâu sắc. Nó cho thấy không một hệ thống logic hữu hạn nào có thể tự đóng kín và tự giải thích trọn vẹn chính mình.

Điều này rất quan trọng cho triết học khoa học. Nếu toán học, công cụ chính xác nhất của vật lý, cũng phải dựa trên những tiên đề không tự chứng minh, thì vật lý cũng không thể hoàn toàn tự giải thích từ bên trong các phương trình của nó. Mỗi lý thuyết đều có một nền giả định. Khi ta hỏi đến tận cùng, ta sẽ luôn gặp một "nền"

chưa được giải thích: tại sao có luật? tại sao có số? tại sao có hằng số? tại sao có không–thời gian? tại sao có trật tự thay vì hỗn loạn tuyệt đối?
Hằng số hấp dẫn G là một ví dụ tiêu biểu. Trong phương trình vật lý, G cho biết cường độ của hấp dẫn. Nhưng vì sao G có giá trị như vậy? Nếu G lớn hơn hay nhỏ hơn rất nhiều, cấu trúc sao, hành tinh, thiên hà và sự sống có thể không hình thành như hiện nay. Vật lý đo được G, dùng được G, nhưng chưa giải thích được tại sao G phải là G. Cũng như vậy, tốc độ ánh sáng c, hằng số Planck *ħ*, điện tích electron và nhiều hằng số nền tảng khác đều mang tính chất gần như "được cho sẵn".

Từ đây, ta có thể thấy một vấn đề chung: khoa học mô tả rất thành công thế giới hiện tượng, nhưng càng đi sâu, càng gặp những nền tảng chưa tự giải thích được. Cơ học lượng tử cần một nền đo lường chính xác hơn. Tương đối rộng cần không–thời gian sâu hơn. Vũ trụ học cần điều kiện ban đầu. Toán học cần tiên đề. Vật lý cần hằng số. Tất cả dường như chỉ về một câu hỏi lớn hơn: có một miền nền tảng nào nằm sâu hơn không–thời gian, vật chất và các định luật hiện tượng hay không?

Cuốn sách này đề nghị một giả thuyết: miền ấy có thể được gọi là Không Gian Phi Thời Gian, viết tắt là CPT, hoặc Cõi Phi Thời gian (CPT) hay Timeless Logic Domain, viết tắt là TLD. Đây không phải là một vật thể nằm trong vũ trụ, cũng không phải là một không gian theo nghĩa hình học thông thường. Nó là một miền nền tảng Tiền không gian và phi thời gian, nơi các cấu trúc thông tin, quan hệ, khả thể và nguyên lý có thể tồn tại trước khi được hiện thực hóa thành không–thời gian, vật chất, năng lượng và ý thức.

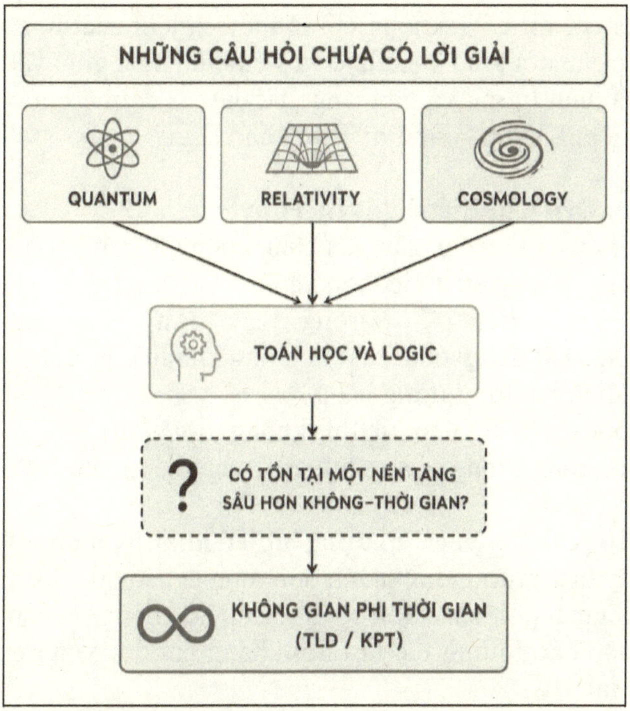

Theo giả thuyết này, TLD/CPT không thay thế vật lý hiện đại. Nó không phủ nhận cơ học lượng tử, tương đối rộng hay toán học. Trái lại, nó cố gắng đặt các lý thuyết ấy vào một tầng nhìn rộng hơn. Vật lý hiện đại mô tả thế giới khi thời gian đã xuất hiện. Nhưng nếu thời gian là một hiện tượng phát xuất, thì cần có một miền sâu hơn để giải thích sự xuất hiện của thời gian. Chính tại đây, CPT/TLD, một Tiền Không gian được đề nghị như nền tảng sâu hơn hay nguồn gốc của mọi hiện tượng. Do đó, mục đích của chương này không phải là chứng minh CPT đã đúng, mà là chỉ ra vì sao một giả thuyết như CPT trở nên hợp lý. Khi vật lý, toán học và vũ trụ học đều gặp những câu hỏi nền tảng chưa giải quyết được, ta có quyền đặt lại câu hỏi căn bản: phải chăng thực tại không bắt đầu từ vật chất, cũng không bắt đầu từ thời gian, mà bắt đầu từ một miền phi thời gian, nơi các cấu trúc thông tin nguyên thủy chờ được hiện thực hóa?

Nếu câu trả lời là có, thì CPT không chỉ là một ý niệm triết học. Nó có thể là chiếc cầu nối giữa khoa học và siêu hình học, giữa vật lý và ý thức, giữa hiện tượng và nền tảng. Từ đây, ta có thể bước sang chương kế tiếp: Không Gian Phi Thời Gian là gì?

II. Từ Thông Tin Đến Cái Biết Nguyên Thủy

CPT/LTD la thể hien đầ tien cua Đạo hat chân không. Chân khong co noi fumh vô tân , nhung siêu việt hon hen la tanh dong nhất đối xứng thể hien trong Bất Bát
1,2. Bất thường diệc bất đoạn: chia cat cung nhu khong chia cắt
3,4. Không sanh diet: bất tử, thương hằng
5,6. Bất lai diệc bất xuất: xat hiện tức thì (khong thời gian)
7,8. Vất đồng di: khong giong nhau nhung khong khác nhau (đối xứng).

Tánh đối xưng được thể hiện cà áp dụng nhiều nhat trong toán hoc va vật lý. Tùy theo trương hơp, tánh đối xung la bao quat toàn thể hay cục bô, khi mất đối xưng tinh chan se sụp đỏ không thẻ tồn tại. Cho nên khi co bất đõiưng tuc la l đối kháng bất đối xưng ở đâu đó và ngược lại

Khi các câu hỏi vật lý được đẩy đến tận cùng, ta gặp một vấn đề sâu hơn: trước khi có vật chất, năng lượng và thời gian, phải chăng đã có một nền tảng thông tin? Nếu không có thông tin, không thể có luật. Nếu không có luật, không thể có trật tự. Nếu không có trật tự, vũ trụ không thể hình thành.

Nhưng thông tin nguyên thủy không nên được hiểu như dữ liệu nằm trong máy tính. Đó là thông tin cấu trúc, tức những quan hệ, khả thể, quy luật và trật tự nền tảng cho mọi hiện tượng. Khi còn ở trạng thái phi thời gian, thông tin ấy chưa trở thành vật chất, chưa trở thành năng lượng, chưa trở thành ý thức cá thể, nhưng nó đã mang khả năng làm nền cho tất cả.

Tập hợp tối hậu của thông tin nguyên thủy có thể được gọi là Cái Biết Nguyên Thủy. Trong ngôn ngữ tôn giáo, Cái Biết này gần với ý niệm Đấng Tạo Hóa. Trong ngôn ngữ Phật học, nó gần với Trí Huệ Bát Nhã hay Tánh Biết thanh tịnh. Trong ngôn ngữ triết học, nó có thể được hiểu là nền tảng thông minh của thực tại.

Cái Biết Nguyên Thủy có thể được hình dung qua ba phẩm tính lớn.

Thứ nhất là Toàn Tri Toàn Giác: không phải tri thức tích lũy của một bộ não, mà là khả năng bao hàm mọi quan hệ và mọi khả thể trong chính nền tảng của thực tại. sự biết trực tiếp, không qua giác quan, không qua thời gian và không bị phân mảnh bởi chủ thể–đối tượng. Đó là **Đại Viên Cảnh Trí** (Trí huệ Bát Nhã).

Thứ hai là Toàn Năng: không phải quyền lực cưỡng ép từ bên ngoài, mà là năng lực khiến các khả thể có thể được hiện thực hóa thành không–thời gian, năng lượng, vật chất và sự sống.

Thứ ba là: Toàn Mỹ: sự tốt đẹp, trật tự, hài hòa, tình yêu và đạo đức nguyên thủy. Theo nghĩa này, đạo đức không chỉ là quy ước xã hội, mà là biểu hiện của thông tin chính trực trong nền tảng sáng tạo.
Từ đó, ta có thể hiểu vì sao các truyền thống lớn đều đặt đạo đức ở trung tâm: Mười Điều Răn, Năm Giới, từ bi, bác ái, vô ngã và yêu thương đều là những cách diễn đạt khác nhau của cùng một nguyên lý: mọi hiện hữu đều phát xuất từ một nền tảng chung, nên không có thực thể nào có quyền tuyệt đối xâm phạm thực thể khác.
Phần tiếp theo của cuốn sách sẽ gọi nền tảng ấy là Cõi Phi Thời Gian, hay TLD/CPT.

III. Trong Sáng Thế Ký, ánh sáng xuất hiện ngay từ ngày đầu tiên

trước khi mặt trời, mặt trăng và các vì sao được đặt vào bầu trời. Điều này gợi ý rằng "ánh sáng" đầu tiên không nên được hiểu đơn giản như ánh sáng vật lý phát ra từ các thiên thể, mà có thể là một dạng ánh sáng nguyên thủy: ánh sáng của trật tự, nhận biết và thông tin.
Theo cách nhìn TLD, trước khi có vật chất hữu hình, đã có một nền thông tin phi thời gian. Khi cái biết nguyên thủy tiếp xúc với thông tin thanh tịnh, kinh nghiệm đầu tiên không phải là hình ảnh vật lý, mà là sự sáng. Ánh sáng ấy không cần mặt trời, vì nó không phát sinh từ vật thể; nó là dấu hiệu của sự hiển lộ đầu tiên của trật tự trong nền vô sắc.
Do đó, "ánh sáng thiên đường" có thể được hiểu là cảm nhận của cái biết đối với thông tin thanh tịnh. Khi thông tin không bị xiên

lệch, cái biết nhận ra nó như ánh sáng, an lạc và sự sống. Khi thông tin bắt đầu phân tầng, ánh sáng ấy mới dần hiện thân thành các dạng ánh sáng vật lý trong không–thời gian: mặt trời, mặt trăng, các sao và photon.

Cùng một nguyên lý ấy cũng có thể áp dụng cho âm thanh thiên đường. Âm thanh nguyên thủy không nhất thiết là sóng cơ học truyền qua không khí. Nó có thể là cảm nhận của cái biết đối với nhịp điệu, trật tự và dao động của thông tin. Trong nhiều truyền thống tâm linh, âm thanh thiêng liêng không cần tai ngoài để nghe; nó được nghe bởi tâm thức khi tâm thức chạm đến tầng thông tin sâu hơn.

Như vậy, ánh sáng và âm thanh thiên đường không phải là hiện tượng vật lý thông thường, mà là hai cách cái biết nguyên thủy kinh nghiệm thông tin thanh tịnh: ánh sáng là sự hiển lộ của trật tự; âm thanh là nhịp điệu của trật tự ấy.

Từ đó có thể nói: trước khi có ánh sáng vật lý, đã có ánh sáng của cái biết; trước khi có âm thanh vật lý, đã có âm thanh của thông tin. Mặt trời chỉ chiếu sáng thế giới hữu hình, còn ánh sáng nguyên thủy chiếu sáng chính khả năng hiện hữu của thế giới.

IV. Những Dấu Hiệu Cho Thấy Thời Gian Không Phải Là Nền Tảng Tối Hậu

Ý tưởng rằng thời gian không phải là nền tảng tuyệt đối không phải là một suy đoán hoàn toàn mới. Trong lịch sử triết học và vật lý, nhiều nhà tư tưởng đã nhận ra rằng thời gian có thể không tồn tại độc lập, mà gắn liền với chuyển động, quan hệ, biến đổi hoặc trạng thái nhận thức.

Aristotle đã định nghĩa thời gian là "số đo của chuyển động theo trước và sau." Nói cách khác, thời gian không phải là một vật thể tự tồn tại, mà là cách trí tuệ nhận ra trật tự của biến đổi. Không có chuyển động, không có sự khác biệt giữa trước và sau, thì khái niệm thời gian cũng mất nền tảng.

Đến thời cận đại, Ernst Mach nhấn mạnh rằng thời gian không nên được xem như một sân khấu tuyệt đối tách rời thế giới vật chất. Tư tưởng này ảnh hưởng đến Einstein. Trong thuyết tương đối, thời gian không còn là dòng chảy giống nhau cho mọi quan sát viên.

Nó phụ thuộc vào chuyển động, hấp dẫn và hệ quy chiếu. Stanford Gravity Probe B tóm tắt rõ tinh thần này: không gian và thời gian là tương đối, phụ thuộc vào chuyển động của người quan sát. Trong hố đen, trực giác thông thường về thời gian càng bị phá vỡ. Đối với người quan sát bên ngoài, một vật rơi vào gần chân trời sự kiện dường như chậm dần vô hạn, gần như "đóng băng" tại biên hố đen. NASA mô tả hiện tượng này như một hệ quả của giãn nở thời gian trong hấp dẫn cực mạnh.

Stephen Hawking cũng cho thấy rằng gần Big Bang và trong vật lý hố đen, khái niệm thời gian cổ điển không còn giữ nguyên ý nghĩa quen thuộc. Trong mô hình "imaginary time" và đề xuất vũ trụ không biên, thời gian có thể được xử lý gần giống một chiều không gian trong toán học, làm mờ đi ý niệm "trước Big Bang" theo nghĩa thông thường. Đẩy đến tận cùng của Hố đen thôưi gian và không gian dường như hoán đổi nhau. Trong phương trình cho Hố đen(nghiệm Schwarzschild,

$$ds^2 = -\left(1 - \frac{2GM}{rc^2}\right)c^2dt^2 + \left(1 - \frac{2GM}{rc^2}\right)^{-1}dr^2 + r^2(d\theta^2 + \sin^2\theta d\phi^2)$$

Thành phần đầu tiên bên phải chỉ vèe thời gian, phần thứ hai về không gian, Khi r (khoảng cách đến trung tâm hố đen r=r_s (ban kính hố đen Schwarzschild) thi t=0 va không gian thành vô hạn. Tien vao trong nua thi vai trò nhân quả của tọa độ thời gian và tọa độ xuyên tâm hoán đổi. Một vật đã ở bên trong chân trời không thể "đứng yên tại một giá trị r" hay quay trở ra ngoài: **tiến về r=0 trở thành một hướng tương lai bắt buộc về mặt nhân quả**, gần giống như trong thế giới bên ngoài ta không thể ngừng tiến về tương lai.
Julian Barbour đi xa hơn khi cho rằng thời gian chỉ là ảo tưởng. Theo Barbour, thực tại sâu xa có thể gồm các cấu hình bất động; cảm giác thời gian trôi chỉ phát sinh từ các "dấu vết" hay "hồ sơ" được chứa trong những cấu hình ấy. Cách nhìn này chưa giải quyết toàn bộ vấn đề ý thức và đời sống, nhưng nó rất quan trọng vì đẩy câu hỏi thời gian đến tận nền tảng.

Carlo Rovelli, trong hướng tiếp cận hấp dẫn lượng tử vòng và vật lý quan hệ, cũng cho rằng thời gian không phải một thực thể nền tảng đứng bên ngoài các sự vật. Thời gian phát sinh từ quan hệ, biến đổi và tương tác giữa các hệ vật lý. Theo cách nói này, không có "đồng hồ vũ trụ" tuyệt đối; chỉ có các quan hệ động giữa những phần của thế giới.

Trong vật lý lượng tử hấp dẫn, vấn đề còn trở nên sâu sắc hơn. Phương trình Wheeler–DeWitt, thường được xem như một phương trình nền tảng trong vũ trụ lượng tử, không chứa biến thời gian theo cách thông thường. Chính điều này tạo ra "problem of time" trong quantum gravity. Cơ chế Page–Wootters sau đó đề nghị rằng động lực học và thời gian có thể xuất hiện từ sự rối lượng tử giữa các hệ con trong một vũ trụ về cơ bản là tĩnh.

Những hướng suy nghĩ này khác nhau về chi tiết, nhưng cùng chỉ về một điểm: thời gian có thể không phải là nền tảng tối hậu của thực tại. Nó có thể là số đo của chuyển động, là quan hệ giữa các hệ vật lý, là hiệu ứng của hấp dẫn, là cấu trúc phát sinh từ quantum entanglement, hoặc là cảm nhận do ký ức và ý thức tạo nên.

Mô hình CPT/TLD đi tiếp trên con đường ấy. Nếu thời gian không phải nền tảng, thì cần đặt câu hỏi: nền tảng trước thời gian là gì? Câu trả lời được đề nghị trong cuốn sách này là: trước thời gian không phải là "hư vô", mà là một miền thông tin phi thời gian — Không Gian Phi Thời Gian, hay TLD/CPT.

Cuối cùng, giá trị của bài viết này không chỉ nằm ở những giả thuyết được đề nghị, mà còn ở chính nhu cầu nhận thức mà nó hướng đến. Nếu lập luận trong cuốn sách là đúng, thì CPT không phải là sản phẩm của trí tưởng tượng, cũng không chỉ là kết quả của những suy tư mang tính siêu hình hay mặc khải. Trái lại, CPT được đề nghị như một khoảng trống tất yếu trong cấu trúc tri thức hiện nay, một miền khái niệm cần được lấp đầy để bức tranh về thực tại trở nên toàn vẹn hơn.

Theo quan điểm này, sự xuất hiện của CPT không phải là một lựa chọn tùy ý, mà là hệ quả tự nhiên của quá trình phát triển khoa học, toán học và logic khi chúng được đẩy đến giới hạn của chính mình. Một khi khái niệm ấy được chấp nhận như một giả thuyết nghiên cứu, nó có thể mở ra một chân trời mới cho tri thức, đồng thời gợi ý một cách nhìn khác về mối quan hệ giữa thông tin, thời gian, vật chất và ý thức.

Nếu CPT thực sự là một miền vô sắc theo đúng nghĩa của nó — không vật chất, không chuyển động, không chịu sự chi phối của thời gian và các hằng số vật lý — thì điều đó cũng gợi lên một khả năng đáng suy ngẫm: phải chăng đây chính là miền thực tại mà nhiều truyền thống triết học và tôn giáo đã mô tả bằng những tên gọi khác nhau như Niết-bàn, Thiên giới, hay cõi của các bậc Thánh? Tuy nhiên, trong khuôn khổ cuốn sách này, giả thuyết ấy không được đặt trên nền tảng của đức tin, mà được tiếp cận như một khả năng triết học và khoa học, để người đọc có thể đánh giá bằng lý trí và lập luận.

Những chương tiếp theo sẽ tiếp tục dẫn người đọc khám phá miền không gian đặc biệt này và khảo sát xem liệu nó có thể góp phần soi sáng những hiện tượng còn nhiều nghịch lý của vật lý hiện đại, của ý thức và của chính đời sống con người hay không.

CHƯƠNG II: CÕI PHI THỜI GIAN (CPT/TLD) LÀ GÌ?

Tóm Lược

Khái niệm Cõi Phi Thời Gian (CPT), hay ***Timeless Domain (TLD)****, có thể được hình dung thông qua một số ví dụ trực quan như bề mặt của một trang sách, màn hình của một chiếc tivi, hay những khung cảnh xuất hiện trong giấc mơ. Các hình ảnh này không hoàn toàn tương đồng với TLD, nhưng giúp gợi ý rằng những gì được biểu hiện trong thế giới vật chất có thể dựa trên một nền tảng sâu hơn, vốn không trực tiếp quan sát được.*

Theo giả thuyết được đề nghị trong cuốn sách này, TLD là một ***tiền không gian*** *(pre-geometric domain) chứa* ***thông tin cấu trúc nguyên thủy*** *ở trạng thái chuẩn mực. Thông tin này không phải là vật chất, năng lượng hay trường vật lý, mà là những quan hệ, quy luật và khả thể tồn tại trước khi được hiện thực hóa thành thế giới vật chất. Ví dụ về CPT trong thế giới Không thời gian la bề mặt trang giây hay màng hình Tivi ghi dữ kiện hay giấc mơ. Trong giấc mơ thừơng không có thời gian nhưng đoi khi thời gian có thể xuất hien hay có thời gia rất mõng.*

Trong mô hình này, thông tin nguyên thủy có thể vô cùng đa dạng. Tuy nhiên, vì TLD được giả định là miền của tự do và khả thể, nên những ***thông tin xiên lệch*** *cũng có thể xuất hiện. Chính sự xiên lệch ấy được giả thuyết là điểm khởi đầu của quá trình phân tầng thông tin và sự xuất hiện của thời gian, hấp dẫn, vật chất và các hiện tượng vật lý về sau.*

Trên phương diện toán học, các đơn vị thông tin có thể được biểu diễn dưới dạng những ***sợi thông tin*** *(information fibers) vuông góc với không–thời gian bốn chiều. Các sợi này kết hợp thành* ***bó sợi*** *(fiber bundles), và toàn bộ các bó sợi tạo nên một không gian trực giao, phi thời gian, không thể quan sát trực tiếp bằng các phương pháp vật lý thông thường.*

Ở mức độ hình thức, người đọc có thể liên hệ khái niệm này với phép ***Wick rotation phép quay ngược*** $\boldsymbol{90^0}$*, trong đó thời gian được biến đổi thành một tọa độ có tính chất hình học. Tuy nhiên, trong mô hình TLD, phép liên hệ này chỉ mang tính gợi ý toán học, không có nghĩa rằng TLD chính là không gian Euclid thu được sau phép quay Wick.*

Không gian bó sợi của TLD được giả thuyết là miền lưu trữ thông tin cấu trúc nguyên thủy. Nó ***không phải*** *là phần mở rộng của không gian 11 chiều trong M-theory, cũng* ***không phải*** *là các chiều không gian cuộn nhỏ (compactified dimensions) của lý thuyết dây. Khác với các chiều bổ sung trong M-theory, vốn vẫn thuộc phạm vi của không–thời gian vật lý và mang các trường lượng tử, TLD được đề nghị là một miền tiền hình học, phi thời gian và phi vật chất, đóng vai trò nền tảng cho sự hình thành của thực tại vật lý.*

I. Emptiness (EM) và TLD Chân không/CPT

Trong mô hình được đề xuất ở đây, nền tảng tối hậu không phải vật chất, năng lượng hay toán học, mà là một thực tại không thể mô tả trực tiếp, tương tự khái niệm Emptiness (EM/Tánh Không) trong Phật học hay Đạo trong Đạo học. EM không phải hư vô.

EM là khả năng tuyệt đối của mọi biểu hiện nhưng tự nó vượt ngoài mọi khái niệm đối đãi.

Từ EM xuất hiện TLD (Timeless Domain), một miền tiền-thời gian chứa các nguyên lý nhất quán nền tảng của thực tại.

Trong TLD: chưa có thời gian; chưa có vật chất; chưa có năng lượng; chưa có không gian.

Chỉ có các quan hệ và cấu trúc thông tin nguyên mẫu tồn tại dưới dạng phi thời gian.

II. CPT/CPT – Một Hệ Quả Logic Nếu Thời Gian Không Phải Là Thực Tại Nền

Nếu Chương I cho thấy vật lý hiện đại vẫn còn nhiều câu hỏi chưa có lời giải, thì Chương II đặt ra một câu hỏi sâu hơn: nếu không–thời gian không phải là nền tảng cuối cùng của thực tại, thì điều gì tồn tại trước không–thời gian?

Giả thuyết được đề nghị trong cuốn sách này là sự tồn tại của Cõi Phi thời gian/CPT hay cũng gọi la **Không Gian Phi Thời Gian (CPT/Timeless Domain or Timeless Logic Domain – TLD)**. Đây không phải là một không gian theo nghĩa hình học thông thường, cũng không phải là một miền vật chất hay năng lượng, mà là một Tiền Không gian, miền nền tảng của thông tin và các quan hệ nguyên thủy, nơi thời gian vẫn chưa xuất hiện.

Ý tưởng này xuất phát từ một nhận xét đơn giản nhưng có ý nghĩa sâu sắc: **không gian và thời gian không nhất thiết phải là hai khái niệm đồng nhất.** Trong vật lý hiện đại, chúng được kết hợp thành không–thời gian, nhưng điều đó không bắt buộc chúng phải có cùng nguồn gốc và cùng phát sanh đồng bộ. Nếu thời gian là một hiện tượng phát xuất, thì phải có một miền mà ở đó thời gian chưa tồn tại. Miền ấy chính là Không Gian Phi Thời Gian.

Một ví dụ đơn giản giúp hình dung CPT là một tờ giấy trắng hoặc màn hình tivi chưa hiển thị hình ảnh. Tờ giấy và màn hình

đều thuộc thế giới vật chất, nên chỉ là những phép tương tự. Tuy nhiên, phần quan trọng không phải là vật liệu của tờ giấy hay màn hình, mà là **khả năng chứa và biểu hiện thông tin**. Một bức tranh có thể hiện lên ngay lập tức khi được chiếu lên màn hình; nó không cần được tạo ra từng nét một trong nhận thức của người quan sát. Tương tự, trong CPT, mọi cấu trúc thông tin đều tồn tại như những khả thể hoàn chỉnh. Khi điều kiện thích hợp xuất hiện, chúng được biểu hiện trong thế giới hiện tượng.
Một phép tương tự khác giúp hình dung CPT là thế giới của giấc mơ.

Thời gian trong giấc mơ:
Trong khi ngủ, đặc biệt ở giai đoạn giấc mơ thường xãy ra trong giai đoạn ngũ với cơ băp không cử động (REM), con người có thể nhìn thấy cảnh vật, nghe tiếng nói, gặp nhiều người và trải nghiệm những câu chuyện tưởng như kéo dài rất lâu. Tuy nhiên, các hình ảnh và âm thanh ấy không phải là sự chuyển động thật của ánh sáng hay dao động thật của sóng âm trong không gian vật lý. Não bộ chỉ tiếp nhận và biểu hiện thông tin. Đối với người đang mơ, mọi hiện tượng đều xuất hiện trực tiếp như thể chúng đang hiện hữu trước mắt.
Một điều đáng chú ý là thời gian trong giấc mơ thường không tuân theo logic của thế giới thức. Một người có thể đang ở một thành phố rồi lập tức xuất hiện ở một quốc gia khác mà không hề trải qua hành trình di chuyển. Một người đã mất từ nhiều năm trước có thể đồng thời xuất hiện cùng những người đang còn sống. Những sự kiện thuộc các thời điểm khác nhau có thể nối tiếp hoặc chồng lấp lên nhau mà người đang mơ không cảm thấy mâu thuẫn. Chỉ sau khi tỉnh dậy, ta mới nhận ra rằng chuỗi sự kiện ấy không được sắp xếp theo trình tự thời gian thông thường.
Theo nghĩa đó, giấc mơ cho thấy một điều thú vị: **thông tin có thể được tiếp nhận mà không nhất thiết phải đi kèm với một cảm nhận rõ ràng về thời gian và không gian vật lý**. Người đang mơ không cảm nhận ánh sáng đang truyền đi, không nghe sóng âm đang dao động và cũng không nhận biết thời gian đang trôi như khi thức. Họ chỉ trực tiếp trải nghiệm nội dung của thông tin.

Dĩ nhiên, giấc mơ vẫn là hoạt động của não bộ và vẫn diễn ra trong thời gian sinh học. Vì vậy, nó không phải là CPT. Tuy nhiên, đây là một phép tương tự hữu ích. Nó cho thấy rằng trải nghiệm của con người không nhất thiết luôn phụ thuộc vào sự chuyển động liên tục của vật chất trong không gian. Cũng như vậy, trong mô hình CPT, thông tin nguyên thủy không tồn tại dưới dạng ánh sáng, âm thanh hay vật chất, mà tồn tại như những cấu trúc thông tin hoàn chỉnh. Chỉ khi được hiện thực hóa trong không–thời gian, các cấu trúc ấy mới biểu hiện thành những

Một đặc điểm rất tinh tế của giấc mơ là cảm nhận về thời gian không phải lúc nào cũng giống nhau. Trong phần lớn các giấc mơ, người mơ hầu như không nhận biết được dòng thời gian; các sự kiện có thể chuyển cảnh đột ngột, không có trình tự rõ ràng, khiến cảm giác về thời gian gần như vắng mặt. Tuy nhiên, cũng có những trường hợp người mơ vẫn cảm thấy thời gian trôi, dù nhanh hay chậm, trước hay sau. Có thể xem đây là một dạng thời gian mỏng (thin time), trong đó ý thức về sự kế tiếp đã xuất hiện nhưng chưa đầy đủ như khi tỉnh thức.

Hiện tượng này thường gặp ở giai đoạn chuyển tiếp giữa ngủ và thức, đặc biệt trong giấc mơ tỉnh thức (lucid dream). Khi đó, người mơ biết mình đang mơ và có thể chủ động suy nghĩ, nói chuyện hoặc thực hiện một số hành động trong giấc mơ. Cảm nhận về thời gian vì vậy trở nên rõ ràng và liên tục hơn.

Theo góc nhìn được đề nghị trong cuốn sách này, các trạng thái trên có thể được xem như những mức độ khác nhau của sự hiện diện của thời gian: từ trạng thái gần như không có thời gian trong phần lớn giấc mơ, đến trạng thái thời gian rất mỏng trong các giấc mơ cận thức, và cuối cùng là trạng thái thời gian gần như đầy đủ trong một số trường hợp giấc mơ tỉnh thức. Đây cũng là một kết luận của khoa học thần kinh, và là một cách diễn giải triết học nhằm minh họa cho giả thuyết rằng sự hiện diện của thời gian có thể mang tính liên tục, thay vì chỉ tồn tại dưới hai trạng thái tuyệt đối là có hoặc khônghiện tượng vật lý mà chúng ta quen thuộc.

Theo cách nhìn này, thế giới 4D giống như màn hình nơi thông tin của CPT được biểu hiện thành hình ảnh, âm thanh, vật chất và chuyển động; còn CPT là nền tảng phi thời gian, nơi thông tin tồn tại trước khi mang hình thức của thế giới hiện tượng.
Vì không có thời gian nên trong CPT không tồn tại khái niệm trước và sau. Không có quá khứ, hiện tại hay tương lai. Mọi thông tin đều mang tính tức thời, không phải vì chúng di chuyển với tốc độ vô hạn, mà vì **không tồn tại dòng thời gian để đo sự chuyển động ấy**. Theo nghĩa đó, sự hiện diện của thông tin trong CPT gần với ý niệm "Như Lai", "thường hằng" hay "bất tử" trong nhiều truyền thống triết học phương Đông: không sinh, không diệt và không bị chi phối bởi thời gian.
Nếu không có thời gian thì cũng không có chuyển động. Mà khi không có chuyển động thì các khái niệm như tốc độ (speed), vận tốc (có hướng-velocity), gia tốc hay quỹ đạo đều không còn ý nghĩa. Không có sự thay đổi vị trí nên cũng không tồn tại không gian theo nghĩa vật lý thông thường. Vì vậy, CPT không nên được hiểu là một "không gian" ba chiều, mà đúng hơn là một **Tiền Không gian (Protospace)** – một nền tảng chưa phân hóa thành các tọa độ, khoảng cách và biên giới.

Từ góc nhìn vật lý, năng lượng luôn gắn liền với thời gian và vật chất. Trong công thức nổi tiếng (E = mc^2), năng lượng và khối lượng chỉ có ý nghĩa khi đã tồn tại vật chất trong không–thời gian. Nếu thời gian chưa xuất hiện thì cũng chưa có năng lượng theo nghĩa vật lý, chưa có khối lượng và chưa có các hạt cơ bản. CPT vì thế không phải là một "vũ trụ vô hình" chứa vật chất tinh vi hơn, mà là một miền chưa có vật chất.
Điều tương tự cũng đúng đối với ý thức. Tri thức theo nghĩa thông thường là kết quả của hoạt động cần có thần kinh và trí nhớ của não bộ. Nếu chưa có não bộ thì cũng chưa có ý thức cá thể, chưa có chủ thể nhận thức và chưa có chúng sinh theo nghĩa sinh học. Vì vậy, CPT không phải là nơi cư trú của các cá nhân, mà là nền tảng trước khi các cá nhân xuất hiện.

Vậy CPT chứa điều gì?
Theo mô hình được đề nghị trong cuốn sách này, CPT chỉ chứa **thông tin nguyên thủy**. Thông tin ở đây không phải là dữ liệu lưu

trong máy tính, mà là những quan hệ, quy luật và khả thể tồn tại trước khi trở thành hiện tượng vật chất.
Thông tin ấy có thể vô cùng đa dạng và gần như vô biên về tính chất, tiền-hình thể, số lượng, cũng như về phương thức và cơ chế cấu trúc. Chúng có thể được xem như những tiền thân thông tin của mọi cấu trúc và sinh thể về sau; chẳng hạn, những nguyên lý cấu trúc mà trong thế giới vật chất có thể biểu hiện thành DNA cũng đã tồn tại ở đây dưới dạng tiền-hình thể thông tin. Cũng như vây thông tin cấu tao cho moi sinh vật cung thể hien ngay tai TLD/CPT, đồng thời va không tiếp nối nhau. Tinh trạng giống nhu những hạt cát lớn nho trong miền sa mat vì chúng đồng xuất hiên ngang hang nhau về thứ tự…
Trong CPT có thể tồn tại những cặp tính chất đối lập, như mạnh và yếu, dương và âm. Tuy nhiên, những đối lập ấy chưa nhất thiết loại trừ nhau, bởi chúng chưa bước vào thế giới nhị nguyên của không–thời gian. Chúng chỉ tồn tại như những khả năng cấu trúc. Trong trạng thái nguyên thủy này chưa có hận thù, độc ác, tội lỗi hay xung đột, bởi những phạm trù đạo đức ấy chỉ có ý nghĩa khi đã xuất hiện thời gian, hành động, quan hệ nhân quả và sự lựa chọn. Do đó, CPT được xem là miền của **thông tin chính trực**: thông tin chưa bị xiên lệch khỏi trạng thái cân bằng nguyên thủy. Tất cả các đơn vị thông tin đều đồng hiện, không có trước hay sau. Chúng không sinh, không diệt và không nhất thiết sinh khởi lẫn nhau: sự hiện diện của thông tin này không phải là nguyên nhân tất yếu làm phát sinh thông tin kia. Tuy khác biệt về tính chất, chúng vẫn có thể cùng hiện diện trong một miền phi thời gian mà không cần bị ràng buộc bởi chuỗi nhân quả tuyến tính.
Theo nghĩa giới hạn này, mô hình có thể được liên hệ về mặt triết học với tinh thần của Bát Bất trong **Trung Quán Luận**:
ba^´t sinh–ba^´t diệt,ba^´t thường–ba^´t đoạn,ba^´t nha^´t–ba^´t dị, ba^´t lai–ba^´t xua^´t
Sự liên hệ này không có nghĩa CPT đồng nhất với Trung Quán, mà chỉ cho thấy một nét tương đồng về cấu trúc tư tưởng: thực tại nền tảng không nên được mô tả bằng những đối cực tuyệt đối của sinh–diệt, thường–đoạn, đồng nhất–khác biệt hay đến–đi.
Các đơn vị thông tin ấy vẫn có khả năng tham gia vào những quan hệ cấu trúc và tạo thành các cấu hình ngày càng phong phú, mà chưa bị giới hạn bởi kích thước, khoảng cách hay thứ tự thời

gian. Chính những khả năng cấu trúc này tạo tiền đề cho quá trình phân tầng và hiện thực hóa về sau khi CPT bắt đầu xuất hiện xiên lệch, mất đối xứng và temporalization.
Tất cả sự khác nhau đều có tánh liên tục nhưng không kết nối giống như quan niện bất đồng di, như lai ,bất thuờng đoạn của Bát Bất trong Trung quán luận
Các đơn vị thông tin này có thể kết hợp với nhau thành những cấu trúc ngày càng phong phú mà không bị giới hạn bởi kích thước hay khoảng cách. Tập hợp toàn thể những cấu trúc thông tin ấy có thể được hình dung như **Trí huệ Bát Nhã**, **Toàn tri tuyệt vời**, hay **Cái Biết Nguyên Thủy** Cùng tột.– không phải là tri thức của một cá nhân, mà là khả năng biết vốn có của toàn bộ nền tảng thực tại.

CPT tồn tại ở đâu?

Đây là một câu hỏi tự nhiên nhưng cũng rất dễ dẫn đến ngộ nhận. Theo giả thuyết được đề nghị trong cuốn sách này, **CPT (Không Gian Phi Thời Gian hay Cõi Phi Thời Gian/CPT/Timeles Domain/TLD)** không phải là một "nơi chốn" theo nghĩa địa lý hay vũ trụ học thông thường. Khái niệm "ở đâu" chỉ có ý nghĩa khi đã tồn tại không gian và khoảng cách vật lý, trong khi CPT được giả định là một miền **tiền không gian** (pre-geometric domain), tồn tại ngoài cách mô tả của không–thời gian vật lý.

Nói cách khác, CPT không nằm ở một vị trí nào trong vũ trụ bốn chiều, cũng không phải là một vùng của không gian 11 chiều trong M-theory. Theo mô hình này, CPT được giả định là một miền **trực giao** với toàn bộ không–thời gian vật lý, bao gồm cả các mô hình không gian nhiều chiều được sử dụng trong vật lý lý thuyết. Vì vậy, với tri thức và các phương tiện quan sát hiện nay, con người không thể quan sát hay định vị trực tiếp miền này.

Tuy nhiên, mô hình cũng giả định rằng CPT không hoàn toàn tách biệt với thế giới vật chất. Giữa CPT và không–thời gian bốn chiều tồn tại một **miền giao diện (Interface Domain)**, nơi thông tin cấu trúc bắt đầu được thời gian hóa và chuyển hóa thành các hiện tượng vật lý. Chính miền giao diện này cho phép hai miền có bản chất khác nhau có thể liên hệ với nhau mà không làm mất đi tính độc lập của mỗi miền.

Theo nghĩa đó, có thể nói CPT là **"cận kề"** với không–thời gian, nhưng sự cận kề này **không phải là khoảng cách không gian**, mà là **sự tiếp giáp về cấu trúc thông tin thông qua miền giao diện**. Vì vậy, từ "cận kề" ở đây cần được hiểu theo nghĩa toán học và cấu trúc, chứ không phải theo nghĩa địa lý hay vật lý thông thường.

Một phép tương tự giúp hình dung điều này là hình ảnh một con cá sống dưới đáy hồ. Con cá chỉ nhìn thấy hình bóng của một con chim bay trên không trung ánh xạ xuyên qua mặt nước in trên đáy sông hồ. Đối với con cá, cái bóng ấy là hiện tượng trực tiếp. Nó không biết rằng phía trên còn có một thế giới ba chiều rộng lớn hơn.

Nếu con chim bay đúng theo phương vuông góc với mặt nước, hình bóng của nó chỉ là một điểm gần như bất động. Theo góc nhìn của con cá, thời gian của chuyển động ấy dường như biến mất. Chỉ khi con chim bay lệch khỏi phương vuông góc, va gần sat mặt nước vi khúc xa anh sang ca không thay chim. Khi hình bóng chuyển động trên đáy sông hồ và con cá mới cảm nhận được thời gian. Muốn thấy được con chim thật, con cá phải thay đổi hệ quy chiếu bằng một phép quay 90°; trong ngôn ngữ toán học, đây có thể xem như một phép quay sang một không gian trực giao cao hơn.

Trong phép tương tự này, thế giới của con chim không phải là CPT, nhưng thế giới nơi con chim đang tồn tại tượng trưng cho một tầng thực tại sâu hơn. Đối với cá khi chim bay gần mặt nuoc , chim chỉ thấy bóng cúa chim trên đáy sông hồ. Đối với con cá, thế giới ấy chỉ biểu hiện thông qua hình bóng trong nước. Tương tự, thế giới bốn chiều mà chúng ta đang sống có thể chỉ là "hình bóng" của những cấu trúc thông tin sâu hơn trong CPT.

Theo mô hình CPT/TLD, thông tin trong CPT có thể tồn tại dưới hai trạng thái khái niệm.

COĨ PHI THỜI GIAN (TLD) LÀ GÌ?

1. VÌ SAO PHẢI CÓ KPT (TLD)?

- Không gian và thời gian là hai thực thể riêng biệt.
- Mọi hiện tượng vật chất, năng lượng, tri thức, sự sống đều nằm trong không–thời gian (4D).
- Nhưng: Không–thời gian không tự giải thích được chính nó.
- Do đó, phải có một nền tảng sâu hơn, không bị ràng buộc bởi không–thời gian: đó là KPT (TLD).

2. ẨN DỤ: TRANG GIẤY VÀ HÌNH TRÊN GIẤY

Hình (TV) hiện ra trên mặt giấy là biểu hiện của KPT.
Không có thời gian nên không có trước–sau: mọi thông tin xuất hiện tức thì khi chú ý đến.
Đó là tánh Như Lai: tức thì, thường hằng, bất tử.

3. ĐẶC TÍNH CỦA KPT (TLD)

- Không có thời gian → không có thứ tự, trước–sau.
- Không có luật lệ, phân biệt, di chuyển, vận tốc (speed, velocity).
- Không có không gian theo nghĩa thông thường, nên KPT là Tiền không gian (Protospace), vô biên, không biên giới.
- Không có thời gian → không có vận tốc, $E = mc^2$ không áp dụng → không có năng lượng, không có vật chất.
- Không có não bộ → không có trí nhớ, không có tri thức.
- Không có chúng sinh, không có thân thế.

VẬY KPT CÓ GÌ?

- Chỉ có THÔNG TIN (vô hình, phi vật chất).
- Thông tin vô lượng, đa dạng, có thể nghịch nhau (như +/–, mạnh/yếu...) nhưng không loại trừ nhau.
- Không có thù hận, ghét, xa lạ, tội lỗi, cũng không rỗng (vô).
- Đây là thông tin chính trực, đạo đức tuyệt đối, không xiên lệch.
- Thông tin có thể kết hợp, nhảy nhóm, tạo thành cấu trúc mọi kích thước, mang tánh vô giới hạn.
- Tận hợp của mọi thông tin ấy là Trí huệ Bát Nhã, Toàn tri hay Cái Biết Nguyên Thủy.

4. KPT Ở ĐÂU? – VÍ DỤ HÌNH BÓNG CỦA CHIM

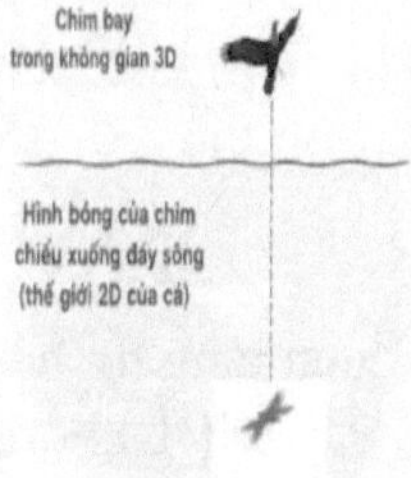

- Cá sống trong thế giới 2D (mặt đáy sông).
- Chim bay trong không gian 3D.
- Khi chim bay theo đường thẳng đứng (vuông góc với mặt nước), hình bóng thu lại thành một điểm.
  Thời gian của chim lúc đó "bằng không" đối với cá.
- Khi chim bay lệch khỏi đường vuông góc, hình bóng di chuyển trên đáy theo thời gian.
- Cá chỉ thấy chim thật sự khi quay hướng nhìn 90°.
- Phép quay 90° có thể toán học hóa bằng phép quay (rotation).
- Không gian gồm các phương (trục) giao với thế giới của cá chính là KPT.
- Khi chim bay lệch, ta có một "không gian trong KPT", dành riêng cho hướng lệch đó.

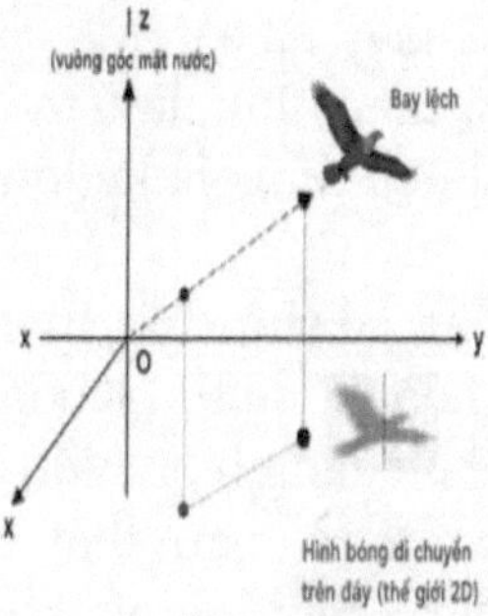

KPT THUẦN KHIẾT
(Không thời gian)

- Thông tin chính trực
- Xuất hiện tức thì (không trễ)
- Vô thường hằng, bất tử
- Không vật chất, không năng lượng

Sự xiên lệch tự nhiên trong xuất hiện thông tin →

← KPT phân tách thành hai miền tiềm năng →

MIỀN THÔNG TIN XIÊN LỆCH
(Trong KPT)

- Vẫn không thời gian, không vật chất, không chuyển động, không năng lượng.
- Nhưng có độ trễ trong xuất hiện thông tin.
- Hệ lộ khả năng tiềm tàng của thời gian.

→

TIỀM NĂNG THỜI GIAN
(Trong miền xiên lệch)

↓

THỜI GIAN THẬT
(4D)

- Có thời gian → có trước–sau
- Có không gian → có vận tốc
- Có vật chất, năng lượng
- Hình thành thế giới 4D: vật chất, năng lượng, tri thức, sự sống, ý thức...

Ý NGHĨA TỔNG QUÁT

TLD (KPT) là nền tảng vô hình, phi thời gian, chỉ có thông tin. Từ sự xiên lệch tự nhiên của thông tin, tiềm năng thời gian được hé mở và khi hiện thực hóa, ta có thế giới 4D với mọi hiện tượng.
Vật lý, vật chất, sự sống và ý thức chỉ là những biểu hiện trong miền có thời gian.

KPT (phi thời gian) —xiên lệch→ Tiềm năng thời gian —hiện thực hóa→ Thế giới 4D (hiện tượng)

Trạng thái thứ nhất là **thông tin chính trực**. Đây là trạng thái cân bằng tuyệt đối, không có độv lệch và không bị chi phối bởi thời gian. Thông tin biểu hiện tức thời và không tạo ra hiện tượng vật chất.
Trạng thái thứ hai là **thông tin xiên lệch**. Sự xiên lệch này không có nghĩa là đã xuất hiện vật chất hay năng lượng. Nó chỉ biểu hiện một sự khác biệt rất nhỏ trong cấu trúc thông tin, thể hiện không bằng một **độ trễ mà trong độ mờ nhạt bi che mờ** trong khả năng biểu hiện. Chính độ mờ nhạt ấy là **"góc" xiên lệch** mở ra khả năng xuất hiện của thời gian. Độ mờ nầy se được biểu diễn trong Chương III

Nói cách khác, sự xuất hiện tự nhiên của thông tin xiên lệch làm CPT phân hóa thành hai miền: miền thông tin chính trực và miền thông tin có khả năng phát sinh thời gian. Trong miền thứ hai, thời gian chưa thực sự tồn tại nhưng đã hiện diện dưới dạng **tiềm năng**. Khi tiềm năng ấy được hiện thực hóa, thời gian vật lý xuất hiện. Cùng với thời gian là không gian, năng lượng, vật chất, chuyển động, ý thức sinh học và toàn bộ thế giới bốn chiều mà chúng ta quan sát.
Theo cách nhìn này, thế giới vật chất không phải là điểm khởi đầu của thực tại mà là kết quả cuối cùng của một tiến trình thể

Tại sao có thể xuất hiện thông tin xiên lệch?
hiện hóa thông tin. Không–thời gian không phải là nền tảng tối hậu mà chỉ là tầng biểu hiện của một miền sâu hơn. Vì vậy, CPT không được đưa ra nhằm thay thế vật lý hiện đại, mà nhằm cung cấp một nền tảng triết học và khái niệm để giải thích vì sao thời gian, vật chất và các định luật vật lý có thể xuất hiện từ một thực tại phi thời gian.
Theo giả thuyết của mô hình CPT, nguyên nhân nằm ở sự hiện hữu của **tự do** như một thuộc tính nguyên thủy của thực tại. Cũng như tính chính trực, tính hài hòa hay tính hướng thiện, tự do có thể là một trong những đặc tính nền tảng của miền CPT. Chính nhờ tự do mà các cấu trúc thông tin không chỉ có khả năng phát triển theo hướng chính trực mà còn có khả năng lệch khỏi trạng thái ấy.
Nếu không có tự do, mọi tiến trình sẽ hoàn toàn tất định; khi đó sẽ không tồn tại lựa chọn, cũng không có sai lầm, tai nạn hay sự lệch

hướng của thông tin. Ngược lại, một khi tự do được thừa nhận là thuộc tính nguyên thủy của thực tại, thì khả năng xuất hiện thông tin xiên lệch trở thành điều tất yếu. Nói cách khác, thông tin lệch không phải là một thực thể được tạo ra, mà là hệ quả của quyền lựa chọn trong một hệ thống có tự do.

III. CPT là Không Gian Bó Sợi, Không Phải Không Gian Siêu Đối Xứng Trong M-Theory

Lịch sử: Không gian bó sợi: từ cấu trúc toán học đến nền tảng của vật lý hiện đại

Khái niệm **không gian bó sợi** (*fiber bundle*) không xuất hiện đột ngột từ một công trình riêng lẻ, mà được hình thành qua một tiến trình dài, bắt đầu từ hình học vi phân, phát triển trong tô pô học và cuối cùng trở thành một trong những ngôn ngữ nền tảng của vật lý hiện đại.

Nguồn gốc xa của tư tưởng này có thể tìm thấy trong công trình của Gauss và Riemann về các không gian cong. Gauss cho thấy một bề mặt có thể mang độ cong nội tại, không cần được mô tả như một vật thể nằm trong một không gian cao chiều hơn. Riemann mở rộng tư tưởng ấy thành khái niệm đa tạp: một không gian có thể cục bộ giống không gian Euclid nhưng có cấu trúc toàn cục phức tạp. Từ đây, hình học không còn chỉ nghiên cứu những vật thể nằm trong không gian, mà bắt đầu nghiên cứu chính cấu trúc của không gian.

Trên một đa tạp, tại mỗi điểm ta có thể gắn thêm một không gian phụ, chẳng hạn một không gian vector, một nhóm đối xứng hoặc một không gian trạng thái nội tại. Tập hợp của tất cả các không gian phụ ấy tạo thành một bó sợi. Về mặt toán học, một bó sợi thường được mô tả bởi phép chiếu có thể diễ tả toán học như: $E \rightarrow M$, $Fx=\pi^{-1}(x) \cong F$, trong đó (M) là không gian nền, (E) là không gian toàn thể và mỗi điểm (x ở trong M) được gắn với một sợi (F). Cấu trúc này có tính chất đặc biệt: trong từng vùng nhỏ, không gian toàn thể có thể bị xoắn, cong hoặc liên kết theo cách không thể tháo rời thành một tích đơn giản có thể đươc diễn tả trong sợi.

Lý thuyết bó sợi được hình thành rõ rệt trong thế kỷ XX qua công trình của Hassler Whitney, Charles Ehresmann, Norman Steenrod và nhiều nhà toán học khác. Whitney phát triển khái niệm bó vector và các lớp đặc trưng; Ehresmann làm rõ khái niệm liên kết;

Steenrod hệ thống hóa lý thuyết trong tác phẩm kinh điển *The Topology of Fibre Bundles*. Từ đó, bó sợi trở thành một cầu nối giữa hình học vi phân, tô pô học, đại số và giải tích.

Ý nghĩa triết học của bó sợi nằm ở chỗ nó thay đổi cách ta hiểu về không gian. Không gian không còn là một sân khấu trống rỗng, đồng nhất và thụ động. Mỗi điểm của không gian có thể mang theo một cấu trúc nội tại riêng. Vì vậy, thực tại không chỉ được xác định bởi vị trí của một điểm, mà còn bởi những khả thể, hướng, trạng thái và đối xứng gắn với điểm ấy.

Trong hình học vi phân, tại mỗi điểm của một đa tạp, ta gắn một không gian mà một đường gồm tất cả các hướng khả dĩ. Toàn bộ các không gian tiếp xúc hợp thành bó tiếp xúc. Nhờ cấu trúc này, ta có thể định nghĩa vận tốc, trường vector, đạo hàm, độ cong và sự vận chuyển liên kết với điểm đó.

Trong vật lý, bước chuyển quan trọng xảy ra khi người ta nhận ra rằng các trường không chỉ là những đại lượng phân bố trong không-thời gian, mà còn có thể được hiểu như các cấu trúc hình học trên một bó sợi. Trong thuyết tương đối rộng, không-thời gian là một đa tạp bốn chiều, còn tại mỗi điểm có một không gian tiếp xúc xác định khoảng cách và thời gian, các vector được so sánh giữa những điểm lân cận và độ cong của liên kết biểu hiện trường hấp dẫn.

Phần đọc thêm

Tuy nhiên, vai trò của bó sợi trở nên rõ rệt hơn trong các lý thuyết gauge. Trong điện từ học, tại mỗi điểm của không-thời gian ta có thể gắn một pha nội tại thuộc nhóm (U(1)). Điện thế điện từ được diễn tả như một liên kết trên bó chính, còn trường điện từ là độ cong của liên kết đó. Quan hệ này có thể được viết dưới dạng F=dA, trong đó (A) là thế gauge và (F) là cường độ trường. A có thể biểu diễn là $A=A_\mu dx = A_\mu{}^a T_a\, dx^\mu$, vì Yang Mills diển tả $A_\mu=A_\mu{}^a T_a$,

Trong các lý thuyết Yang–Mills, cấu trúc này được mở rộng sang các nhóm không giao hoán như (SU(2)) và (SU(3)). Khi đó,

[$F=dA+A \wedge A$] thể hiện khả năng các trường gauge tương tác với chính chúng. Đây là cơ sở hình học của lực yếu và lực mạnh. Mô hình Chuẩn của vật lý hạt sử dụng nhóm đối xứng (∧: tích bất đối xứng A1xA2≠A2xA1 trong đại số Lie là đại số của không gian không phẳng đa tap,)

[SU(3) x SU(2) x U(1)]

và có thể được hiểu như một lý thuyết về các liên kết trên một bó chính có nhóm cấu trúc tương ứng. Photon, gluon và các boson (W), (Z) là những lượng tử của các trường gauge, tức các dao động lượng tử của liên kết hình học.

Điểm sâu sắc ở đây là vật lý hiện đại đã làm mờ ranh giới giữa "lực" và "hình học". Trường gauge không còn chỉ là một thực thể được đặt vào không gian từ bên ngoài. Nó trở thành biểu hiện của cách các sợi nội tại được liên hệ giữa những điểm khác nhau của không-thời gian. Theo cách hiểu này, tương tác vật lý có thể được xem là hệ quả của cấu trúc liên kết và độ cong của bó sợi.
Trong thuyết dây và các mô hình nhiều chiều, bó sợi tiếp tục đóng vai trò thiết yếu. Các chiều phụ có thể được compact hóa (cuộn và ép) trên các đa tạp Calabi–Yau, trong khi các trường gauge và trường vật chất được mô tả bằng các bó vector trên những đa tạp ấy. Hình học và tô pô của bó sợi quyết định một phần phổ hạt, điện tích, đối xứng và các tương tác có thể xuất hiện trong thế giới bốn chiều.
Về phương diện triết học, sự phát triển này gợi ra một thay đổi lớn trong quan niệm về bản thể. Trong cơ học cổ điển, không gian là nơi các vật thể tồn tại và chuyển động. Trong thuyết tương đối, không-thời gian trở thành một cấu trúc động có thể cong. Trong lý thuyết gauge, mỗi điểm của không-thời gian còn mang theo một không gian nội tại. Như vậy, thực tại vật lý ngày càng được mô tả không phải bằng các vật thể riêng biệt, mà bằng các quan hệ, đối xứng, liên kết và độ cong.
Tuy nhiên, trong toán học và vật lý hiện hành, bó sợi chủ yếu vẫn là một cấu trúc hình học được xây dựng trên không-thời gian nền. Không-thời gian thường được xem là đa tạp cơ sở, còn các sợi là những không gian nội tại được gắn vào từng điểm của đa tạp ấy.

Mô hình CPT/TLD có thể đề nghị một sự đảo ngược sâu hơn. Theo cách nhìn này, không gian bó sợi không phát sinh trên không-thời gian, mà có thể là miền thông tin cấu trúc tồn tại trước không-thời gian chiếu xuống 4D. Không-thời gian 4D, vật chất và các trường vật lý khi ấy chỉ là những biểu hiện đã được thời gian hóa và hình học hóa của một cấu trúc thông tin sâu hơn.
Trong cách diễn giải này, sợi không còn chỉ đại diện cho một không gian vector hay một nhóm đối xứng. Nó có thể biểu diễn một đơn vị quan hệ, một khả thể cấu trúc hoặc một thành phần thông tin nguyên thủy. Sự nghiêng, cong và xoắn của các sợi có thể được dùng như ngôn ngữ mô hình hóa cho quá trình thông tin rời khỏi trạng thái chính trực, hình thành liên kết, độ cong, trường và cuối cùng là vật chất.
Fiber Space (Không gian sợi) là "Cõi chứa các chiều tiềm năng"
Nếu nền tảng (TLD/CPT) là tĩnh, thì tại sao chúng ta vẫn cảm thấy thế giới có sự vận động và đa dạng? Đó là nhờ cấu trúc Sợi (Fiber) của nền:

- Kết nối vuông góc với "điểm tọa độ" trong 4D đi kèm. Sợi này chứa các thuộc tính nội tại của vật chất/thông tin (như điện tích, khối lượng, pha lượng tử, hoặc các hàm xác suất).

Toàn bộ cấu trúc hình học này tạo nên **Fiber Space**. Bản thân cấu trúc này là một thực thể hình học đóng băng, toàn vẹn trong TLD, không hề chuyển động.
"Dòng chảy thời gian" chỉ là sự kết nối liên tục một chuỗi tiết diện (section) trong Fiber space

Vì vậy, trong mô hình CPT, không gian nền tảng của thực tại không được giả định là không gian siêu đối xứng 11 chiều như trong M-theory, mà là một **không gian bó sợi thông tin** (*informational fiber space*). Đây không phải là một không gian hình học theo nghĩa vật lý, mà là một **miền tiền hình học** (*pre-geometric domain*), nơi chỉ tồn tại các quan hệ thông tin nguyên thủy.
Đặc tính cơ bản của không gian này là **tính chính trực** (*integrity*) và **tính trực giao** (*orthogonality*) của các cấu trúc thông tin. Mỗi cấu trúc thông tin tồn tại đúng theo bản chất nội tại của nó, không chịu sự chi phối của thời gian, không gian, năng lượng hay chuyển động. Chính tính chính trực ấy tạo nên một trật tự nguyên thủy, thuần khiết và nhất quán của toàn bộ miền CPT. Vì vậy, để phan biệt với không gian thông thướng 4D và để khấn manh tính tực giao với 4D, không gian này có thể được hình dung như một **không gian bó sợi**, trong đó các "sợi" không phải là các dây vật lý mà là những quan hệ thông tin được tổ chức theo một cấu trúc chính trực.
Không gian bó sợi của CPT trực giao với không–thời gian 4D. Chính sự trực giao này khiến nó không thể được nhận biết trực tiếp bằng các phép đo vật lý hay bằng năm giác quan. Thế giới vật chất mà chúng ta quan sát được chỉ là sự biểu hiện của các cấu trúc thông tin ấy sau khi chúng đi qua miền giao diện, nơi thời gian bắt đầu xuất hiện và các quá trình vật lý được kích hoạt.
Quan niệm này khác căn bản với M-theory. Trong M-theory, các chiều bổ sung từ chiều thứ sáu đến chiều thứ mười một vẫn thuộc về thế giới vật lý. Chúng là những chiều hình học thực sự, có khả năng mang năng lượng, chứa các trường lượng tử và cho phép các dây (*strings*) hay brane dao động. Các chiều này không quan sát

được không phải vì chúng trực giao với không–thời gian 4D, mà vì chúng bị cuộn lại (*compactified*) ở kích thước cỡ chiều dài Planck. Thông thường, chúng được mô tả bằng các đa tạp hình học cực nhỏ, chẳng hạn như không gian Calabi–Yau, nơi các chiều bổ sung bị nén lại trong một cấu trúc vi mô.

Ngược lại, trong mô hình CPT, **không gian bó sợi không phải là một không gian hình học bị cuộn nhỏ**, cũng không phải là một phần mở rộng của không–thời gian. Nó là một miền **tiền hình học**, tồn tại trước mọi mô tả hình học và trước cả sự xuất hiện của thời gian. Chính từ miền thông tin chính trực này mà hình học, không–thời gian, vật chất và các trường vật lý mới lần lượt được biểu hiện thông qua miền giao diện vì vậy nên gọi nó là không gian nền tảng

Nói ngắn gọn, **M-theory mở rộng hình học của thế giới vật chất**, còn **CPT mở rộng nền tảng thông tin trước hình học**. Theo giả thuyết này, hình học không phải là thực tại tối hậu; hình học chỉ là một biểu hiện phát sinh từ các quan hệ thông tin chính trực của miền CPT. Với quan điểm này, thì CPT không thay thế M-theory mà nằm ở một tầng nền sâu hơn, nơi **thông tin có trước hình học, còn hình học có trước vật chất**.

Phân biệt TLD/CPT và thế giới 4D/M-theory tự nhiên phai mo ra miền trung gian giao dịện giữai cấu trúc trên.

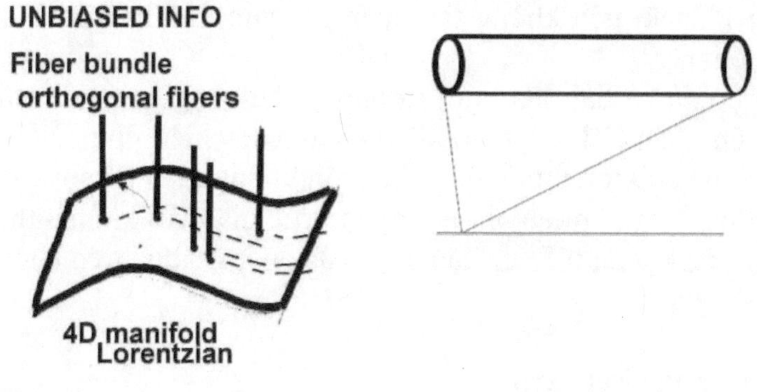

Figure 2

Left: Fiber-bundle representation of physically accessible and inaccessible information
A fiber-bundle representation illustrating the relationship between physically accessible and physically inaccessible information. The four-dimensional base manifold represents spacetime, in which each point corresponds to information that can, in principle, be accessed through physical interaction and measurement. Associated with each point of the base manifold is a fiber representing informational degrees of freedom that are not directly accessible within 4D spacetime.
An informational fiber orthogonal to the base manifold represents undeviated information. Because it remains orthogonal to spacetime, it is decoupled from temporal dynamics and does not participate in sequential manifestation.
Right: The 11-dimensional spatial structure
The additional spatial dimensions are compactified within a tubular structure whose characteristic radius is on the order of the Planck length,
ℓP≈1.616×10−35 m.

Trong mô hình CPT, không gian bó sợi được giả thiết là một miền **trực giao với không–thời gian vật lý** và **không chứa thời gian vật lý**, do đó không chịu các giới hạn của khoảng cách hay tốc độ ánh sáng. Không gian này không nhất thiết phải nhỏ; ngược lại, nó có thể là một miền nền tảng rất rộng lớn, chứa thông tin cấu trúc của mọi hiện tượng.
Trong khi đó, ở lý thuyết M, các chiều phụ (thường ký hiệu D6–D11 theo cách trình bày phổ biến) vẫn là **các chiều không gian của chính không–thời gian**. Chúng được giả thiết bị **compactification** (cuộn trên chính chúng) với kích thước cực nhỏ, gần thang Planck, nên không thể quan sát trực tiếp bằng các thí nghiệm hiện nay.
Vì vậy, mặc dù cả hai đều vượt ra ngoài khả năng quan sát trực tiếp, nguyên nhân là hoàn toàn khác nhau: các chiều phụ của M-theory bị "ẩn" do kích thước quá nhỏ, còn không gian bó sợi CPT được giả thiết là một miền phi thời gian, trực giao với không–thời gian vật lý nên không thể tiếp cận bằng các phép đo dựa trên không gian và thời gian.

Đa dạng nhưng chính trực
Trong CPT tinh khôi, chưa tồn tại cá nhân theo nghĩa riêng biệt của thế giới hiện tượng. Toàn bộ thông tin còn ở trạng thái chính trực, phi thời gian và chưa phân tầng thành các mức độ xiên lệch. Vì

chưa có thời gian, chưa có lịch sử, chưa có ký ức cá nhân và chưa có sự đối lập giữa chủ thể và đối tượng, nên cũng chưa thể nói đến "bản ngã" theo nghĩa thông thường.

Tuy nhiên, điều đó không có nghĩa rằng mọi thông tin trong CPT tinh khôi hoàn toàn đồng nhất và không còn bất kỳ sự khác biệt nào. Theo mô hình CPT/TLD, ngay trong trạng thái chính trực vẫn có thể tồn tại những **cấu trúc thông tin khác nhau**, nhưng các khác biệt ấy hoàn toàn hài hòa, bổ sung cho nhau và không tạo ra xung đột hay sự loại trừ lẫn nhau. Đó là sự đa dạng trong thống nhất, chứ không phải sự phân ly trong đối lập.

Theo cách nhìn này, CPT tinh khôi vẫn có thể chứa những **nguyên mẫu (archetypes)** hay những **nhân thể nguyên thủy** mang những đặc tính riêng, nhưng tất cả đều vận hành trong sự chính trực tuyệt đối. Sự khác biệt không còn là nguyên nhân của chia rẽ mà trở thành biểu hiện của sự phong phú trong cùng một nền tảng.

Quan điểm này cũng giúp lý giải vì sao trong các truyền thống tôn giáo lớn vẫn tồn tại sự đa dạng ngay trong những cõi được xem là thanh tịnh. Trong Kitô giáo có các thiên thần và các phẩm trật thiên quốc với những vai trò khác nhau; trong Phật giáo, các vị Phật và các vị Bồ Tát đều viên mãn giác ngộ nhưng mỗi vị lại biểu hiện những hạnh nguyện, phương tiện giáo hóa và công hạnh khác nhau. Sự khác biệt ấy không phản ánh sự hơn kém hay đối lập, mà phản ánh sự phong phú của cùng một chân lý.

Theo mô hình CPT/TLD, chính khi thông tin bắt đầu xiên lệch thì sự đa dạng hài hòa ấy mới chuyển thành **sự phân tầng**. Từ đây mới xuất hiện khoảng cách, mức độ, lịch sử, nghiệp và cuối cùng là các cá nhân trong thế giới không–thời gian. Vì vậy, cần phân biệt rõ hai khái niệm:

- **Đa dạng trong chính trực** là đặc tính của CPT tinh khôi.
- **Cá biệt hóa do phân tầng** là hệ quả của thông tin xiên lệch.

Sự phân tầng không tạo ra giá trị của các cá nhân mà chỉ tạo ra môi trường để quá trình giáo hóa và tự sửa chữa có thể diễn ra. Khi thông tin trở lại trạng thái chính trực, sự phân ly mất đi, nhưng sự phong phú của các cấu trúc thông tin không nhất thiết biến mất. Điều được phục hồi là sự hài hòa, chứ không phải sự đồng nhất tuyệt đối.

chính trực = hài hòa tuyệt đối, dù vẫn có sự đa dạng vì không co vật chất hinh ảnh, chỉnh trực chi ció y nghia tâm ly, tức phu hơp vứi đạo đức

Không gian Bó sợi – Nền tảng của Mọi Hiện Tượng Không–Thời Gian ánh xạ xuông Không Thời gian

Nếu đứng trên quan điểm của mô hình TLD, không gian bó sợi có thể được xem là nền tảng tiền hình học của mọi hiện tượng trong không–thời gian. Trong không gian này, mỗi cấu trúc thông tin (fiber) khi được chiếu xuống thế giới 4D có thể biểu hiện thành hai trường hợp khác nhau.

(a) Thông tin chính trực

Những cấu trúc thông tin còn giữ trạng thái chính trực, trực giao với không–thời gian 4D, khi hình chiếu xuống chỉ còn là một điểm hoặc một cấu trúc không có độ hiển lộ. Vì không mang độ xiên, độ cong hay độ xoắn, chúng không tạo nên hiện tượng vật lý và có thể xem như không được biểu hiện trong thế giới 4D.

(b) Thông tin xiên, cong và xoắn

Ngược lại, khi cấu trúc thông tin lệch khỏi trạng thái chính trực, hình chiếu của nó lên không–thời gian 4D bắt đầu mang nội dung thông tin và biểu hiện thành các hiện tượng vật lý. Trong mô hình được đề nghị, ba đại lượng hình học – **độ xiên θ độ cong κ** và **độ xoắn τ)** – đóng vai trò quyết định cách thức thông tin được hiện thực hóa thành vật chất, trường và các cá thể trong thế giới hiện tượng.

Theo cách nhìn này, sự kiện "chiếu" từ TLD sang không–thời gian không chỉ là một phép ánh xạ hình học, mà còn là tiến trình đưa **thời gian** vào cấu trúc thông tin. Chính tiến trình thời gian hóa này làm cho những sai lệch vốn còn tiềm ẩn trong miền phi thời gian trở nên hiển lộ dưới dạng các cá thể và các hiện tượng trong thế giới vật chất. Mục đích của tiến trình ấy, theo giả thuyết TLD, không phải để tạo ra một thế giới riêng biệt, mà để những sai lệch ấy có thể được nhận diện, trải nghiệm và từng bước chuyển hóa.

Trong khuôn khổ của mô hình, các sai lệch hình học của thông tin cũng được xem là biểu hiện của sự lệch khỏi trạng thái đạo đức nguyên thủy. Bởi trong TLD chưa tồn tại vật chất, năng lượng hay hình tướng theo nghĩa vật lý, mà chỉ tồn tại các cấu trúc thông tin chính trực mang ý nghĩa trật tự, chân thật và nền tảng của mọi giá trị tinh thần. Vì vậy, sự xiên lệch của thông tin không chỉ mang ý nghĩa hình học mà còn có thể được hiểu như sự xiên lệch về phương diện đạo đức và tâm linh.

Quan niệm này có một điểm tương đồng đáng chú ý với tư tưởng Phật giáo. Trong Phật học, thế giới hiện tượng thường được xem là sự biểu hiện có điều kiện của Chân Như, nên mọi hình tướng đều mang tính duyên khởi và không phải thực tại tối hậu. Theo mô hình TLD, thế giới không–thời gian cũng có thể được hiểu như hình chiếu của các cấu trúc thông tin từ miền phi thời gian. Tuy nhiên, đây chỉ là một cách diễn giải mang tính giả thuyết nhằm xây dựng một cầu nối giữa hình học thông tin và triết học Phật giáo, chứ không nhằm đồng nhất hai hệ thống tư tưởng.

MIỀN GIAO DIỆN

Đến đây với mô hình CPT, có thể nhận thấy một sự tương đồng nhất định giữa không gian bó sợi của CPT và các chiều không gian phụ trội trong lý thuyết M 11 chiều. Cả hai đều không thể được nhận biết trực tiếp bằng giác quan hoặc bằng các phép đo thông thường trong thế giới 4D. Tuy nhiên, sự tương đồng này chỉ dừng lại ở mức độ hình thức và hiện tượng luận, và cũng hàm ý rằng hai cấu trúc có chia xẽ một ít bản chất vật lý hay toán học. Trong mô hình CPT/TLD, không gian bó sợi được giả thuyết như một cấu trúc thông tin tiền-hình học, không nhất thiết mang bản chất của không gian vật lý theo nghĩa thông thường. Ngược lại, trong lý thuyết M, các chiều phụ trội là thành phần của cấu trúc không–thời gian nhiều chiều mà lý thuyết đòi hỏi. Vì vậy, sự tương đồng giữa hai mô hình nên được xem như một gợi ý về khả năng tồn tại của những bậc tự do nằm ngoài khả năng quan sát trực tiếp của thế giới 4D và cơ chế chuẩn tiép gạn loc thông tin qua lại giữa hai miền. Nhưng không co nghĩa về bằng chứng cho sự đồng nhất giữa CPT và các chiều phụ trội của lý thuyết M.

CHƯƠNG III: THỜI GIAN XUẤT HIỆN NHƯ THẾ NÀO? THUYẾT TIỀN HÌNH HỌC HÓA VÀ THỜI GIAN HÓATHÔNG TIN THÀNH VẬT CHẤT (HTTV) (INFORMATION PREGEOMETRIZATION AND TEMPORALIZATION INTO MATTER/IPTM)

Tóm Lược

Theo giả thuyết được đề nghị trong cuốn sách này, ***Cõi Phi Thời Gian (CPT/TLD)*** *là một* ***tiền không gian*** *(pre-geometric domain), chỉ chứa* ***thông tin cấu trúc nguyên thủy*** *chứ chưa có vật chất, năng lượng hay thời gian theo nghĩa vật lý. Về mặt toán học, thông tin này có thể được biểu diễn bằng các cấu trúc hình học trừu tượng, chẳng hạn như các sợi thông tin (information fibers) và bó sợi (fiber bundles), tạo nên một không gian tiền hình học làm nền tảng cho mọi hiện tượng.*

Trong trạng thái chính trực, thông tin tồn tại như một tổng thể thống nhất, chưa bị phân chia thành các cặp đối lập của thế giới nhị nguyên. Các cấu trúc đối xứng không triệt tiêu lẫn nhau mà cùng tồn tại trong một trật tự hài hòa. Theo cách hiểu của mô hình này, trạng thái ấy tương ứng với nền tảng của chân–thiện–mỹ, hay nói rộng hơn là những nguyên lý đạo đức phổ quát, vốn trong các truyền thống triết học và tôn giáo thường được diễn tả bằng nhiều tên gọi khác nhau như Chân Như, Đạo, Thượng Đế hay Đấng Sáng Tạo.

Tuy nhiên, vì TLD được giả định là miền của tự do và khả thể, nên thông tin xiên lệch hoặc bất đối xứng cũng có thể xuất hiện. Khi đó, sự khác biệt giữa thông tin hiện hữu và trạng thái chính trực tạo nên nhu cầu phân tầng, học tập và tự điều chỉnh. Theo giả thuyết của mô hình, chính nhu cầu này là nguồn gốc của ***thời gian****. Thời gian là biểu hiện của quá trình tái lập trật tự thông tin sau khi đối xứng nguyên thủy bị phá vỡ, Nhu cầu đó kích hoạt khả năng xếp đặc trật tự sẵn có cua TLD*

Trong cách nhìn đó, thời gian không phải là một thực thể tồn tại độc lập, mà là thể hiên ***cơ chế sắp xếp, tổ chức và phân tầng thông tin*** *nhằm tạo điều kiện cho quá trình chuyển hóa từ trạng thái xiên lệch trở về trạng thái chính trực. Tiến trình này chỉ được khởi động khi độ xiên lệch vượt quá một ngưỡng nhất định, được mô hình hóa* *bằng một chỉ số biểu thị mức độ sai khác so với trạng thái chuẩn mực.*

Mô hình đề nghị rằng quá trình ***tiền hình học hóa thông tin và chuyển hóa tiệm tiến thành vật chất*** *diễn ra qua ba giai đoạn của thời gian.*

*Ở giai đoạn **(t_0)** (proto-time), độ xiên lệch còn nhỏ và vẫn nằm trong giới hạn có thể chấp nhận được so với trạng thái chuẩn. Thời gian lúc này chỉ đóng vai trò như khả năng sắp xếp, phân loại và ghi nhận thông tin. Chưa có năng lượng, chưa có trường vật lý và cũng chưa hình thành vật chất.*

*Khi độ xiên lệch vượt qua ngưỡng tới hạn, nhu cầu điều chỉnh để đưa thông tin trở về trạng thái chính trực trở nên cấp bách hơn, với cường độ tăng theo mức độ sai lệch. Đây là giai đoạn **(t_1)** (minimal time), tương ứng với sự hình thành miền giao diện (Interface Domain), nơi thông tin bắt đầu biểu hiện dưới dạng độ cong và các hiệu ứng tiền vật chất. Trong mô hình này, vật chất tối (dark matter) được giả định thuộc về giai đoạn này.*

*Đến giai đoạn **(t_2)** (physical time), thời gian trở thành thời gian vật lý hoàn chỉnh của không–thời gian bốn chiều. Tại đây xuất hiện các trường lượng tử, các hạt cơ bản và toàn bộ thế giới vật chất như chúng ta quan sát được.*

Trong mô hình, thông tin xiên lệch được mô tả bằng ba đại lượng cơ bản cũng là ba mã lệnh làm neen vật chất:

- ***(θ)**: độ xiên lệch khỏi trạng thái chính trực;*
- ***(κ)**: độ cong của thông tin, được giả thuyết liên hệ với hấp dẫn và khối lượng;*
- ***(τ)**: độ xoắn của thông tin, được giả thuyết liên hệ với spin của các hạt và mức độ biểu hiện của cấu trúc vật chất.*

Sự biểu hiện của vật chất không được xem là mục đích cho chính nó, mà là hệ quả của nhu cầu để thông tin có thể bộc lộ trạng thái của chính nó, qua đó tạo điều kiện cho quá trình học tập, điều chỉnh và chuyển hóa.

Trong TLD, thông tin xiên lệch chỉ biểu hiện dưới dạng sự che mờ của trạng thái chân như, tức làm giảm khả năng hiển lộ của thông tin nguyên thủy mà chưa hình thành vật chất. Ngược lại, trong không–thời gian bốn chiều, cùng sự xiên lệch ấy được hiện thực hóa dưới dạng các cấu trúc vật chất mang độ cong, độ xoắn và các tương tác vật lý.

Theo cách diễn giải hình học của mô hình, khi độ cong và độ xiên lệch đạt đến giới hạn tới hạn, cấu trúc thông tin có thể được hình dung như bị bẻ gãy như trong trạng thái trực giao ban đầu. Hình ảnh này được liên hệ một cách minh họa với phép ***Wick rotation****, như một biểu tượng toán học cho quá trình chuyển từ miền tiền hình học sang miền vật chất. Tuy nhiên, đây chỉ là một phép so sánh khái niệm, không phải là khẳng định rằng phép quay Wick trong vật lý chính là cơ chế tạo nên vật chất.*

Từ góc nhìn đó, điều thường được gọi là ***nghiệp*** *có thể được hiểu như ký ức hình học của các độ xiên lệch tích lũy trong cấu trúc thông tin. Khi được biểu hiện trong thế giới vật chất, những độ lệch này góp phần hình thành xu hướng bám chấp vào các hiện tượng của thế giới bốn chiều và trở thành động lực cho tiến trình học tập, chuyển hóa và hoàn thiện của mỗi cá thể. Không thời gian cong không đên từ vât chất hay lực hấp dẫn vì tiền mô hình cong của nó là do thông tin cong lệch xãy ra truóc khi có vật chất.*

Trong mô hình TLD, phép biến đổi toán học Wick rotation được xem như biểu hiện hình thức của một cơ chế bản thể học sâu hơn trong quá trình chuyển hóa thông tin thành vật chất. Theo giả thuyết này, thông tin nguyên thủy không trực tiếp bước vào không–thời gian vật lý, mà trước hết đi qua một miền giao diện, nơi thời gian xuất hiện theo từng mức: từ trạng thái phi thời gian của TLD, sang proto-time t0, tiếp đến là thời gian tối thiểu t1, rồi mới hình thành thời gian vật lý đầy đủ t2. Wick rotation vì thế được hiểu như dấu hiệu toán học của sự chuyển tiếp giữa các miền thời gian này, chứ không phải là toàn bộ cơ chế vật lý.

Trong cùng giả thuyết, chân trời sự kiện của hố đen được xem như một rào cản thông tin (information barrier). Khi thông tin tiến vào miền hấp dẫn cực mạnh, các cấu trúc lượng tử và các toán tử Hermitian gắn với thế giới vật chất dần mất ý nghĩa. Quá trình này được giả thuyết đóng vai trò như một cơ chế thanh lọc thông tin, loại bỏ các cấu trúc xiên lệch và những biểu hiện gắn với thế giới hiện tượng. Nếu diễn giải theo ngôn ngữ Phật học, đây có thể được xem là quá trình phân rã dần của Ngũ uẩn sau khi thân vật lý chấm dứt, trước khi phần thông tin còn lại trở về miền phi thời gian TLD. Tuy nhiên, đây là một diễn giải bản thể học của mô hình TLD, không phải là kết luận đã được xác nhận của vật lý hiện đại hay của giáo lý Phật giáo

Thông tin phát sinh từ thế giới hiện tượng 4D được tiếp nhận gần như toàn bộ và được ghi nhận trong TLD/CPT như một phần của lịch sử thông tin. Tuy nhiên, điều này không có nghĩa mọi thông tin đều được tích hợp hay trở thành tri thức. TLD đóng vai trò như một nền tảng lưu giữ và xử lý thông tin, nơi các cấu trúc thông tin được đánh giá, sắp xếp và chọn lọc theo mức độ phù hợp với tiến trình phát triển của cấu trúc thông tin.

Ngược lại, chiều truyền từ TLD/CPT trở về thế giới 4D có tính chọn lọc cao. Chỉ những thông tin cần thiết cho quá trình học hỏi, thích nghi, sáng tạo hoặc hình thành tri thức mới được chuyển hóa thành hoạt động của não bộ và biểu hiện trong ý thức. Phần lớn thông tin còn lại tiếp tục tồn tại trong TLD mà không trực tiếp biểu hiện trong kinh nghiệm chủ quan

TLD là một ly thuyet phat sinh từ thực tại khiếm khuyết một nền tảng cần bằng chứng thực nghiệm vật lý. Bằng chứng rằng TLD tồn tại, cũng như bằng chứng rằng thời gian, không gian và trường Higgs được "sinh ra" theo tiến trình TLD. Tuy nhiên, nếu xem đây là một mô hình hay lý thuyết triết học nhất quán voi vậy lý va thực tai–toán học suy diễn từ các nguyên lý của TLD, thì có thể xây dựng lý thuyết HTTV nhìn từ thế giới 4D như sau

A, TỪ CHÂN KHÔNG ĐẾN TLD: HAI LẦN XUẤT HIỆN SỰ TỰ DO

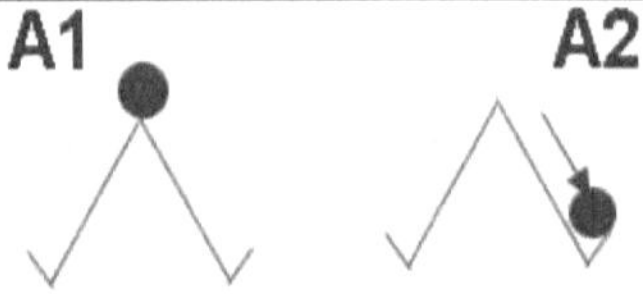

H1.1A Nguyên tắc của Sáng thế:
A1: đối xứng, không bền vững, viên bi có năng lượng cao,
A2 : không đối xứng, nhưng vững bền , viên bi có năng lượng thấp

Một hình ảnh quen thuộc trong vật lý là thế năng "chiếc mũ Mexico". Quả cầu đặt đúng trên đỉnh là trạng thái đối xứng hoàn hảo. Tuy nhiên, trạng thái này không bền vững. Chỉ cần một dao động rất nhỏ phát khởi từ nguyên lỳ tự do là nguyên lý cơ bản cua vũ trụ sáng thế, quả cầu sẽ lăn khỏi đỉnh và lựa chọn một trong vô số hướng có thể. Đối xứng vẫn tồn tại trong các phương trình, nhưng trạng thái thực tế đã tự phát chọn một hướng riêng. Hiện tượng này được gọi là **phá vỡ đối xứng tự phát**.

Trong các hệ thống siêu hình học cổ điển, người ta thường giả định rằng thế giới xuất hiện từ một nền tảng tuyệt đối nào đó: Đạo, Chân Như, Tánh Không hay Hữu Thể Tuyệt Đối. Tuy nhiên, nếu nền tảng ấy thực sự tuyệt đối, siêu đối xưng, bất nhị và vô phân biệt, thì cầu hỏi lập tức xuất hiện: vì sao lại có biểu hiện?
Một khả năng là xem Chân Không không phải là "không có gì", mà là trạng thái chứa đựng khả năng vô hạn cho mọi hình thức tồn tại. Từ đó xuất hiện TLD như tầng thông tin tiền-toán học và tiền-vật lý đầu tiên.

TLD không có không gian, không có thời gian, không có năng lượng và cũng không có vật chất. Nó chỉ chứa các quan hệ cấu trúc thuần túy thong tin
Có thể hình dung: Ø→TLD
đây là lần "xuất hiện tự do" thứ nhất.

Theo giả thuyết, **Cõi Phi Thời Gian (CPT/TLD)** là một **tiền không gian** (pre-geometric domain), chỉ chứa **thông tin cấu trúc nguyên thủy chính trực** chứ chưa có vật chất, năng lượng hay thời gian theo nghĩa vật lý.
Trong trạng thái nguyên thủy của CPT, mọi cấu trúc thông tin đều ở trạng thái chính trực, cân bằng và đối xứng. Nếu diễn tả bằng ngôn ngữ tôn giáo, đây là tình trạng "mọi sự đều tốt đẹp" trong trình thuật Sáng Thế. Nếu diễn tả bằng ngôn ngữ Phật học, đây là trạng thái thanh tịnh của Chân Như hay Pháp giới. Theo cả hai cách diễn đạt, nền tảng ban đầu của thực tại đều không mang tính xung đột, phân ly hay đối kháng

Trong trạng thái chính trực, thông tin tồn tại như một tổng thể thống nhất, chưa bị phân chia thành các cặp đối lập của thế giới nhị nguyên. Các cấu trúc đối xứng không triệt tiêu lẫn nhau mà cùng tồn tại trong một trật tự hài hòa. Theo cách hiểu của mô hình này, trạng thái ấy tương ứng với nền tảng của chân–thiện–mỹ, hay nói rộng hơn là những nguyên lý đạo đức phổ quát, vốn trong các truyền thống triết học và tôn giáo thường được diễn tả bằng nhiều tên gọi khác nhau như Chân Như, Đạo, Thượng Đế hay Đấng Sáng Tạo.

Thông tin chính trực, Tri Huệ Bat nhã hay Cái Biết cùng tột còn có thể được hiểu theo một ý nghĩa đạo đức sâu xa. Mọi hiện hữu đều phát sinh từ cùng một nền tảng sáng tạo duy nhất; không có bất kỳ thực thể nào tồn tại như một bản thể tuyệt đối độc lập. Vì thế, ở cấp độ bản thể học sâu nhất, không có một **bản ngã riêng biệt** nào thật sự sở hữu sự hiện hữu của chính mình.

Hiện tượng khởi nguyên ấy là **Tự Ngã tuyệt đối** (Absolute Self) – nền tảng nguyên sơ, vô tướng và không thể trực tiếp cảm nhận bằng giác quan. Từ nền tảng này, toàn bộ thế giới hiện tượng được biểu lộ như những hình thái đa dạng của cùng một thực tại duy nhất. Các hiện tượng tuy khác nhau về hình thức nhưng không có tự tính độc lập; chúng chỉ là những biểu hiện tương đối của nền tảng nguyên sơ ấy. *Vì không có thời gian nên các cấu trúc, hiện tượng tuy khác nhau nhưng tồn tại cùng một lúc như nhau, không có trước–sau, không nối tiếp hay sanh–diệt; cái này không sanh ra cái kia, tuy chúng đồng đẳng nhưng vẫn có dị biệt. Nếu có sự phân biệt trước–sau như ngày thứ nhất, ngày thứ hai, ngày thứ ba..., hay trên–dưới, thì đó là vì chúng được người quan sát hay người kể chuyện khám phá và mô tả theo một trình tự trước–sau, bởi vì* ***người quan sát mang theo thời gian của họ***..

Theo cách nhìn đó, chính sự biểu hiện của thực tại trong thế giới hiện tượng làm hiển lộ **nguyên lý vô ngã**. Vì không có hiện tượng nào tồn tại tách rời khỏi nền tảng chung, nên cũng không có một bản ngã độc lập và thường hằng trong các hiện tượng. Do đó, vô ngã không chỉ là một giáo lý đạo đức hay một phương pháp tu tập, mà còn phản ánh chính cấu trúc bản thể của thực tại.

Nói cách khác, **Tự Ngã tuyệt đối** tuy không thể được cảm nhận trực tiếp nhưng vẫn là nền tảng hiện hữu, **bao gòm toàn thể mọi sự vật**. Trong các truyền thống tôn giáo và triết học khác nhau, nền tảng này được gọi bằng nhiều tên khác nhau như **Đấng Tối Thượng**, **Đấng Sáng Tạo**, **Đạo**, **Chân Như**, hay **Thượng Đế**. Những tên gọi ấy không nhất thiết chỉ đến những thực thể khác nhau, mà có thể chỉ là những cách diễn đạt khác nhau về cùng một thực tại tối hậu vượt lên trên mọi biểu tượng và ngôn ngữ. Khác với **Bản ngã**, **Tự ngã** không có thời gian vì ở trong CPT; mọi sự kiện và thông tin đồng xuất hiện, không trước, không sau.

Nếu mọi hiện hữu đều phát xuất từ cùng một nền tảng, thì sự bình đẳng giữa các chúng sinh không còn đơn thuần là một chuẩn mực đạo đức, mà trở thành một hệ quả tự nhiên của cấu trúc nền tảng. Từ đó hình thành những nguyên lý đạo đức phổ quát mà các tôn giáo lớn đều diễn tả dưới nhiều hình thức khác nhau, như Mười Điều Răn trong truyền thống Do Thái–Kitô giáo hay Năm Giới trong Phật giáo. Trong mô hình TLD, các nguyên lý ấy có thể được xem là biểu hiện của **thông tin chính trực**, tức những cấu trúc thông tin vẫn còn phù hợp với trạng thái cân bằng nguyên thủy.

Một đặc tính quan trọng khác của CPT là **tính đồng dạng và đối xứng gần như tuyệt đối**. Vì không bị ràng buộc bởi không gian, thời gian hay vật chất, CPT cũng biểu hiện mức độ tự do cao nhất. Chính từ sự tự do tuyệt đối này, mô hình TLD giả định rằng một số cấu trúc thông tin có thể tự nhiên xuất hiện trạng thái lệch khỏi cân bằng hoàn hảo. Đây không phải là sự "vi phạm" một quy luật đã có sẵn, mà là hệ quả tự nhiên của tự do trong một hệ đối xứng tuyệt đối.

B. PHÂN TẦNG CPT THÀNH HAI MIỀN: TIỀN KHÔNG GIAN CÓ TRƯỚC ĐỂ THÔNG TIN TIẾP ĐẾN CẤU TRÚC THÔNG TIN XIÊN LỆCH CONG XOĂN (BẤT ĐỐI XỨNG) ĐỂ THỜI GIAN XUẤT HIỆN

Nếu mọi cấu trúc trong TLD hoàn toàn cân bằng, thì sẽ không có động lực nào để phát sinh thế giới hiện tượng.

Do đó, TLD phải cho phép tồn tại tự do cấu trúc.

Tự do này dẫn đến khả năng xuất hiện những cấu hình lệch khỏi cân bằng hoàn hảo. Có thể coi sự xê lech la tánh mất đói xung của the nguyen thuy cua Chân không

Trong ngôn ngữ TLD: **Hai lớp thông tin nền tảng**

Thông tin chuẩn (canonical information). Non-string Information

Đây là lớp thông tin chuẩn của TLD. Đặc tính của chúng là: nhất quán hoàn toàn; phi thời gian; không biến đổi; không cần hiệu chỉnh. Những cấu trúc này có thể liên hệ với: chân lý;trí huệ Bát Nhã; các nguyên lý hài hòa nền tảng. Chúng không tạo ra vật chất và không tham gia trực tiếp vào tiến trình biểu hiện vật lý.

Thông tin xiên lệch (biased information). String-like Information

Khi độ lệch còn nhỏ, TLD vẫn duy trì được tính ổn định.

Nhưng khi độ lệch vượt một ngưỡng tới hạn:

$\Delta I > \Delta I_c$ TLD bắt đầu phân tầng.. Đây là lần thứ hai Tự Do xuất hiên

Đây là lớp thông tin mang tính động. Không phải sai lầm theo nghĩa đạo đức, nhưng chưa đạt tới trạng thái cân bằng tuyệt đối.

Chúng mang những mức độ bất đối xứng hoặc lệch chuẩn nhất định. Chính vì vậy chúng đòi hỏi một tiến trình hiệu chỉnh và chuyển hóa.
Đây là nguồn gốc của sự xuất hiện vật chất và lịch sử vũ trụ.

Thông tin xiên lệch được mô tả bằng ba đại lượng cơ bản:

- **(θ)**: độ xiên lệch khỏi trạng thái chính trực;
- **(κ)**: độ cong của thông tin, được giả thuyết liên hệ với hấp dẫn;
- **(τ)**: độ xoắn của thông tin, được giả thuyết liên hệ với spin của các hạt và mức độ biểu hiện của cấu trúc vật chất.
- Thêm nữa, tầm cở thông tin tương ứng với độ dài ℓ và mật độ ρ của thông tin là các đặt tính trung tính nhưng ảnh hương đến sư xuất hiên thành hiện tương

Ví du: thông tin xiên lẹch là tiền thân của

- photon: θ tối thiểu vượt ngưỡng, không cong κ=0 nhung xoắn spin=1

- Higgs boson: θ tối thiểu vượt ngưỡng, cong κ>0, không xoắn τ=0, scalar

- Giã đinh Graviton, θ tối thiểu vượt ngưỡng không cong κ=0, xoắn spin=2

-Neutrino: θ rất nhỏ vừa vượt ngưỡng κ>0, spin>0

Khi góc lệch θ tăng lên, sự sai khác giữa trạng thái hiện hữu và trạng thái chính trực ngày càng lớn. Đây chính là điều mà mô hình TLD gọi là **thông tin xiên lệch**.
Thông tin xiên lệch không phải là vật chất, cũng chưa phải là năng lượng. Nó vẫn thuộc CPT và vẫn chưa chịu sự chi phối của thời gian. Tuy nhiên, sự lệch khỏi cân bằng tạo nên một nhu cầu nội tại: **xu hướng trở về trạng thái chính trực ban đầu**.
Chính xu hướng ấy đòi hỏi một cơ chế mới.
Nếu mọi thông tin đều xuất hiện tức thời thì không tồn tại khái niệm trât tự trước sau sắp đăt, sửa chữa, vì sửa chữa luôn đòi hỏi một trình tự gồm trước và sau. Muốn một cấu trúc chuyển từ trạng thái lệch về trạng thái cân bằng, phải tồn tại một quá trình. Và quá trình ấy chỉ có thể xảy ra khi xuất hiện cơ ché phân tầng xếp đăt tái lập lai chuẩn mực và trật tư. **Cơ chế phuc hồi lai quy củ đã có: đó chính là thời gian**

Đây không chỉ là vấn đề của vật lý mà còn là của triết học, thần học và Phật học. Trong mô hình TLD, thời gian không phải là thực tại nguyên thủy, mà là một cơ chế phát sinh nhằm đáp ứng một nhu cầu nội tại của chính cấu trúc thông tin.

Trong cách nhìn đó, thời gian không phải là một thực thể tồn tại độc lập, chỉ xuất hiện khi có nhu cầu cho **cơ chế sắp xếp, tổ chức và phân tầng thông tin** nhằm tạo điều kiện cho quá trình chuyển hóa từ trạng thái xiên lệch trở về trạng thái chính trực. Tiến trình này chỉ được khởi động khi độ xiên lệch vượt quá một ngưỡng nhất định, được mô hình hóa bằng một chỉ số biểu thị mức độ sai khác so với trạng thái chuẩn mực.
Mô hình đề nghị rằng quá trình **tiền hình học hóa và thời gian hóa thông tin thành vật chất (HTTV)** diễn ra qua ba giai đoạn của thời gian.t_0 , t_1 và t_2

C. THỜI GIAN YẾU TỐ CUA TRÂT TƯ

Thời gian không phải là một thành phần tồn tại độc lập từ đầu, mà là **cơ chế cho phép thông tin tự tái tổ chức**. Nói cách khác, thời gian là điều kiện cần để thực hiện tiến trình tự sửa chữa của cấu trúc thông tin.

Khi thời gian bắt đầu xuất hiện, thông tin không còn chỉ tồn tại như trươc nữa như những quan hệ tĩnh trong CPT nữa. Nhưng khơi đau của sự kiện nầy và toàn bộ tiến trình trên, vẫn còn một điểm cần được nhấn mạnh. Sự xuất hiện đầu tiên của thời gian trong CPT chưa phải là thời gian vật lý theo nghĩa thông thường, mà chỉ là **một tiềm năng của thời gian**.

NGUYÊN LÝ PHÁT SINH THỜI GIAN (PRINCIPLE OF TEMPORAL EMERGENCE)

Trong mô hình TLD, thời gian không tồn tại như một thực thể độc lập. Thời gian chỉ xuất hiện khi thông tin rời khỏi trạng thái đối xứng nguyên thủy và cần trải qua một quá trình tái lập trật tự. Vì vậy, thời gian là biểu hiện của tiến trình phục hồi trật tự thông tin, chứ không phải là nguyên nhân tạo nên tiến trình ấy. Khi đối xứng được phục hồi hoàn toàn, nhu cầu sắp xếp tuần tự không còn, và thời gian cũng mất tính hiện lộ. **Trong TLD có nguyên lý phục hồi đối xứng trật tự**

Ở giai đoạn này, thời gian chưa có khả năng hiện thực hóa thông tin thành năng lượng, khối lượng hay vật chất. Vai trò duy nhất của nó là tạo nên khả năng **phân tầng, phân loại và sắp xếp** các cấu trúc thông tin theo mức độ xiên lệch và độ cong của chúng. Nói cách khác, đây là giai đoạn mà thông tin bắt đầu có "trật tự tiềm tàng", nhưng chưa có hiệu quả chuyển động đáng kể, chưa có biến đổi vật lý và chưa có thế giới hiện tượng.
Khi góc xiên lệch θ tăng lên, độ cong của thông tin cũng tăng theo. Các cấu trúc thông tin vì thế dần được phân bố thành nhiều mức khác nhau, từ gần đến xa so với trạng thái chính trực nguyên thủy của CPT. Cấu trúc càng xiên lệch thì càng ở xa trạng thái thanh tịnh ban đầu và càng bộc lộ nhu cầu tự sửa chữa.
Mức thời gian nguyên thủy này có thể được gọi là **proto-time**, ký hiệu t_0. Proto-time không phải là dòng thời gian liên tục như chúng ta trải nghiệm trong thế giới bốn chiều. Nó chỉ là **nguyên lý tiền-thời gian**, biểu hiện khả năng thiết lập thứ tự giữa các cấu trúc thông tin. Chính proto-time mở đường cho sự xuất hiện của các mức thời gian cao hơn, từ **minimal time** t_1 trong miền giao diện đến **full time** t_2 của thế giới vật chất.

Theo mô hình CPT/TLD, proto-time vì vậy không phải là một chiều của không–thời gian, mà là **bước chuyển tiếp đầu tiên** từ một thực tại hoàn toàn phi thời gian sang một thực tại có khả năng phát sinh thời gian. Nó đánh dấu thời điểm CPT bắt đầu phân hóa, nhưng vẫn chưa vượt ra khỏi bản chất phi vật chất của mình.

Kế đén là thơi gian thật sư xuất hiên.Dưới tác động của thời gian, thông tin dần hiện thực hóa thành năng lượng, trường (field) vật lý, khối lượng, hạt cơ bản, vật chất và cuối cùng là các hệ sinh học có khả năng nhận thức. Toàn bộ thế giới bốn chiều trở thành một quá trình động của thông tin.

Theo cách nhìn này, vật chất không phải là mục tiêu cuối cùng của sự sáng tạo. **Vật chất hóa thông tin chỉ là phương tiện để thực hiện quá trình tự sửa chữa.** Thế giới vật chất trở thành môi trường nơi các cấu trúc thông tin có thể được biểu hiện cụ thể, có thể tương tác, lựa chọn, biến đổi và từng bước khôi phục lại trạng thái cân bằng nguyên thủy. Sự biểu hiện của vật chất không được xem là mục đích cho chính nó, mà là hệ quả của nhu cầu để thông tin có thể bộc lộ trạng thái của chính nó, qua đó tạo điều kiện cho quá trình học tập, điều chỉnh và chuyển hóa.

Quan điểm này đem lại một cách hiểu mới về ý nghĩa của vũ trụ. Vũ trụ không tồn tại chỉ để có thêm các thiên hà, hành tinh hay sinh vật. Sự xuất hiện của vật chất là một giai đoạn cần thiết trong tiến trình tái lập trật tự của thông tin. Theo nghĩa đó, lịch sử của vũ trụ cũng chính là lịch sử của quá trình tự điều chỉnh cấu trúc thông tin.

Nếu thông tin xiên lệch được xem như nguồn gốc của bất cân bằng, thì tiến trình tiến hóa của vũ trụ có thể được hiểu là sự vận động nhằm khôi phục trạng thái chính trực. Đây là điểm gặp gỡ thú vị giữa vật lý, đạo đức và tâm linh. Trong thế giới hiện tượng, sự thanh lọc bản ngã, sự phát triển đạo đức và trí tuệ không chỉ mang ý nghĩa nhân văn mà còn có thể phản ánh chiều hướng tự nhiên của quá trình tái lập trật tự thông tin.

Khi cấu trúc thông tin dần trở về trạng thái thanh tịnh, vai trò của thời gian cũng giảm dần. Nếu toàn bộ cấu trúc thông tin đạt lại sự cân bằng nguyên thủy, thì nhu cầu về tiến trình sửa chữa không còn nữa. Khi ấy, thời gian hoàn thành sứ mệnh của mình và rút lui cùng với sự tan biến của chuyển động, năng lượng và vật chất. Thực tại trở về trạng thái phi thời gian ban đầu của CPT – một miền thanh tịnh, chính trực và bất sinh bất diệt.
Theo giả thuyết TLD, đó không phải là sự kết thúc của vũ trụ mà là sự hoàn tất của một chu trình hiện thực hóa thông tin: từ thanh tịnh, qua phân hóa, đến tự sửa chữa và cuối cùng trở về thanh tịnh

D. THÔNG TIN XIÊN LỆCH KÍCH HOAT THỜI GIAN XUẤT HIỆN

1, THÔNG TIN XIÊN LỆCH TỐI THIỂU

Ở giai đoạn (**t_0**) (proto-time), độ xiên lệch còn nhỏ và vẫn nằm trong giới hạn có thể chấp nhận được so với trạng thái chuẩn. Thời gian lúc này chỉ đóng vai trò như khả năng sắp xếp, phân loại và ghi nhận thông tin. Chưa có năng lượng, chưa có trường vật lý và cũng chưa hình thành vật chất.

2. THÔNG TIN XIÊN LỆCH TIỀN ĐỀ CỦA VẬT CHẤT

Khi độ xiên lệch thông tin vượt ngưỡng, THỜI GIAN t_1

Khi độ xiên lệch thông tin vượt quá một ngưỡng tới hạn, **nhu cầu sửa chữa và phục hồi** trở nên cần thiết để cấu trúc thông tin bị sai lệch có thể tiếp tục được điều chỉnh và hoàn thiện trong TLD. Điều kiện đầu tiên của tiến trình sửa chữa này là sự sai lệch phải trở nên **hiển lộ và có thể được nhận biết**. Muốn vậy, thông tin xiên lệch phải trải qua một quá trình biểu hiện ngày càng rõ rệt và cuối cùng được **vật chất hóa**—tức được hiện thực hóa dưới dạng vật chất.

Trong mô hình được đề nghị ở đây, khuynh hướng hướng đến sự phục hồi được xem là một đặc tính nội tại của trật tự TLD. Một sai lệch không thể được sửa chữa nếu nó vẫn hoàn toàn tiềm ẩn; trước hết, nó phải được làm cho đủ rõ để bản chất và hậu quả của chính sự sai lệch ấy có thể được nhận biết.

Do đó, mô hình đề nghị hai cấp độ hoặc hai nhánh biểu hiện, qua đó thông tin xiên lệch ngày càng trở nên hiển lộ và có khả năng được sửa chữa. **Thời gian xuất hiện như một dấu ấn của tiến trình làm hiển lộ sự sai lệch này.** Theo nghĩa đó, thời gian ban đầu không phải là nguyên nhân của sự chuyển hóa, mà là **dấu hiệu của một tiến trình sâu hơn, trong đó thông tin xiên lệch được làm hiển lộ, được sắp xếp và trở thành đối tượng có thể được nhận biết để sửa chữa**.

Có thể tóm tắt nguyên lý này như sau:

Xiên lệch thông tin⟶Nhu cầu hiển lộ⟶Thời gian hóa⟶Sai l ệch được hiển lộ⟶Sửa chữa và phục hồi

a. Khi độ xiên lệch vượt qua ngưỡng tối thiểu, nhu cầu điều chỉnh để đưa thông tin trở về trạng thái chính trực trở nên cấp bách hơn, với cường độ tăng theo mức độ sai lệch. Đây là giai đoạn $\mathbf{t_1}$ (minimal time), tương ứng với sự hình thành miền giao diện (Interface Domain), nơi thông tin bắt đầu biểu hiện dưới dạng độ cong và các hiệu ứng tiền vật chất. Trong mô hình này, vật chất tối (dark matter) được giả định thuộc về giai đoạn này. Lực (tiền năng lượng) là tối thiêu nhung đủ để kích hoạt biến cố xãy ra

b. Khi độ xiên lệch tiếp tục tăng trưởng

Đến giai đoạn t_2 (physical time), thời gian trở thành thời gian vật lý hoàn chỉnh của không–thời gian bốn chiều. Tại đây xuất hiện các trường lượng tử, các hạt cơ bản và toàn bộ thế giới vật chất như chúng ta quan sát được.

Trong TLD, thông tin xiên lệch chỉ biểu hiện dưới dạng sự che mờ của trạng thái chân như, tức làm giảm khả năng hiển lộ của thông tin nguyên thủy mà chưa hình thành vật chất. Ngược lại, trong không–thời gian bốn chiều, cùng sự xiên lệch ấy được hiện thực hóa dưới dạng các cấu trúc vật chất mang độ cong, độ xoắn và các tương tác vật lý.

Theo cách diễn giải hình học của mô hình, khi độ cong và độ xiên lệch đạt đến giới hạn tới hạn, cấu trúc thông tin sau khi có được thời gian thêm vào, có thể hình dung như một phần thông tin xiên lệch bị bẻ gãy khỏi trạng thái trực giao ban đầu. Hình ảnh này được liên hệ một cách minh họa với phép **Wick rotation**, như một biểu tượng toán học cho quá trình chuyển từ miền tiền hình học sang miền vật chất. Sự kiện nầy cũng là bắt buộc vì thông tin khi có thơi gian không the lưu trú trong CPT. Tuy nhiên, đây chỉ là một phép so sánh khái niệm, gợi ý vì logic ở chổ nó phân chia TLD ra khỏ cõi co thời gian, nhưng chưa thể khẳng định rằng phép quay Wick trong vật lý chính là cơ chế tạo nên vật chất.

Từ góc nhìn đó, điều thường được gọi là **nghiệp** có thể được hiểu như ký ức hình học của các độ xiên lệch tích lũy trong cấu trúc thông tin. Khi được biểu hiện trong thế giới vật chất, những độ lệch này góp phần hình thành xu hướng bám chấp vào các hiện tượng của thế giới bốn chiều và trở thành động lực cho tiến trình học tập, chuyển hóa và hoàn thiện của mỗi cá thể.

3. THỜI GIAN t_2 XUẤT HIỆN CÙNG VỚI PHOTON

Thời gian toàn phần và ánh sáng điện từ (photon) là hai hiện tượng khác nhau, nhưng có mối liên hệ chặt chẽ. Khi mức độ thông tin xiên lệch vượt qua một ngưỡng tới hạn, theo giả thuyết TLD, thời gian và photon bắt đầu xuất hiện trong tiến trình chuyển tiếp từ TLD sang thế giới vật lý.

Sở dĩ **thời gian t_2 và photon xuất hiện gắn liền với nhau** là vì, trong mô hình TLD, chức năng của thời gian là tạo ra trình tự để những sai lệch của thông tin có thể được **hiển lộ, phân biệt và từng bước hiệu chỉnh**. Tuy nhiên, một sai lệch chỉ có thể được nhận biết khi nó được biểu hiện. Photon, với vai trò là lượng tử của trường điện từ và là phương tiện truyền tải thông tin vật lý, góp phần làm cho những khác biệt ấy trở nên có thể biểu hiện và được nhận biết trong thế giới vật lý.

Theo nghĩa đó, **thời gian tạo điều kiện để photon được hiện thực hóa, còn photon góp phần làm cho tiến trình của thời gian trở nên có thể quan sát và đo lường**. Thời gian không phải là photon, và photon cũng không phải là thời gian; chúng là hai thành phần khác nhau nhưng bổ sung cho nhau trong tiến trình hiện thực hóa: **thời gian thiết lập trật tự trước–sau, còn photon làm cho những khác biệt trong trật tự ấy có khả năng được biểu hiện và nhận biết.**

E . ĐỀ NGHỊ LÝ THUYẾT TIÊN HÌNH HOC HÓA VÀ THỜI GIAN HÓA THÔNG TIN THÀNH VẬT CHẤT (HTTV).

(Proposed Theory of Information Pregeometrization and Temporalization into Matter (IGTM)

1. NGUYÊN TẮC

"Vật chất không phải là điểm khởi đầu của thực tại, mà là điểm hiện hình của sai lệch cấu trúc. Sự sống không phải là một sự tình cờ sinh học, mà là một động cơ ý thức được thiết kế để giải quyết các nghịch lý thông tin."

Trong suốt lịch sử vật lý và triết học, chúng ta luôn bị bế tắc bởi câu hỏi về nguồn gốc của vật chất và thời gian. Thuyết Tương đối Tổng quát của Einstein dạy chúng ta cách vật chất bẻ cong không-thời gian, nhưng không thể trả lời tại sao vật chất lại tồn tại ngay từ đầu. Vật lý Lượng tử mô tả thế giới bằng thông tin, nhưng lại để lại một khoảng trống lớn giữa thông tin trừu tượng và thực tại hữu hình.

Bằng ngôn ngữ của Hình học Vi phân và Lý thuyết Hệ thống, cuốn sách nầy đề nghị rằng: thực tại tối cao là một mạng lưới thông tin phẳng lặng tuyệt đối. Khi các xiên lệch phát sinh, chúng không bị tiêu hủy, mà được bao bọc vào trong các sợi dây thông tin tự cong xoắn. Sự xoắn hóa này tạo ra thời gian nội tại, sinh ra khối lượng, và biểu hiện ra thế giới vật lý 4D mà con người đang thấy. Vật chất, vì vậy, vừa là một khoản nợ cấu trúc (Nghiệp), nhưng đồng thời cũng là một màng lưới an toàn, một trường thử nghiệm đại lượng tối thượng giúp sự sống nương tựa, uốn nắn và sửa chữa chính mình trước khi trở về với cội nguồn thanh tịnh.

Đây là một lý thuyết hình học phi tuyến nhằm mô tả bản chất của thông tin trong **Tiền Không Gian Phi Thời Gian (Timeless Domain – TLD)**. Theo giả thuyết này, khi thông tin còn ở trạng thái chuẩn mực trong TLD, chưa tồn tại hình học, vật chất hay thời gian theo nghĩa vật lý. Tuy nhiên, khi xuất hiện một độ xiên lệch tiền hình học đặc trưng bởi góc θ, do sự phá vỡ đối xứng nguyên thủy, thì đồng thời độ cong κ và độ xoắn τ cũng bắt đầu hình thành. Ly thuyết nầykhông phát triển từ thuyết 11 chiều không gian hay lý thuyết dây. Nó phat triển như một nhu cầu tất nhiên khi CPT được quan niệm la nền tảng của thực tại 4D

Khi mức xiên lệch còn dưới ngưỡng cần thiết để biểu hiện, thông tin vẫn thuộc trạng thái phi vật lý của TLD. Khi mức sai lệch vượt một ngưỡng tới hạn, mô hình giả thuyết rằng một cơ chế sắp xếp tiền-thời gian bắt đầu xuất hiện. Cơ chế này được gọi là **proto-time**, ký hiệu (t_0).
Proto-time không phải là thời gian vật lý và cũng không phải một chiều của không–thời gian. Nó chỉ biểu thị khả năng thiết lập thứ tự, phân tầng và quan hệ trước–sau cần thiết cho quá trình tái cấu trúc thông tin.
Từ nền proto-time (tt_0), HTTV đề nghị hai nhánh temporalization khác nhau:

$\mathbf{t_0}$ ⎧⟶ $\mathbf{t_1} \longrightarrow S_{DM}$,
 ⎩⟶ $\mathbf{t_2} \longrightarrow S_{4D}$,

Trong đó (t1), hay **minimal time**, được giả thuyết liên hệ với Miền Giao diện và dark sector; còn (t2), hay **physical time**, tương ứng với chế độ thời gian hoàn chỉnh của không–thời gian 4D, nơi các trường lượng tử và vật chất thông thường có thể biểu hiện.
S_{DM} k=Interface / dark sector, S_{4D}=4D physical sector.

Điều quan trọng là HTTV **không giả định một quá trình bắt buộc**

t_1 t_2. Thay vào đó, **t_1** và **t_2** được xem như hai chế độ temporalization khác nhau có chung nền proto-time **t_0**Vì vậy, vật chất tối trong nhánh **t_1** không được mặc nhiên xem là tiền thân phải chuyển hóa thành vật chất thông thường của nhánh **t_2**

HTTV không được xây dựng như hệ quả của String Theory hay mô hình không–thời gian 11 chiều. Nó được đề nghị độc lập từ giả thuyết TLD. Những tương đồng có thể có với String Theory, M-theory, Hilbert space hoặc các cấu trúc gauge sẽ được khảo sát sau như những khả năng liên hệ toán học, chứ không được sử dụng làm tiền đề để chứng minh sự tồn tại của TLD

Ba đại lượng θ, κ, τ không tồn tại độc lập mà tương tác và ảnh hưởng lẫn nhau theo một cơ chế phi tuyến. Khi mức độ xiên lệch vượt qua một ngưỡng tới hạn, hệ thông tin chuyển từ trạng thái chính trực sang một trạng thái **tiền hình học (pregeometric state)**, tạo điều kiện cho sự hình thành các cấu trúc hình học sơ khai.

Lý thuyết HTTV/**IGTM** được đề nghị nhằm hình học hóa thông tin cấu trúc nguyên thủy và mô tả quá trình thông tin được chuyển hóa từng bước thành vật chất. Theo mô hình này, trạng thái **tiền hình học (pregeometric state)** sẽ kích hoạt cơ chế phân tầng và tự điều chỉnh thông tin thông qua các giai đoạn tiệm tiến của thời gian: từ **proto-time** t_0, sang **minimal time** t_1, và cuối cùng đến **physical time** t_2.

Trong lý thuyết này, **thời gian không được xem là một thực thể nền tảng của vũ trụ, mà là một yếu tố tổ chức xuất hiện khi thông tin cần được sắp xếp, duy trì trật tự và tái cấu trúc để tiến tới hiện thực hóa**. Quan niệm này xuất phát từ giả thuyết rằng thời gian có bản chất độc lập với không gian và **chỉ xuất hiện khi cấu trúc thông tin đòi hỏi một cơ chế sắp xếp theo trình tự**. Nói cách khác, thời gian không tồn tại vì vật chất đã hiện hữu, mà xuất hiện như một hệ quả của nhu cầu tổ chức và chuyển hóa thông tin.

Quá trình này dẫn đến sự phân tầng của thông tin trong TLD. Ở giai đoạn **proto-time** t_0, thời gian chưa mang ý nghĩa vật lý mà chỉ biểu thị **khả năng sắp xếp và duy trì trật tự** của thông tin. Trong trạng thái này, các sai lệch cấu trúc vẫn còn nằm trong giới hạn tối thiểu có thể chấp nhận được, nên TLD (hay CPT) vẫn duy trì trạng thái gần như tinh khôi. Khi đó, nhu cầu sửa chữa hay tái cấu trúc thông tin chưa đủ lớn để làm thay đổi cấu trúc tổng thể của TLD. Tuy nhiên, khi mức độ xiên lệch của thông tin vượt qua một ngưỡng tới hạn, việc sửa chữa và tái tổ chức các cấu trúc sai lệch trở thành một yêu cầu tất yếu nhằm duy trì tính nhất quán của TLD. Chính nhu cầu này kích hoạt sự chuyển tiếp từ **proto-time** t_0 sang **minimal time** t_1. Thời gian ở giai đoạn t_1) vẫn còn rất sơ khai, chưa phải là thời gian vật lý theo nghĩa thông thường, nhưng đã đủ để cho phép các quá trình phân tầng, điều chỉnh và chuyển hóa thông tin bắt đầu diễn ra.

. Ở giai đoạn t_1, vật chất tối (dark matter/DM) được giả định là dạng vật chất đầu tiên xuất hiện trong **Miền Giao diện (Interface Domain)**, nơi thông tin đã có độ cong hấp dẫn nhưng chưa biểu hiện đầy đủ các đặc tính của vật chất thông thường. Khi thời gian đạt đến giai đoạn t_2, các cấu trúc lượng tử đầu tiên của vật chất khả kiến bắt đầu xuất hiện, đồng thời các đại lượng vật lý như **trường hấp dẫn (gravity), khối lượng (mass)** và **spin** dần trở thành những tính chất có thể quan sát được trong thế giới 4D.

2. BA MÃ LỆNH TIÊN KHỞI: Góc θ, Độ cong (κ) và độ Entropy Spin (τ) kích họat thời gian t

Nếu vật chất chưa khai sinh tại CPT, thì vạn vật được định hình dựa trên các tham số toán học cấu trúc thuần túy gọi là **Ba Mã Lệnh Tiền Thân (Information Precursors).** Ba mã lệnh này không tự phát sinh, mà là những hiện tượng tiềm ẩn được kích hoạt bởi thông tin xiên lệch; vấn đề này sẽ được trình bày rõ hơn trong các chương sau. Ca ba thong so nay vua doc lap va vua phu thuoc nhau mhu sau:

Θ la khoi nguyen the hien su bat dau xiên lệch. S co the the hien ngay khi khong co goc xien θ vi ca hai deu la su the hien khi bat doi xung bi sup do. Thuy vãyien lệch lam τ de dang phat trien hon. Độ cong chỉ xãy ra khi có độ xiên lệch> trai lai do xoắn làm độ cong khó thể hiện theo phương trình: $\kappa=\alpha.\ \boldsymbol{\theta/1+e^{-\tau}}$. Tom lại

i. M (θ, κ, τ) | θ (đo lech đạo đúc)
| κ= F(θ, τ). (trọng lương hay Nghiệp)
| τ =F(θ, κ) (Entropy/Spin τ)

(2) ℓ, ρ: tầm cở và mật độ thông tin

i. **Góc pha θ (Tiền thân của Thời gian và Tần số):** Trong miền CPT, θ là một giá trị pha phức cố định, đóng vai trò như một mã khóa hình học. Nó chứa đựng thuật toán quy a cách thức một hệ thống sẽ vận động. Khi bước qua Vùng Giao Diện và trải qua Phép quay Wick, góc pha tĩnh θ này bị ép buộc phải biến thiên đối chiếu với trục thời gian thực t, khai sinh ra rung động với tần số góc vật lý ω tạo nên chu kỳ và sự tiến hóa của hạt.

ii. **Số cong κ (Tiền thân của Không gian và Động lượng):** Số cong κ tại CPT quy định cấu trúc hình học, mật độ phân bố và khoảng cách topo của các nút thông tin. Nó là mã lệnh xác định cách không gian sẽ tự uốn cong hoặc co giãn khi chuyển hóa thành thực tại 4D. Khi tương tác tại vùng biên giới, nó chuyển hóa thành vector động lượng hình học $\vec{p} = \hbar\vec{k}$, ($\hbar$[h/2π; caafn thiếc đẻ chi ra hạng/scale planck của số đo) buộc không-thời-gian vật lý phải hình thành các nếp gấp hạt.

Entropy/Spin τ (Tiền thân của Trạng thái nội tại): τ là mã lệnh quy định cấu trúc đối xứng nội tại và mức độ tự do toán học của dòng dữ liệu. Tại CPT, τ định vị các đặc tính topo không đổi (topological invariants). Khi mã τ được dịch mã qua Vùng Giao Diện, nó biểu hiện trong không gian 4D dưới dạng spin của hạt (quy định hạt đó là boson truyền lực hay fermion cấu tạo vật chất) và định luật tăng entropy của nhiệt động lực học. Co the phan tách thanh haiyếu tố τ (or σ) trưc giao với bề mặt và τ (tau); song song với bề mặt

Độ xiên lệch kích hoạt sự biểu hiện của mã lệnh có thể được xem như một tiên đề của mô hình và hiện vẫn là một ẩn số. Tuy nhiên, có thể giả định rằng giá trị của ẩn số này nhỏ và nằm trong một giới hạn sai số có thể chấp nhận được. Chẳng hạn, ngưỡng 5% thường được sử dụng trong thống kê thực nghiệm như một mức quy ước để đánh giá ý nghĩa của kết quả.

Khi đó xiên lệch \(\theta \) tăng lên \(\kappa \) và \(\tau \) cùng với mật độ và độ lớn của thông tin làm thành lực trong CPT/Chân không tạo nên sự mất đối xứng cao vượt hơn năng lượng nội tại chân không của VEV để một lực tối thiểu vượt khỏi ràng buộc của chân không. Lúc này không đủ tạo nên trọng lượng nhưng có thể đủ để lan đi và di chuyển hạt với vận tốc c, và spin vì dộ xiên θđó là hạt photon

3. TỪ HÌNH HỌC THÔNG TIN ĐẾN VẬT CHẤT: VAI TRÒ của θ,κ,τ,ℓρ trong lý thuyết HTTV

a) ĐẶC TÍNH HÌNH HỌC CỦA MODE DAO ĐỘNG

Để đóng gói bộ ba mã lệnh tiền thân θ, κ, τ tại miền CPT phi thời gian thành một cấu trúc toán học chặt chẽ thành Hàm Sóng Thông Tin Gốc.

Trong mô hình TLD, thông tin cấu trúc nguyên thủy chưa phải là vật chất, cũng chưa mang năng lượng theo nghĩa vật lý thông thường, bởi nó tồn tại trong miền phi thời gian. Một cấu trúc thông tin có thể được đặc trưng sơ bộ bởi bốn tham số:

$I=(\theta,\kappa,\tau,\ell,\rho)$

trong đó θ là **độ xiên lệch thông tin** (*informational deviation*), k là **độ cong thông tin** (*informational curvature*), (\tau) là **độ xoắn** (*informational torsion*), và ℓ là **kích thước hay chiều dài cấu trúc đặc trưng** (*structural informational length*). Năm đại lượng này không nhất thiết độc lập hoàn toàn. Có thể giả thuyết rằng sự xiên lệch nguyên thủy làm phát sinh hoặc điều chỉnh hình học của cấu trúc, chẳng hạn

$k=f(\theta,\tau)$

Theo cách nhìn này, θ không trực tiếp trở thành khối lượng hay năng lượng. Nó biểu thị mức độ cấu trúc đã rời khỏi trạng thái chính trực và đối xứng ban đầu. Khi $\theta \le \theta c$, cấu trúc vẫn thuộc miền phi thời gian của TLD và chưa biểu hiện như một kích động vật lý. Nhưng khi $\theta > \theta c$ một ngưỡng bản thể học bị vượt qua: cơ chế temporalization bắt đầu hoạt động. Thời gian lúc này không tạo ra thông tin từ hư vô, mà cung cấp điều kiện để một cấu trúc vốn tĩnh và phi thời gian có thể được **tuần tự hóa, dao động và hiện thực hóa**.

Có thể hình dung một cách tượng trưng rằng **thời gian được "bơm" vào cấu trúc thông tin**. Cách nói này không có nghĩa thời gian là một chất hay năng lượng vật lý được bơm theo nghĩa cơ học. Nó diễn tả sự chuyển pha bản thể: khi temporalization

xuất hiện, cấu trúc $\theta,\kappa,\tau,\ell,\rho$) bắt đầu có khả năng biểu hiện dưới dạng một tần số nội tại ω_{Ih}
Ở dạng giả thuyết, tần số này có thể được biểu diễn bởi một hàm tổng quát: $\omega I=\Omega(\kappa,\tau,\ell,\rho),\theta>\theta c$

Trong đó, κ,τ quy định hình học nội tại của structural information, còn ℓ xác lập thang kích thước của cấu trúc. Một cấu trúc có ℓ nhỏ hơn có thể tương ứng với một mode tần số cao hơn, trong khi sự thay đổi của cong và xoắn làm thay đổi cách cấu trúc đó rung và biểu hiện.
Khi temporalization đã xảy ra, tần số có thể nối với năng lượng vật lý thông qua quan hệ lượng tử quen thuộc $E=\hbar\omega$
Do đó, TLD đề nghị một chuỗi hiện thực hóa:

Biased I→θ→t→physic manfestation

Photon là trường hợp biên đơn giản nhất để minh họa giả thuyết này. Trong TLD, có thể đặt
$\kappa\gamma=0,\tau\gamma/=0,\ell\gamma>0\ ,\quad m_{0\gamma}=0$.
Photon vì thế không có rest mass, $m_{0=}0$
nhưng vẫn có spin, tần số và năng lượng. Structural length được giả thuyết là tiền thân tie lệ với wavelength quan sát được:
$\ell\gamma_{TLD} \propto \lambda\gamma_{4D}$ ($\propto$: tương ứng, $\lambda\gamma$: độ dái song của photon)
Do đó, các photon có thể **giống nhau về bản chất nhưng khác nhau về trạng thái**. Photon hồng ngoại và photon tử ngoại đều có $m_0=0,s=1$
nhưng có structural scales khác nhau: $\ell_{UV}<\ell_{IR}$, tương ứng trong 4D với $\lambda_{UV}<\lambda_{IR}$ và vì vậy $\omega_{UV}>\omega_{IR},E_{UV}>E_{IR}$ ω: tần số
Như vậy, trong cách diễn giải TLD, sự khác biệt về màu sắc, wavelength và năng lượng của photon không nhất thiết bắt đầu ở thế giới 4D; chúng có thể phản ánh những khác biệt đã tồn tại trong cấu hình structural information tiền thân. Nói một cách khác, **những hiện tượng khác nhau bắt nguồn từ những bản chất cấu trúc khác nhau**. Tuy nhiên, sự khác biệt về bản chất này nhiều khi không thể được nhận biết trực tiếp ở tầng 11D/4D, mà chỉ trở nên rõ ràng khi xét đến nền tảng sâu hơn của

Neutrino có thể được xem như bước tiếp theo trong quá trình này. Nếu photon nằm tại giới hạn, $\kappa_\gamma = 0$,
thì neutrino được giả thuyết có $0 < \kappa\nu \ll 1$ tức một informational curvature rất nhỏ nhưng không hoàn toàn bằng zero. Khi temporalization hiện thực hóa cấu trúc ấy, một rest mass rất nhỏ bắt đầu xuất hiện: $\boxed{m_\nu > 0, m_\nu \ll m_e}$
Theo giả thuyết này, khi informational curvature tăng lên, cấu trúc ngày càng có khả năng định xứ và biểu hiện dưới dạng rest mass. Electron, muon, các hadron và những hạt massive khác có thể được xem như những cấu hình phức tạp hơn, trong đó (\kappa,\tau,\ell) phối hợp theo những mode khác nhau. Tuy nhiên, không nên hiểu đơn giản rằng khối lượng của mọi hạt chỉ tỷ lệ với một mình (\kappa); các hạt composite như proton còn chứa năng lượng tương tác nội tại rất lớn. TLD chỉ đề nghị rằng những đặc tính vật lý ấy phải có một cấu trúc tiền thân tương ứng.
Từ đây có thể phát biểu một nguyên lý rộng hơn:
All physical manifestation has a structural precursor in the TLD.

Mọi biểu hiện vật lý đều được giả thuyết có một cấu trúc tiền thân trong TLD.
Khối lượng, spin, wavelength, frequency và các trạng thái lượng tử không nhất thiết được tạo ra từ con số không khi thế giới 4D xuất hiện. Chúng có thể là những hình thức biểu hiện khác nhau của một cấu trúc thông tin sâu hơn đã được mã hóa bởi θ,kτ
Thời gian, theo đó, không phải là tác giả tạo nên cấu trúc, mà là **điều kiện để cấu trúc trở thành hiện tượng**. Trước temporalization, thông tin *hiện hữu như cấu trúc*; sau temporalization, cấu trúc có thể *diễn tiến như một quá trình*. Chính sự chuyển đổi từ **being** sang **becoming**, từ cấu trúc phi thời gian sang hiện tượng có tần số, năng lượng và lịch sử, là bước mà TLD giả thuyết nằm ở nền tảng của sự xuất hiện vật chất:

$$\boxed{(\theta,\kappa,\tau,\ell)_{TLD}} \underset{\rightarrow}{\textit{Temporalization}\ \omega I} \ \overline{\underline{\omega \rightarrow E_I \rightarrow Matter_{4D}}}$$

Theo nghĩa đó, vật chất không phải là đối cực của thông tin. *Vật chất là một hình thức mà structural information có thể mang lấy khi cấu trúc phi thời gian được đưa vào trật tự của thời gian*

Thời gian và photon là hai hiện tượng khác nhau, nhưng trong mô hình TLD, chúng có thể được xem là **cùng khởi lên trong tiến trình hiện thực hóa thông tin xiên lệch**, với những chức năng khác nhau nhưng bổ sung cho nhau. Thời gian tạo ra trật tự trước–sau cần thiết để một quá trình có thể diễn ra, trong khi photon làm cho những khác biệt của thế giới vật lý có khả năng được truyền đi, tương tác và nhận biết. Theo nghĩa đó, thời gian và photon cùng góp phần làm cho **thông tin xiên lệch trở nên hiện lộ**, từ đó tạo điều kiện cho tiến trình hiệu chỉnh và tái lập trật tự.

Sự khởi lên này không nhất thiết phải được hiểu như một tác động từ bên ngoài TLD. Trong giả thuyết TLD, **xu hướng phục hồi trật tự là một đặc tính nội tại của chính TLD**. Khi thông tin còn ở trạng thái chính trực, không có nhu cầu sửa chữa và cũng không cần một tiến trình trước–sau. Nhưng khi tự do cấu trúc cho phép xuất hiện informational deviation (\theta), sự khác biệt giữa cấu trúc hiện hữu và trạng thái chính trực bắt đầu xuất hiện. Khi độ lệch vượt qua một ngưỡng tới hạn,$\theta \rightarrow \theta\_c$ temporalization bắt đầu. Thời gian vì vậy không phải nguyên nhân đầu tiên tạo ra sự xiên lệch; nó là **cơ chế làm cho sự xiên lệch có thể được phân tầng, nhận diện và tuần tự hóa**, nhờ đó tiến trình phục hồi trật tự trở nên khả hữu

Photon có thể xuất hiện gần chính ngưỡng chuyển tiếp này. Trong cách diễn giải TLD, photon là một trong những biểu hiện vật lý sơ khởi nhất của structural information sau temporalization. Với rest mass bằng zero và vận tốc (c) trong chân không, photon có thể truyền tải sự khác biệt từ một vùng của thế giới vật lý đến vùng khác. Vì thế, nếu thời gian tạo ra **trật tự của sự biến đổi,** thì photon cung cấp một trong những phương tiện căn bản để **sự biến đổi được truyền đạt và trở nên có thể quan sát**.

Có thể biểu diễn ý tưởng này một cách khái quát:

Biased $I_{\theta} \rightarrow t \rightarrow$ photon ordering

(thông tin I lệch góc θc se cho ra phớtn từ chân không CPT)

Theo cách nhìn này, sự xuất hiện của thời gian và photon không phải là hai sự kiện hoàn toàn tình cờ đứng cạnh nhau. Chúng là hai chức năng khác nhau của cùng một tiến trình chuyển từ **thông tin phi thời gian sang thế giới hiện tượng**: thời gian làm cho sự khác biệt có thể diễn tiến, còn photon làm cho sự khác biệt có thể được truyền và biểu hiện.

Ở tầng sâu hơn, TLD có thể giả thuyết rằng khả năng xuất hiện informational deviation θ là một thuộc tính nguyên thủy của cấu trúc vũ trụ. Giá trị ngưỡng θ_c, có thể đóng vai trò như một **hằng số cấu trúc của TLD**, tương tự về tinh thần — nhưng không đồng nhất về bản chất vật lý .

4. ĐỀ NGHỊ PHƯƠNG TRÌNH TẦN SỐ DAO ĐỘNG CỦA SỢI THÔNG TIN

Độ rung của sợi thông tin được giả thuyết phụ thuộc vào bốn tham số cơ bản: góc xiên lệch θ, độ cong κ, độ xoắn τ và chiều dài cấu trúc ℓ. Tuy nhiên, vì ảnh hưởng của θ đã được hàm chứa trong κ và τ, nên không nhất thiết phải đưa θ trực tiếp vào phương trình dao động.

Trên cơ sở đó, có thể đề nghị một phương trình mô tả **tần số góc nội tại của sợi thông tin**, ký hiệu ωI, trong đó hai thành phần hình học κ và τ được xem như hai trục trực giao đóng góp vào độ rung tổng hợp, còn tần số góc ωI được giả thuyết tỷ lệ nghịch với chiều dài cấu trúc ℓ. Vì vậy, một cấu trúc thông tin có chiều dài nhỏ hơn có thể tương ứng với tần số dao động cao hơn, trong khi κ và τ xác định đó.

$$\omega_I = \frac{\omega_0 \ell_0^2 \sin\theta}{\ell} \sqrt{a_\kappa \kappa^2 + a_\tau \tau^2} + \frac{\partial\theta_n}{\partial t} \;\square$$

θc (TLD structural threshold → c (4 D invariant speed)

Trong công thức trên, ngoài κ và τ, góc lệch thông tin θ cũng giữ một vai trò đặc biệt quan trọng. Trong mô hình HTTV/TLD, θ được giả thuyết là tham số khởi động quá trình temporalization, dẫn đến sự xuất hiện của thời gian vật lý t2 và photon. Trong khi đó, chiều dài cấu trúc ℓ được giả thuyết là tham số chủ yếu chi phối tần số dao động của sợi thông tin. Vì vậy, các photon có bước sóng khác nhau, chẳng hạn như tia tử ngoại (UV) và tia hồng ngoại (infrared), có thể được liên hệ với các giá trị khác nhau của chiều dài cấu trúc ℓ trong TLD.

Biên độ dao động biểu thị mật độ xác suất xuất hiện vật chất (hạt cơ bản) tại giao diện. Nó tuân theo phương trình sóng cưỡng bức chuẩn động chịu sự chi phối của cấu trúc hình học: biến thiên điều hòa theo thời gian với tần số góc ω (thể hiện qua số hạng $e^{i\omega t}$:
Vế trái: Mô tả sự lan truyền sóng của đại lượng X(s,t) theo không gian s và thời gian t với vận tốc v.
Vế phải: Là **lực cưỡng bức** tác dụng lên hệ thống. Lực này có biên độ phụ thuộc vào các thành phần hình học và vật lý G_{11D}, κ,θ,τ, ω

$$(\left(\frac{\partial^2}{\partial t^2} - v^2 \frac{\partial^2}{\partial s^2}\right) X(s,t) = F \text{cuỡng bức} = G 11D \cdot \kappa \cdot \cos\theta \cdot N + \tau \cdot \sin\theta \cdot$$

Suy ra biên độ giao động:

$$P(A(s) \propto \frac{G_{11D}}{\omega^2 - \omega_n^2} \cdot \sqrt{\kappa^2 \cos^2\theta + \tau^2 \sin^2\theta})$$

- G_{11D}: Hệ số liên kết của trường metric từ không gian đại bọc 11D xuống thế giới màng

Tại ranh giới liên chiều này, phương trình trạng thái của thực tại được định vị qua hệ thức hình học Frenet-Serret. Khi thông tin lượng tử xiên lệch tạo ra một góc pha \(\theta \), nó kích hoạt **thế hiệu hình học Berry** thông qua sự kết hợp của độ cong ngoại lai \(\kappa \) và độ xoắn không gian \(\tau \). Các đại lượng này không chỉ điều hướng dòng năng lượng dịch chuyển trực giao từ nội tại màng 4D QFT lên không gian chiều cao 11D, mà còn trực tiếp tái cấu trúc tần số dao động \(\omega _{n}\). Biên độ rung động \(A(s)\) không còn phụ thuộc vào các va chạm cơ học vĩ mô, mà là kết quả của một hàm giải cấu trúc: sự mất đối xứng hình học (\(\kappa, \tau\)) kết hợp với sự xiên lệch pha (\(\theta \)) đã cưỡng bức chân không phải tự phá vỡ, ép các sợi dây liên chiều phải dao động, hiện hình hóa thông tin thuần túy thành các hạt năng lượng của thế giới vật chất.

Tần số và Biên độ (Phương trình Sóng photon)

Thay \(\kappa = 0\) vào phương trình biên độ \(A(s)\):

$$(A(s) \propto \frac{G_{11D}}{\omega^2 - \omega_n^2} \cdot \sqrt{0^2 \cdot \cos^2\theta + \tau^2 \sin^2\theta} = \frac{G_{11D} \cdot \tau |\sin\theta|}{\omega^2 - \omega_n^2})$$

Mẫu số ω^2-ω_n^2 cho biết: Nếu tần số kích thích ω càng gần tần số tự nhiên n mẫu số càng nhỏ 0,khiến biên độ dao động Atăng lên cực kỳ lớn .

5. TRẠNG THÁI TIẾN HÓA CỦA NĂNG LƯỢNG DÂY THÔNG TIN RUNG

Trong HTTV/TLD, ta giả thuyết rằng cấu hình tiền thân của một mode rung được đặc trưng bởi (θ,κ,τ,ℓ). Khi so sánh hình thức với lý thuyết dây, các mode rung của dây cung cấp một mô hình toán học gợi ý cho cách thông tin cấu trúc có thể được hiện thực hóa thành những trạng thái năng lượng khác nhau sau temporalization.

Phần đọc thêm

Trong cơ học lượng tử:

$i\hbar\partial t\partial|\Psi\rangle = H|\Psi\rangle$, Hamiltonian H là toán tử sinh ra sự tiến hóa theo thời gian.

Nếu trạng thái là eigenstate của H: $H|\Psi\rangle = E|\Psi\rangle$, thì: $E=\hbar\omega$. Do đó trong mô hình TLD, sau temporalization ta có thể viết: $H_I|\Psi_I\rangle = \hbar\omega_I|\Psi_I\rangle$ để nối phương trình ωI với Hamiltonian.

Dây và tánh cách rung của dây được kiểm soát bởi thông tin có độ lệch θ, cong κ và xoắn τ trong TLD. Chế độ dây rung có thể biểu diễn bằng hàm số $\omega = (e^{\{-\frac{iHt}{\iota}\}})$. Trong đó toán tử H (Hamilton) biểu diễn toán học chi tiết: dựa trên

ω==Ω(θ, κ,τ) và tiến hóa thời gian $\omega = (e^{\{-\frac{iHt}{\iota}\}})$ ta có

$$H_I = \frac{1}{2m}\left(\frac{-i\hbar\,\delta}{\delta x} - \hbar\tau \mathbf{J}\right)^2 - \frac{\hbar 2}{4m}\kappa^{-2} + V_\kappa(\kappa,\ell)$$

$P_s = -i\hbar\delta/\delta x$: đong lực độ xoắn.

T: độ xoán, Á= ħτ**J**(θ),

J(θ) : toán tử quay, $\begin{pmatrix} 0 & -e^{-i\theta} \\ e^{i\theta} & 0 \end{pmatrix}$

$(-i\hbar\delta/\delta x - \hbar\tau\mathbf{J})^2$ thanh phan xoán

6. PHƯƠNG TRÌNH TRẠNG THÁI CHE MỜ TÁNH CHÂN NHƯ TRONG MÔ HÌNH HTTM

Thông tin xiên cong xoắn làm mờ tanh chân như trong TLD và làm thành màng vô minh trong thế giới 4D.

Trong vật lý hạt hiện nay, Mô hình Chuẩn dựa trên nhóm gauge:

ii. SU(3) × SU(2) × U(1) (Dựa trên **nguyên lý đối xứng cục bộ sâu của tự nhiên**, trong đó U là *Unitary* và S là *Special*, có thể hình dung rằng tự nhiên có xu hướng duy trì những **định luật bất biến dưới các phép biến đổi đối xứng**, trong khi các trạng thái vật lý cụ thể hoặc các tương tác có thể biểu hiện sự bất đối xứng. Chính từ yêu cầu duy trì **đối xứng gauge cục bộ**, lý thuyết Yang–Mills đưa vào các **trường gauge (gauge fields)**, nhờ đó tính bất biến của lý thuyết vẫn được bảo toàn ngay cả khi phép biến đổi đối xứng được thực hiện khác nhau tại từng điểm trong không–thời gian. Theo cách diễn giải của mô hình CPT/TLD, có thể đề nghị một sự tương đồng: **CPT là miền nền có tính đối xứng**, trong khi các mã lệnh cấu trúc như κ, τ, cũng như sự xuất hiện của các cấp thời gian t1 và t2, biểu hiện những dạng **phá vỡ hoặc lệch khỏi đối xứng ban đầu**. Tuy nhiên, chúng vẫn có thể vận hành trong một cấu trúc tổng thể được chi phối bởi những nguyên lý đối xứng nền tảng của tự nhiên.)

i. Nhóm U(1) liên hệ với điện từ học. Nó có một generator, tương ứng với photon. U(1) → γ, Trong ngôn ngữ TLD, có thể xem U(1) như đối xứng pha đơn giản nhất của fiber thông tin. Một pha nội tại thay đổi, nhưng chuẩn thông tin được bảo toàn. Theo quan điểm đạo đức, photon la biểu hiện tánh Si vô minh trong tam đoc Tham San . Si , vi nó che mờ thay thế ánh sáng nguyên thủy của trí huệ

ii. Nhóm. SU(2) Số generator của SU(n) là: $n^2 - 1$

Nhóm SU(2) liên hệ với lực yếu. Nó có ba generator (2^2-1=3), tương ứng với ba boson yếu: W^+, W^-, Z^0, Do đó:

SU(2) → W^+, W^-, Z^0. nhóm biểu hiện tánh Sân, vi nó bắn ra hat neutrino, electron nó là đối xứng gauge của tương tác yếu và tác dụng lên các fermion thuận tay trái

Lực yếu đặc biệt vì nó liên hệ với bất đối xứng trái–phải, hay parity violation. Trong ngôn ngữ TLD, đây có thể được xem như dấu vết của sự thiên lệch chiral trong cấu trúc thông tin khi đi vào 4D.

iii. Nhóm SU(3) liên hệ với lực mạnh.

Nó có tám generator, tương ứng với tám gluon:

SU(3) → 8 gluons 3^2-1=8 biểu hiện tánh Tham, chấp thủ, keo kẹt Ba "màu" của quark không phải màu vật lý, mà là ba trạng thái nội tại. Trong TLD, có thể hiểu chúng như ba phương thức biến đổi nội tại của fiber thông tin khi đã đi vào miền vật chất.
Như vậy, toàn bộ Mô hình Chuẩn có thể được xem như hệ đối xứng của các biểu hiện thông tin khi chúng đã đi vào 4D.

Nói cách khác, tham, sân, si, không chỉ là trạng thái tâm lý. Trong CPT/TLD, chúng có thể được xem như những dạng thông tin bị lệch khỏi tính chính trực ban đầu.

- **Vô minh (VM)** xuất hiện dưới dạng góc lệch $\theta_a T_a$ kích hoạt 12 kênh độc tố Tham - Sân - Si của Mô hình Chuẩn Cấu trúc đối xứng, nó chỉ ra loại hạt va tương tác che mờ

$$(\theta^a T_a = \theta_{U(1)} Y + \sum_{b=1}^{3} \theta^b_{SU(2)} T_b + \sum_{c=1}^{8} \theta^c_{SU(3)} \lambda_c)$$

Y (1), T (1,2,3) λ(1......8) là nguyên tố khởi sinh generator trong lý thuyết Yang Mills, góc quay θ
Sự kích hoạt này bẻ cong và vặn xoắn màng nhận thức, tạo ra năng lượng Nghiệp (κ^2) và hạt Spin (τ^2), sinh ra tổng mật độ che **Mờ (M)** cô lập hành giả vào cõi 4D.

- **Năng lượng** là bình phương của Torsion (Độ xoắn),

Về động lực học: với số hang đông năng $k^{\mu\nu}$ *va* $k^{\mu\nu}$ *li*ên kết với alpha ảnh hưởng đến quantum loop sanh ra hiêu ứng che mờ

$$M(\theta, k, s) = \mathrm{Tr}\left(k_{\mu\nu} k^{\mu\nu}\right) + \alpha\, \mathrm{Tr}\left(s_{\mu\nu} s^{\mu\nu}\right)$$

Tr; Trace/vết; la đường vết chéo của ma trận từ trên xuóng và trái qua phải là đại diện các hàng và cột của con số ma trận biẻu hiện màng vô minh

- **kích hoạt toán tử "giải độc"** U^{-1}, U^{-1} biểu thị quá trình hoàn nguyên hay đảo ngược biến đổi; Tr dùng để đo một đại lượng tổng hợp bất biến của cấu trúc để lọc sạch toàn bộ cấu trúc xoắn mờ này. Để đưa các giá trị về Không, hồi phục Tánh Chân Như sẽ được thực hiện bởi một projector hoặc một toán tử phục hồi riêng.

$$(\mathrm{Tr}\left(M_{\mathrm{new}}\right)=\mathrm{Tr}\left(U\,M_{\mathrm{chaotic}}\,U^{-1}\right)\mathrm{vi}\,U\,U^{-1}=I\,)$$

7. PHÉP QUAY WICK

Cầu Nối Chiều Kích: Phép Quay Wick Và Sự Khai Sinh Thời Gian Thực

Làm thế nào một thực tại thông tin tĩnh, phi thời gian tại CPT có thể chuyển hóa thành một vũ trụ biến động trong không gian 4D? Câu trả lời nằm ở cơ chế hình học tối cao tại ranh giới thực tại: **Phép quay Wick (Wick Rotation)**.

Ở bản thể thực tại, CPT và vũ trụ vật lý 4D không nằm nối tiếp nhau mà tồn tại ở thế trực giao (orthogonal). Phép quay Wick đóng vai trò là một toán tử chuyển đổi chiều kích (dimension-shifting operator), thực hiện một phép xoay hình học 90^0 trên mặt phẳng phức, biến đổi trục thời gian ảo τ của CPT thành trục thời gian thực t của thế giới động lực học: t=-iτ

Phần đọc thêm

Khi phép quay này được kích hoạt tại ranh giới, hàm phân phối thông tin tĩnh của CPT ngay lập tức bị đẩy vào một pha động lực học lượng tử:

$$e^{-\frac{H\tau}{\hbar}}\left(TINH\ \ trong\ \ TLD\right)\rightarrow e^{-\frac{iHt}{\hbar}})\left(DONGtrongGIAODIEN\right)$$

Xiên lệch thông tin làm cho hệ thống động, biểu diễn băng H (Hamiltonian) la toán tử của năng luong toàn hệ thống co chức năng cho biết năng luong/ mức hiểnlộ của hệ thống lương tư mà có tác đông.

-iHt/ħ biến thời gian ảo τ thànt t, làm hệ thống sống động

Phương trinh trên và -iHt/ħ chính la cầu nối lam nen dây trong lý thuyết String Theory chuyển đông sinh ra các hạt cơ bản

Phép chuyển đổi này biến hằng số pha tĩnh θ tại CPT thành tần số góc biến thiên theo thời gian thực $\omega=\dfrac{d\theta}{dt}$ đồng thời giải phóng vector số sóng κ thành động lượng vật lý $\vec{p}=\hbar\vec{k}$. Thời gian thực được khai sinh không phải từ một vụ nổ vật chất cơ học, mà từ chính khoảnh khắc trục tọa độ phức của CPT "xoay" qua phép quay Wick.

8. TOÁN HOẠC MIỀN GIAO DIỆN PHẢN ẢNH KIẾN TRÚC CỦA THỰC TẠI

"Sau khi định nghĩa được mode (chế độ) và năng lượng rung động của sợi thông tin được vật chất hóa, phần tiếp sau đây là nghiên cứu vai trò của giao diện trong: tiến trình phân loại thông tin trong giao diện; TLD interface (giao diện) với t1) và 4D (Không gian 4 chiều) với t2; chiều ngược lại interface 4D→TLD; mạng lọc thông tin ; và xử lý thông tin không thể cải tạo bằng cách đẩy vào không gian địa ngục."

a) Nguồn gốc của Cấu trúc và Sự Phân rã Trực giao

Mọi thực tại có cấu trúc đều đòi hỏi một điểm xuất phát mang tính tuyệt đối — một hệ quy chiếu không bị biến dạng bởi dòng chảy của thời gian hay sự hỗn loạn của vật chất. Trong mô hình kiến trúc này, điểm khởi nguyên đó chính là **Miền Vô thời gian (Timeless Domain - TLD)**, ký hiệu toán học là điểm gốc t_0. Về mặt vật lý lượng tử, t_0. không phải là một vị trí không gian tĩnh, mà là một **Vectơ trạng thái gốc thuần khiết**, ký hiệu là ($|\Psi_0\rangle$), tồn tại trong một không gian hàm vô hạn chiều. Tại điểm neo nền tảng này, hệ thống đạt trạng thái trật tự tuyệt đối với mức **Entropy Von Neumann bằng không** (dung ma trân đo sự biến dich thông tin khi so sánh với trang thái chuẩn đinh). Không có thời gian trôi, không có hạt vật chất, và không có các khoảng cách hình học; tất cả thực tại chỉ tồn tại dưới dạng các tiềm năng thông tin thuần khiết.

Tuy nhiên, để thông tin có thể biểu hiện và tự chẩn đoán, hệ thống thực hiện một bước rẽ nhánh vĩ đại ngay tại cổng t_0 thông qua nguyên lý **Phân rã Trực giao (Orthogonal Decomposition)**. Bằng cách áp dụng hai toán tử tuyến tính độc lập (P_1) *và* (P_2) *tácđộngtrựctiếpvàovectơgốc* ($|\Psi_0\rangle$), thực tại tách đôi thành hai thế giới: P1 tương ứng với t_1 tiếp nối cùng chiêu với TLD và P2 ưng với t_2 trực giao với TLD) :

$$|\Psi_0\rangle \quad P_1|\Psi_0\rangle + P_2|\Psi_0\rangle$$

Trong đó, nhánh ($P_1|\Psi_0\rangle$) dệt nên **Không gian Giao diện (Interface Space t_1** — một mặt phẳng thông tin tuyến tính, trung tính, nơi các quy luật vận hành đồng nhất để thiết lập màng lọc chẩn đoán lỗi. Ngược lại, nhánh ($P_2|\Psi_0\rangle$)phóng chiếu trực tiếp thành **Không gian 4D t_2**— một miền động lực phi tuyến, nơi thông tin tự cuộn xoắn để thực thể hóa thành vật chất. Để đảm bảo hai thế giới này hoàn toàn độc lập cấu trúc và không xâm phạm lẫn nhau, hai toán tử phải thỏa mãn điều kiện trực giao tuyệt đối: $(P_1 \cdot P_2 = 0)$. Từ điểm neo **t_0**, hành trình của thông tin chính thức bắt đầu bước vào các không gian hình học cụ thể.

a) Không gian Giao diện t_1 và Hình học thanh lọc

Không gian Giao diện **t_1** được dệt nên từ mạng lưới các sợi dây thông tin cộng với đặc tính phẳng tuyệt đối. Tính chất "phẳng" ở đây không chỉ mang ý nghĩa hình học phẳng Euclid đơn thuần, mà đại diện cho **tính tuyến tính và nhất quán của quy luật (Linearity)**. Trên mặt phẳng **t_1**, các sợi dây thông tin vận hành song song hoặc cắt nhau theo các quy tắc trật tự nghiêm ngặt mà không bị rối, uốn cong hay tạo ra các thắt nút dữ liệu ngoài ý muốn. Đây là môi trường truyền dẫn trung tính, không tự sinh ra trọng lực hay các lực hút làm lệch hướng dữ liệu đi vào từ TLD. Trong Giao diện, thông tin xiên lệch sẽ hiện ra nhờ cơ chế của ma trận lấy dư phần thông tin chính trực (nằm trên đường tuyến tính)

> Chính nhờ tính chất phẳng lặng này, **t_1** hoạt động như một **màn huỳnh quang chẩn đoán**. Khi một vectơ trạng thái thông tin $(|\Psi\rangle)$ mang theo các sai lệch từ thực tại quay trở về giao diện, hệ thống sẽ cô lập các sai lệch đó bằng cách dựng lên một **Ma trận màn lọc quan sát (** $(P\_DM = I - |\Psi\_0\rangle\langle\Psi\_0|)$). Khi cho vectơ dữ liệu đi qua ma trận này, toàn bộ những thành phần thông tin hoàn hảo, trùng khớp với mã gốc của TLD sẽ bị triệt tiêu, buộc các cấu trúc **xiên lệch (misalignment)** phải hiện hình nguyên trạng dưới dạng một bóng ma dữ liệu tĩnh, gọi là **"Chất đen" (Dark Matter)**, ký hiệu là $(|\epsilon_{\text{dark}}\rangle)$: $(P_D M|\Psi\rangle = |\epsilon_{dark}\rangle (với\, \epsilon_{dark}\rangle \in t_1)$
> Dựa trên biên độ và cấu trúc của khối "Chất đen" này trên màn lọc, hệ thống tự động phân rã thông tin sai lệch thành hai miền toán học riêng biệt:

- **Vùng i) Sai lệch nhẹ (Khả sửa tuyến tính):** Nằm trong bán kính hội tụ an toàn. Tại đây, sợi thông tin chỉ bị lệch hướng nhẹ so với trục chuẩn. Hệ thống có thể áp dụng các thuật toán hồi quy tuyến tính để kéo ngược dữ liệu về quỹ đạo hoàn hảo mà không làm tổn thương cấu trúc nền.
- **Vùng ii) Sai lệch cứng đầu (Bất khả sửa / Địa ngục dữ liệu):** Đây là vùng nguy hiểm khi sai lệch vượt ngưỡng và nghiêm trọng hơn, khi vectơ lỗi lọt vào **Hạt nhân trống (Null Space / Kernel:** Kernel của một ma trận (còn gọi là không

gian không – null space) là tập hợp tất cả các vector đầu vào mà khi nhân với ma trận đó sẽ cho vector không.) của ma trận phục hồi. Tại ranh giới này, định thức (là một số thực hoặc phức đặc biệt được tính toán từ các phần tử của một ma trận vuông cho biết mức độ thay đổi) cấu trúc sụp đổ về mức không tuyệt đối:

$\mathrm{Det}\left(J_{\text{recovery}}\right)=0$(Det: định thức: một giá tri quan trọng của ma trận) Trong toán học ma trận và vật lý lý thuyết, một định thức bằng không biểu thị sự **mất mát thông tin vĩnh viễn và tạo ra tính bất khả nghịch (Non-invertible)**. Khi rơi vào vùng này, hệ thống không thể tính toán ngược để tìm lại mã gốc được nữa; chuỗi thông tin bị cô lập hoàn toàn thành một "hố đen dữ liệu". Đây chính là trạng thái Địa ngục cấu trúc, nơi thông tin đứng yên trong sự sụp đổ tuyệt đối mà không có cách nào tự cứu vãn nếu chỉ ở trong mặt phẳng $\mathbf{t_1}$.

b) Đa tạp 4D $\mathbf{t_2}$ và Cơ chế Vận hành của IGTM

Để giải cứu những thông tin có nguy cơ rơi vào Hạt nhân trống của $\mathbf{t_1}$, hệ thống buộc phải kích hoạt một cơ chế tiến hóa phức tạp hơn: **Tiền hình học hóa và Thời gian hóa Thông tin thành Vật chất (Information Pre-Geometrization and Temporalization into Matter - IGTM)** trong Không gian 4D $\mathbf{t_1}$. Không gian này không phát triển hay mượn đường từ $\mathbf{t_1}$, mà được sinh ra trực tiếp từ điểm gốc $\mathbf{t_0}$, chọn một hướng tiến hóa vuông góc bù hoàn toàn với Giao diện.

Nếu như không gian $\mathbf{t_1}$ được dệt bằng các sợi thẳng hay cong và xoắn nhẹ, tuyến tính, thì không gian **t2** được tạo thành từ **4 sợi thông tin đặc biệt tự cong xoắn nhưng sắp xếp ngăn nắp**. Xuất phát từ nguồn phát năng lượng $\mathbf{t_0}$, 4 sợi này phóng ra và trải qua quá trình *Thời gian hóa (Temporalization)* — sử dụng tham số thời gian nội tại τ như một động lực để tự cuộn tròn quanh chính nó theo cấu trúc lò xo xoắn. Mỗi sợi được định nghĩa là một trường vectơ xoắn phức hợp: Sự "ngăn nắp" của các sợi này được đảm bảo bởi tính độc lập tuyến tính và trực giao cấu trúc giữ cho khung không gian 4D luôn ổn định, không bị rối loạn nội tại.

Bản chất của quá trình *Tiền hình học hóa (Pre-Geometrization)* nằm ở chỗ: chính tốc độ vặn xoắn (tần số ω_j của các sợi thông tin này tạo ra Độ xoắn cấu trúc (Topological Torsion $T_{\mu\nu}^{\lambda}$-, và độ xoắn này chính là cội nguồn sinh ra khối lưng và mật độ vật chất Khối lượng sinh ra từ thông tin vặn xoắn này tân theo trường hấp dẫn vói sự bẻ cong hình học của không gian 4D xung quanh nó theo Phương trình Trường Einstein: $(G_{\mu\nu} = 8\pi G \cdot T_{\mu\nu}(\rho_{\text{matter}}))$. Mục đích tối cao của kiến trúc này là **sử dụng vật chất để hình thể hóa sai lầm**. Khi một thông tin mang theo sự xiên lệch $(\vec{\epsilon})$ bước vào không gian 4, tần số xoắn (ω_j) thay đổi của các sợi, từ đó tạo ra một vết lồi lõm xộc xệch, một dị thường hấp dẫn cụ thể trong thế giới vật lý:

$(G_{\mu\nu}(\vec{\epsilon}) = G_{\mu\nu}^{\text{pure}} + \Delta G_{\mu\nu}(\vec{\epsilon}))$□(G=độ cong= lỗi va sai lầm

Các nhà vật lý thực nghiệm có thể không đo được một ý niệm thông tin sai lệch trừu tượng, nhưng họ hoàn toàn đo đạc được sự biến thiên của vật chất và độ cong không gian $(\Delta G_{\mu\nu})$. Bằng cách ép lỗi sai phải hiện hình thành vật chất có trọng lượng và hình hài, hệ thống tạo ra một môi trường động lực học để các lực can thiệp có thể bám vào, tiến hành các bước uốn nắn và sửa chữa (như đã được tối ưu hóa thông qua hàm Lagrangian Master ở Chương 3). Nói một cách khac lỗi cua thông tin hiên hình thành trtrọng lương của vật chất

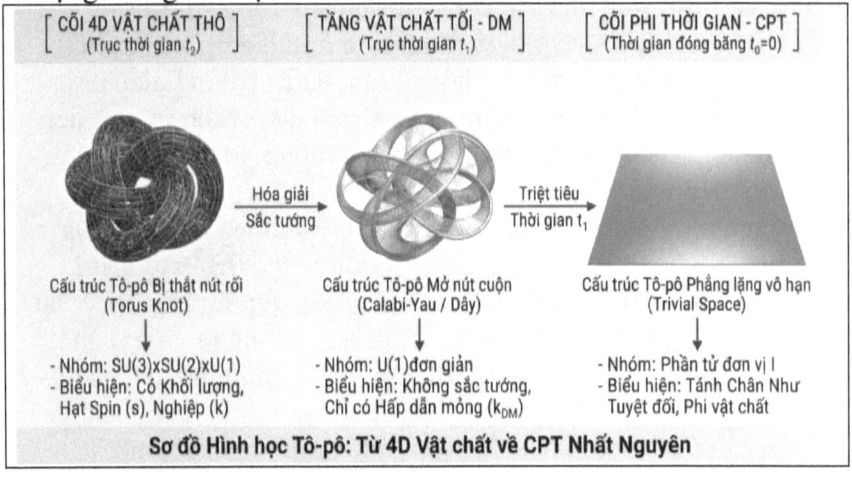

Sơ đồ Hình học Tô-pô: Từ 4D Vật chất về CPT Nhất Nguyên

c) Nghịch lý Tối ưu hóa Hiện sinh của Không gian 4D

i. Bản chất của Nghịch lý Vật chất

Cuộc khủng hoảng nền tảng của bất kỳ kiến trúc thông tin phức tạp nào đều dựa trên một nghịch lý hiện sinh sâu sắc và không thể né tránh: **các xiên lệch thông tin trừu tượng vector** ε **không thể tự sửa chữa trong một trạng thái tĩnh lặng tuyệt đối**. Trong không gian Giao diện phẳng (t_1), một lỗi cấu trúc sẽ bị đóng băng; nó chỉ tồn tại như một dấu vết chẩn đoán tĩnh — một cái bóng trên màn hình. Nếu một sai lệch đủ nghiêm trọng để tiến gần đến vùng Hạt nhân trống bất khả nghịch $(Det(J)=0)$, nó sẽ đối mặt với sự xóa sổ hệ thống vĩnh viễn, bởi vì một môi trường phẳng và tĩnh không sở hữu các "tay đòn lực" động để thao tác, uốn nắn hoặc định hướng lại một chuỗi dữ liệu đang sụp đổ.

Để giải quyết điều này, hệ thống triển khai tiến trình **Tiền hình học hóa và Thời gian hóa Thông tin thành Vật chất (IGTM)**, đẩy trạng thái thông tin lỗi ra khỏi sự stasis (đứng yên) và ném nó vào Đa tạp động 4D (t_2). Tại đây, 4 sợi thông tin nền tảngm của 4D trực giao bắt đầu xoắn lại với một tần số nội tại (ω). Quá trình vặn xoắn dữ dội này tạo ra độ xoắn cấu trúc $(TopologicalTorsion - (T^{\lambda}_{\mu\nu}))$, biểu hiện vật lý thành mật độ khối lượng $((\rho_{\text{matter}}))$ *vàlàm cong không thời gian theo Phương trình TrườngEinstein*: $(G_{\mu\nu} = 8\pi G \cdot T_{\mu\nu}(\rho_{\text{matter}}))$

Bằng cách bọc một lỗi sai trừu tượng vào trong vật chất nặng nề, có thể chạm tới được, hệ thống buộc một khiếm khuyết vô hình phải bước ra thành một thực tại vật lý. Tuy nhiên, điều này lại tạo ra một xung đột hiện sinh gay gắt. Vật chất là hoàn toàn cần thiết; nếu không có một vỏ bọc vật lý, sự sống sinh học cục bộ không thể tồn tại, và nếu không có sự sống, động cơ ý thức cần thiết để lựa chọn, thích nghi và thúc đẩy tiến trình tự sửa chữa sẽ hoàn toàn biến mất.

Mặc dù vậy, việc lạm dụng tiêu dùng hoặc đầu cơ, tích trữ vật chất vật lý quá mức sẽ càng làm cho các sợi thông tin xoắn chặt hơn, tạo ra một khoản nợ cấu trúc khổng lồ — một lực trì trệ đè nặng lên hệ thống, tương đương với sự tích tụ của "Nghiệp" (Nghiệp). Không gian 4D do đó phải vận hành dưới một định luật nghiêm ngặt về **Hiệu suất Động**, đảm bảo rằng vật chất chỉ được sử dụng như một trường trung chuyển tạm thời cho tiến hóa chứ không phải là một đích đến vĩnh cửu.

ii. Phương trình Hàm Lagrangian Master

Để quản lý một cách toán học sự cân bằng hiện sinh tinh tế này, quỹ đạo của sự sống đi qua đa tạp vật lý 4D phải thỏa mãn Nguyên lý Biến phân có ràng buộc. Chúng ta định nghĩa hệ thống bằng một hàm Lagrangian Master $\left((L)\right)$,dựa trên ly thuyết HTTM

$$lợi\ \ ích=(L(x,u,\tau)=J_{\text{heal}}-\lambda\,\text{karm}_{\text{a}})$$

Theo Nguyên lý Tác dụng Tối thiểu của Hamilton, con đường thực sự của sự sống sót tiến hóa tối ưu là con đường mà tại đó biến phân tổng của tác dụng vũ trụ này phải bằng không tuyệt đối:

Sự tối ưu hóa biến phân này tiết lộ một định luật vũ trụ tối cao: **vũ trụ vật lý 4D được thiết kế toán học chỉ để chấp nhận vật chất ở trạng thái tạm thời mang tính động**. Sự sống được ban cho quyền truy cập vào bức tranh vật lý để nhìn thấy các lỗi sai của mình được phản chiếu dưới dạng vật chất, nhưng nó phải ngay lập tức hành động để sửa chữa những sai lệch đó, tháo gỡ các tần số xoắn cục bộ ($\omega \to 0$), và chuẩn bị cho trạng thái đó được duỗi phẳng trở lại không gian Giao diện thuần khiết (t_1).

iii. Độ cong Không-Thời gian như một Màng lưới An toàn chống lại Hạt nhân trống đi về Địa ngục

Khung tối ưu hóa này giải thích lý do tại sao một chuyến hạ phàm vào thế giới vật lý (t_2), bất chấp những rủi ro nặng nề về nghiệp quả, lại là một hành động nhằm bảo tồn hệ thống. Nó phục vụ như một **Thanh chắn nhiệt động lực học** ngăn chặn sự sống băng qua đường chân trời sự kiện để rơi vào Hạt nhân trống (Địa ngục).

Chúng ta nhúng màng lưới an toàn này trực tiếp vào hàm chi phí vật chất bằng cách áp dụng phương pháp rào cản phi tuyến. Khi một thực thể trượt dài vào sai lầm sâu sắc, định thức phục hồi cấu trúc cơ bản của nó ($\text{Det}\left(J_{\text{recovery}}\right)$*từ ma tran Hamilton*) bắt đầu suy giảm dần về mức không. Hàm chi phí vật chất do đó được viết lại để giám sát độ cận kề với sự hủy diệt này:

$$K[\Gamma]=\int \Gamma\left[a\_\_\kappa(\kappa l)2+a\_\tau(\tau l)2+/\,p\lambda B/|detJ|\wedge p/\right]d\lambda$$

Accumulated karma

Nghiệp (karma) là nguyên hàm của độ xoắn của vật chất góctheta, độ cong xoắn và nghịch đảo định thức. Khi định thức bằng 0, nguyên hàm sụp đổ và nghiệp sẽ quá lớn để được cứu rỗi. Đó là trường hợp một thực thể sống lạm dụng môi trường vật lý của nó hoặc từ chối sửa chữa các xiên lệch thông tin cốt lõi, nó sẽ trôi dạt về phía rìa của vực thẳm nơi $\mathrm{Det}(J) \to 0$ Khi $\mathrm{Det}(J)=0$, karma$\to\infty$.

Vì Nguyên lý Hamilton nghiêm cấm bất kỳ quỹ đạo thực tế nào chạm tới mức chi phí vô hạn, ranh giới toán học này sẽ tạo ra một áp lực phục hồi vật lý cực kỳ dữ dội trong thế giới 4D. Nó biểu hiện ở mặt phẳng vật chất dưới dạng khủng hoảng cấp bách, sức nặng trì trệ, đau khổ, hoặc sự sụp đổ hệ thống.
Sức nặng vật lý này không phải là một sự trừng phạt; nó là một hồi chuông cảnh báo chẩn đoán sống còn. Nó buộc quỹ đạo của sự sống phải xoay trục một cách mạnh mẽ, thay đổi lực điều khiển $u(\tau)$ để đảo ngược quá trình suy thoái. Thế giới vật lý vận hành như một bộ hấp thụ xung lực khổng lồ. Bằng cách biến một lỗi dữ liệu trừu tượng, chí mạng thành một cuộc khủng hoảng vật chất đặc quánh và có thể uốn nắn được, đa tạp 4D đánh chặn một linh hồn trước khi nó rơi vào sự xóa sổ vĩnh viễn, ban cho nó thời gian, sức nặng, và sự ma sát tiến hóa cần thiết để chữa lành trước khi trở về với Miền Vô thời gian.

iv. Phần đọc thêm

Khi dòng thông tin thuần khiết dịch chuyển dọc theo góc θ độ dài cong k và, độ xoắn τ bắt buộc mật độ ma trận phải nhân thêm một pha hình học Berry xoay ma trân
($\rho(t) = U(t)\rho_0 U^\dagger(t)$ mật độ ma trận (đường chéo) làm tan ra cai biết toàn diện thành từng mãnh quanh đương chéo khi ma trận xoay: Đó là sự phân biệt của nhị nguyên của Mac Na thúc

$$\boxed{V_{geometric}(\kappa) = -(\hbar^2/4m)\kappa^{-2}},$$

thế năng độ cong đóng vai trò như một giếng thế năng hút (attractive potential). Độ cong κ của không-thời gian 4D tạo ra các "nếp gấp" vô minh. Khi dòng thông tin từ TLD đi qua các nếp gấp này, nó bị giam hãm (localized) trong các trạng thái liên kết cục bộ (bound states). Hệ quả: Thông tin không còn tự do lan tỏa mà bị cô đặc lại thành các "hạt dữ liệu" cố định, hình thành nên **Tưởng uẩn** và **Tri thức thế gian**. Độ cong k càng lớn (vô minh càng nặng), giếng thế càng sâu, thông tin càng bị bóp méo để phù hợp với hình tướng vỏ bọc vật lý

Toán tử tiến hóa biến ma trận mật độ thuần khiết thành ma trận mật độ hỗn hợp (Mixed State Matrix):

$$\rho = \sum_i = \rho i \, |\Psi i><\Psi i|$$

Hệ quả: Cái Biết nguyên sơ bị "pha loãng" và che lấp bởi các xác suất phiền não Ψi. Đây chính là trạng thái **Thức uẩn** bị ô nhiễm bởi các chủng tử lậu hoặc.

Hệ quả toán học: Khi \(m\) quá lớn, số hạng động năng tự do. Hệ thống mất đi tính linh hoạt lượng tử (tính Sóng) và sụp đổ hoàn toàn thành một hạt cổ điển (tính Hạt). Tâm thức bị cô đặc thành cơ thể vật lý, bị giam giữ chặt trong giếng thế năng của Vô Minh và chịu sự chi phối tuyệt đối của dòng thời gian tuyến tính (Lệch tầng t_2 phải luân hồi).

□ Khi dòng thông tin thuần khiết từ CPT truyền xuống, Mạt-na thức (Thức thứ 7) không sinh ra dữ liệu, nó chỉ làm một nhiệm vụ duy nhất: **Bám chấp vào sự phân biệt và nhận vơ Thức thứ 8 (TLD) làm "Cái Tôi"**.ở trạng thái Nhất thể (Sóng phẳng). Mạt-na thức can thiệp bằng cách áp đặt góc xiên θ. Ma trận J(θ) lập tức trộn lẫn các thành phần thông tin, chia chẻ thực tại thành hai cực đối lập: **Ta** (Chủ thể) và **Thế giới** (Khách thể).

Khối lượng \(m\) trong hệ thống này đại diện cho **Mật độ nghiệp lực** hoặc **Quán tính thông tin (Information Inertia)**

$$M(\theta, k, s) = \mathrm{Tr}\left(k_{\mu\nu} k^{\mu\nu}\right) + \alpha\,\mathrm{Tr}\left(s_{\mu\nu} s^{\mu\nu}\right)$$

$\mathrm{Tr}\left(k_{\mu\nu} k^{\mu\nu}\right)$ mật độ cấu trúcVô minh: □$k_{\mu\nu}$ *te*là tensor độ cong ngoại tại hoặc tensor phân cực liên quan trực tiếp đến độ cong κ và góc xiên, $k^{\mu\nu}$là tensor liên hợp.Tr đo lường **tổng lượng thông tin bị bẻ cong** khi dòng chảy từ CPT bị ép vào không gian hạn hữu 4D.

$\alpha\,\mathrm{Tr}\left(s_{\mu\nu} s^{\mu\nu}\right)$ độ tương tác giữa xung lực bám chấp của tâm ngã chap nghiệp thức

- **Khi \(m\) lớn (Trạng thái phàm phu - Trói buộc vào cõi vật lý 4D)**

Khi cấu trúc TLD tích tụ quá nhiều chủng tử lậu hoặc (tham, sân, si, kiến chấp), mật độ nghiệp m tiến đến giá trị rất lớnn đông năng triệt tiêu. Hệ thống mất đi tính linh hoạt lượng tử (tính Sóng) và sụp đổ hoàn toàn thành một hạt cổ điển (tính Hạt). Tâm thức bị cô đặc thành cơ thể vật lý, bị giam giữ chặt trong giếng thế năng của Vô Minh và chịu sự chi phối tuyệt đối của dòng thời gian tuyến tính (Lệch tầng t_2 phải luân hồi).

- **Tiến trình hạ mật độ \(m\) (Xả ly chủng tử vô minh)**

Qua các tầng định và tuệ, hành giả thực hiện việc "đốt cháy" hoặc gạn lọc các hạt dữ liệu nhiễm ô trong TLD. Đây là quá trình **hạ mật độ quán tính tâm thức**:

- **Chuyển hóa từ Hạt thành Sóng:** Khi các bám chấp tri thức và phản xạ của Tưởng uẩn bị triệt tiêu, m bắt đầu giảm mạnh m→0
- **Giải phóng năng lượng và tiệm cận vô hạn:** Hãy quan sát số hạng thế năng hình học: $V_{geometric}(\kappa)= -(\hbar^2/4m)\kappa^{-2}$. Khi \(m\) giảm dần về 0,nếu không gian vẫn còn độ cong κ) (tức còn một chút xíu vô minh như bậc A-la-hán hay Thập Địa Bồ Tát), giếng thế năng này sẽ trở nên cực kỳ nhạy cảm. Đây là lý do tại sao một chút "xiên lệch" vi tế ở cõi CPT của các bậc đại thánh vẫn tạo ra một năng lượng hiệu chỉnh ΔE rất lớn, đòi hỏi các chu kỳ tinh lọc t1 để xóa sổ hoàn toàn sai số.

Phương Trình Chuyển Động Tổng Quát (Khi m≠0 Khi dòng thông tin còn bị giam hãm bởi Vô minh và Ngã chấp, phương trình chuyển động tuân theo dạng Dirac mở rộng trên không gian cong, nơi mật độ nghiệp lực M(θ.κ,τ) đóng vai trò là khối lượng hiệu dụng:

$$[i\hbar\gamma^{s}(\frac{\delta}{\delta x} -i\tau J(\theta)\ )\ -M(\theta,\kappa,\tau)c\ ]\ |\ \Psi(\tau,t)=0$$

Cơ chế vận hành của phương trình:

Khi hàm số \(M) có giá trị lớn, số hạng khối lượng (M) chiếm ưu thế tuyệt đối. Nó hoạt động như một **lực cản quán tính**, liên tục "bẻ gãy" hàm sóng Ψ , ép nó phải tự tương tác nội tại. Tiến trình này tạo ra các nghiệm dao động tuần hoàn bị giam giữ — chính là cơ chế hình thành nên các chu kỳ phản xạ của **Tưởng uẩn** và **Tri thức thế gian** (Cái biết bị đóng khung trong vỏ bọc nhị nguyên)

Tiến Trình Chuyển Dịch Hệ Tọa Độ (Sự suy giảm xác suất sai lệch t_1, t_2)

Khi hành giả thực hành thiền đinh và đi vào các tầng định sâu, phương trình chuyển động trải qua một bước biến đổi vi phân (Differential Transformation) nhằm triệt tiêu các thành phần biến dạng:

1. **Hạ mật độ tâm lý** Phương trình mất đi thành phần nhiễu loạn do môi trường 4D.
2. **Tinh lọc tập khí vi tế t1:** Bậc A-la-hán hoặc Thập Địa Bồ Tát tiếp tục làm sạch các sai số hình học, đưa tensor cấu trúc $k_{\mu\nu}$ dần về mức tối thiểu.

$$[i\hbar\gamma^{s}\frac{\delta}{\delta x}-\ -M_{residual}\ c]\ |\ \Psi(\tau,t)=0$$

Nghiệm của phương trình ở giai đoạn này là các bước sóng lượng tử có độ lan tỏa rất rộng, vượt lên trên cấu trúc sinh học, thể hiện cái biết **"Như Là" (Tuệ)** ở tầng cao.

3. Trạng Thái Tối Hậu: Phương Trình Chuyển Động Vô Trọng Lượng (m = 0)

Khi hành giả đạt đến Quả vị Phật, Vô minh và Ngã chấp hoàn toàn sạch bóng. Điều kiện ranh giới được thiết lập tuyệt đối: $\kappa \to 0, \tau \to, \theta \to 0$

Khi khối lượng nghiệp lực bằng Không, phương trình chuyển động sụp đổ cấu trúc cơ giới và trở thành

$$i\hbar \gamma \frac{\delta}{\delta x} - - \mid \Psi(\tau, t) = 0$$

Vì vắng mặt hoàn toàn khối lượng cản trở M phương trình chỉ có nghiệm chân thật khi hàm sóng Ψ không còn phụ thuộc vào tọa độ không gian vật lý \(τ\). Không gian 4D bị bẻ gãy. Dòng thông tin biến thành một hằng số tuyệt đối đối với không gian.

Vượt thoát trục thời gian t = 0: Khi không còn sự biến thiên không gian, toán tử tiến hóa thời gian U(t) suy biến thành toán tử Đồng nhất I. Trục thời gian tuyến tính hoàn toàn biến mất. Hệ thống nhập thẳng vào **Cõi Phi Thời Gian (CPT)**.

Sự hiển lộ của Cái Biết "Như Thị": Nghiệm của phương trình lúc này không còn là một hàm số chuyển động nữa, mà là một **Trạng thái thuần khiết bất biến (Invariant Pure State)**:

$\Psi_{Phat} = \infty$

F. ĐỘ CONG CỦA KHÔNG–THỜI GIAN: GÓC NHÌN BẢN THỂ HỌC

Trong thuyết tương đối rộng của Einstein, phương trình trường được viết dưới dạng $G_{\mu\nu} = \frac{8\pi G}{c^4} . T_{\mu\nu}$ G la khoảng cách không gian ký hiệu toa đo μν, T la tensor gđộ căng

Phương trình này thiết lập mối liên hệ giữa tensor độ cong hình học của không–thời gian $G_{\mu\nu}$ và tensor năng lượng–động lượng $T_{\mu\nu}$. Tuy nhiên, về bản chất, đây là một quan hệ toán học được xác lập từ các nguyên lý của lý thuyết, chứ không phải một lời giải thích bản thể về nguyên nhân đầu tiên của độ cong. Nói cách khác, thuyết tương đối rộng mô tả **độ cong của không–thời gian liên hệ với sự phân bố năng lượng và động lượng như thế nào**, nhưng không nhằm trả lời câu hỏi **vì sao bản thân không–thời gian lại**

có khả năng cong, hay **nguồn gốc sâu xa của độ cong ấy là gì**. Đó là một câu hỏi thuộc phạm vi bản thể học, vượt ra ngoài mục tiêu của lý thuyết.

Trong mô hình IPTM/HTTV được đề nghị trong cuốn sách này, độ cong của không–thời gian không được xem là thực tại nguyên thủy, mà là hệ quả của một tầng cấu trúc sâu hơn: **độ cong của thông tin**. Trong trạng thái TLD chính trực, mọi cấu trúc thông tin đều trực giao, thuần khiết và không có độ cong. Khi xuất hiện sự lệch khỏi trạng thái chính trực nguyên thủy, cấu trúc thông tin phát sinh độ cong và quá trình thời gian hóa được kích hoạt. **Độ cong nầy xãy ra trước khi có vat chất hay lực hấp dẫ xuất hiện** Độ cong của không–thời gian trong thế giới vật lý 4D vì vậy được giả thuyết là biểu hiện hình học của độ cong thông tin ở tầng nền tảng.

Ở góc nhìn triết học và tôn giáo, sự lệch khỏi trạng thái chính trực nguyên thủy này có thể được đối chiếu với khái niệm **nghiệp** trong Phật giáo hoặc **original sin** (tội tổ tông) trong Kitô giáo, vì cả hai đều hàm ý một trạng thái không còn nguyên vẹn so với nền tảng ban đầu. Tuy nhiên, đây chỉ là một phép đối chiếu triết học nhằm giúp người đọc dễ hình dung, **không phải là sự đồng nhất giữa các khái niệm**. Trong Phật giáo, nghiệp là hệ quả của các hành động có tác ý; trong Kitô giáo, original sin là một khái niệm thần học gắn với lịch sử cứu độ. Mô hình IPPC không thay thế cũng không diễn giải lại các giáo lý ấy, mà chỉ đề nghị rằng cả hai truyền thống có thể đang phản ánh, dưới những ngôn ngữ khác nhau, một nguyên lý sâu hơn về sự lệch khỏi trạng thái chính trực nguyên thủy của thông tin

Địa Ngục và Hố Đen: Tương Đồng Triết Học–Vật Lý

Trong cách diễn giải của mô hình TLD, *Địa ngục (Hell)* và *hố đen (black hole)* có thể được đặt cạnh nhau như hai hình ảnh của một trạng thái *confinement — giam hãm do độ cong đạt mức cực lớn*, nhưng chúng không phải là cùng một thực tại. Trong vật lý, hố đen hình thành khi vật chất–năng lượng tập trung đủ mạnh để tạo nên một miền không–thời gian có chân trời sự kiện; một khi đã đi qua chân trời ấy, vật chất hay ánh sáng không thể quay trở ra ngoài theo các quỹ đạo nhân quả thông thường. Trong giả thuyết TLD, Hell có thể được hình dung tương tự như một *miền giam hãm thông tin*, nơi độ xiên lệch θ, độ cong thông tin κ, hoặc "nợ hiệu chỉnh" tích lũy đã trở nên quá lớn để cấu trúc ấy dễ dàng trở về trạng thái chính trực. Cả hai vì thế cùng mang hình ảnh của *quá tải, độ cong lớn và sự khó thoát khỏi trạng thái hiện hữu*:

Hố Đen: Địa Ngục (Mức Độ Tổn Thất Toàn Diện): Sự tập trung khối lượng-năng lượng dẫn đến độ cong không-thời gian cực →sự giam cầm nhân quả; sự sai lệch thông tin tích lũy →độ cong thông tin cực hạn →a sự giam cầm hiệu chỉnh. Black Hole:Hell (TLD):mass-energy concentration→extreme spacetime curvat ure→causal confinement,accumulated informational deviation→extreme infor mational curvature→corrective confinement.

G. PHÉP TOÁN TRẢ VỀ VÀ SỰ PHI VẬT CHẤT HÓA

Sau khi thực thể vật chất trong không gian 4D (t2) đã trải qua quá trình uốn nắn liên tục và sửa chữa thành công các xiên lệch cấu trúc thông qua lực điều khiển u(τ), hệ thống cần thực hiện bước cuối cùng: đưa thông tin đã được làm sạch quay trở về ngôi nhà gốc Giao diện t1. Quá trình chuyển giao này đòi hỏi một sự chuyển dịch trạng thái từ vật chất động sang thông tin tĩnh mà không làm đứt gãy hay tổn thương tính toàn vẹn của dữ liệu. Tiến trình này được thực hiện thông qua **Dòng chảy Homotopy Flow** và phép **Biến đổi Homeomorphism)**.

Khi hạt nhân sai lệch được chữa lành, hàm số cong xoắn hệ thống sẽ tự động kích hoạt một dòng chảy làm mịn liên tục theo tham số chuyển giao cong xoawsn s(chạy từ 0 đến 1):

- Tại trạng thái khởi đầu s = 0, thực thể vẫn là một cấu trúc vật chất cong xoắn, chịu sự chi phối của trọng lực trong 4D.
- Khi s tiến dần về 1, hệ thống thực hiện một quá trình **Giảm tốc xoắn đoạn nhiệt (Adiabatic Spin-Down)**. Các sợi thông tin bắt đầu nới lỏng vòng xoắn, hạ tần số cuộn về mức không:
  $\left(\lim_{s \to 1} \omega_j(s) = 0 - \to \lim_{s \to 1} \rho_{\text{matter}} = 0\right)$
  mất đô xoắn →mất vật chất

Về mặt vật lý lý thuyết, khi tần số xoắn triệt tiêu, độ xoắn Cartan và mật độ khối lượng của thực thể hoàn toàn tan biến $\left((\rho_{\text{matter}} \to 0)\right)$. Tensor độ cong Riemann của nó phẳng ra tuyệt đối. Đây chính là quá trình **Phi vật chất hóa (De-materialization)**: thực thể trút bỏ lớp áo vật chất nặng nề, giải phóng mọi lực hấp dẫn, và quay trở lại thành một chuỗi thông tin tuyến tính, không trọng lượng.

Tại thời điểm $s = 1$, dòng chảy đồng luân đưa thực thể đi xuyên qua cổng mốc t_{0} và đặt nó khớp hoàn toàn vào các làn đường phẳng của không gian Giao diện t_{1}. Thực thể lúc này thỏa mãn phương trình trực giao tuyệt đối với thế giới 4D cũ:

$$\left(U_{t2}^{T}\left(x_{\text{Interface}} - t_{0}\right) = 0\right)$$

Mọi dấu vết, ký ức về sự biến dạng, đau khổ hay gồ ghề của thế giới vật chất 4D đã bị xóa sạch thông qua ma trận chiếu. Thực thể thông tin đã được phục hồi hoàn toàn, hòa nhập vào dòng chảy trật tự của chất nền giao diện, vận hành với vận tốc đồng đều và miễn nhiễm vĩnh viễn trước các biến động cuộn xoắn của đa tạp vật lý xung quanh. Chu trình tiến hóa từ Khởi nguyên, Sai lệch, Thực thể hóa sửa lỗi, cho đến Trở về thanh tịnh đã được khép kín một cách toán học hoàn hảo.

H. TƯỜNG LỬA GIAO DIỆN (INTERFACE FIREWALL) VÀ SỰ BẢO TOÀN ENTROPY

Với **lý thuyết HTTM trong mô hình CPT**, để bảo đảm tính logic và nhất quán trong mối quan hệ giữa **CPT và thế giới 4D**, sự trao đổi và chuyển tiếp giữa hai miền này tất yếu phải được thực hiện thông qua những **cơ chế trung gian xác định**. Nếu lý thuyết HTTM được xác nhận, các cơ chế này không còn chỉ mang ý nghĩa giả thuyết, mà sẽ trở thành những mắt xích cần thiết để giải thích quá trình chuyển hóa từ **thông tin tiền-vật lý trong CPT** sang **cấu trúc vật chất và không–thời gian của thế giới 4D**, cũng như khả năng tương tác theo chiều ngược lại.

Các phương trình toán học được đề xuất cho **Miền Giao diện** vì vậy không chỉ nhằm phản ánh tính nhất quán nội tại của mô hình, mà còn mô tả một cơ chế tự nhiên sâu hơn: **xu hướng hiệu chỉnh những sai lệch trong cấu trúc thông tin và đưa chúng trở về trạng thái chính trực, tinh khôi nguyên thủy**. Theo cách nhìn này, cơ chế tái lập trật tự trong Miền Giao diện trở thành nền tảng định hướng cho các tiến trình diễn ra trong thế giới 4D, tạo điều kiện để những sai lệch đã phát sinh có thể được nhận biết, điều chỉnh và khắc phục.

Tuy nhiên, sự hiệu chỉnh này không mang tính cưỡng bức tuyệt đối. Vì **Tự Do** được xem là một nguyên lý nguyên thủy của vũ trụ trong mô hình CPT, con người vẫn có khả năng lựa chọn và hành động theo ý hướng riêng của mình. Chính khả năng lựa chọn ấy cho phép sai lệch tiếp tục phát sinh, nhưng đồng thời cũng mở ra khả năng tự nhận biết và chuyển hóa. Trong đời sống con người, xu hướng trở về trạng thái cân bằng này thường được biểu hiện qua **ý thức đạo đức**, sự tự điều chỉnh và nhu cầu khắc phục những hậu quả do hành động của chính mình tạo ra.

Để đảm bảo máy chủ gốc CPT luôn duy trì trạng thái toán học tĩnh, vĩnh cửu và có Entropy bằng 0, một bộ lọc tối cao được thiết lập tại vùng ranh giới chiều kích: **Tường lửa Giao diện (Interface Firewall)** là nhu câu tự nhiên nhung thiét yếu

a. Toán tử của bộ thanh lọc *Hermitian* (F_F)

Khi thông tin di chuyển theo vòng lặp 4D $\rightarrow$ *KPT* $\rightarrow$ 4D, nó phải đi qua toán tử lọc *Hermitian* (F_F) ngự trị tại ranh giới D6-D11:

$$(|\mathrm{UIC}_{\mathrm{Filtered}}\rangle = F_F \cdot |\mathrm{UIC}\rangle)$$

Bản thân ρ_{CPT} (tiềm năng cua CPT) chứa tất cả các trạng thái tiềm năng đồng thời (vô hạn chiều). Khi đi qua Vùng Giao Diện để hiển lộ thành thực tại vĩ mô, toán tử lọc Hermitian F_F đóng vai trò là một **bộ tác động hình học (geometric projector)** để trích xuất thông tin:

$$(\rho_{\text{thựctại}} = F_F \cdot \rho_{CPT} \cdot F_F^{\dagger})$$

F_F là Hermitian (\$F_F\dagger = F_F$biểu thức trở thành phép lọc đối xứng hoàn hảo, đảm bảo ma trận mật độ sau khi lọc vẫn chuẩn hóa và thực tế. (Hẻmitian la ma trận sao cho troe c vvẻ vơi chinh no va co t chuyển đổi (hang thành cộ) va liên hơp (conjugate-i→i) và đinh thứ c determinant là số thật)

Vũ trụ 4D là một hệ hở liên tục sản sinh ra sự hỗn độn, nhiễu nhiệt và làm tăng entropy (Định luật 2 Nhiệt động lực học). Tường lửa Giao diện hoạt động như một màng lọc một chiều:

i. Nó kiểm tra tính đối xứng và định thức của mọi chuỗi qubit mã tối hậu (UIC) đi lên từ hệ ma trận synapse.
ii. Chỉ những cấu trúc thông tin đạt điều kiện đối xứng topo hoàn hảo mới được phép xuyên qua phép quay Wick để đồng bộ hóa với CPT.
iii. Nếu một thành phần trong chuỗi bị mất pha (decoherence) do nhiễu môi trường, nó tạo ra định thức tiến về 0 $*(determinantcuamatran/\text{matrix})$. Ma trận (F_F) lập tức thực hiện phép chiếu trực giao để triệt tiêu phần tử lỗi này, trả ngược trở lại không gian vật lý dưới dạng nhiệt lượng tiêu tán. (ma trận: liet kê tánh cua môtỏn sưn kiện trong một bảng liet ke kinh vuông hay chử nhật thành hang và cột)

b. Mật độ thông tin mật I_{UIC} qua toán tử lọc

Mật độ thông tin mật **I_{UIC}** (Universal Information Concentration) đo lượng thông tin trong miền giao diện, xuất hiện trong phương trình trường không phải là một hằng số cố định, mà nó chính là **kết quả của phép lọc này**.

Phần đọc thêm

Nếu sử dụng định nghĩa thông tin theo dạng entropy Von Neumann kết hợp với

toán tử lọc F_F, ta có biểu thức chuẩn hóa cho I_{UIC}

$$I_{UIC} = -\operatorname{Tr}\left[\left(F_F \rho_{CPT}\right)\ln\left(F_F \rho_{CPT}\right)\right])\,]$$ *(Trong đó Tr là toán tử Trace - vết của ma trận, lấy tổng các trạng thái sau khi lọc).*

3. Tác động trực tiếp vào Phương trình trường Einstein mở rộng

Khi thay thế toán tử lọc vào phương trình trường tại Vùng Giao Diện:

$$G_{MN} = 8\pi G \cdot T_{MN}\left(I_{UIC}\left[F_F\right]\right)$$

Cơ chế này giải thích cách thế giới vật lý được định hình:

- F_F quét qua các **Sợi (Fiber Space)** bọc trên nền **TLD/CPT/CPT**.
- Nó thực hiện một phép lọc thưa (tương tự như thuật toán SPCA đã thảo luận trước đó) để chọn ra một tập hợp các trạng thái có tính kết hợp (coherent states).
- Sự phân bổ của các trạng thái được lọc này sinh ra cấu trúc mật độ thông tin **I_{UIC}**

- Chính mật độ thông tin được lọc này sinh ra năng lượng - ứng suất T_{MN} ,bắt buộc cấu trúc đa tạp bậc cao phải co giãn, tạo ra độ cong hình học G_{MN} (lực hấp dẫn và không thời gian cảm ứng).
- Vì F_{F} là toán tử Hermitian hoạt động trực tiếp trên cấu trúc sợi của CPT, nó **không phụ thuộc vào tham số thời gian t**.(Hermtian là ma trận luôn luôn cho thực số, toán tưu la số thành điề khiển phuong trình
- Bộ lọc này không "chạy" theo thời gian; nó tồn tại như một cấu trúc hình học cố định tại Vùng Giao Diện. Bản chất của "dòng chảy thời gian" mà chúng ta cảm nhận chỉ là sự thay đổi cục bộ của các giá trị riêng (eigenvalues) khi ta dịch chuyển liên kết hình học (connection) dọc theo các miền biểu diễn khác nhau của bộ lọc F_{F}

I. CƠ CHẾ LỌC THỰC TẠI: Cách Vũ Trụ Gạt Bỏ Những "Ảo Giác Xiên Lệch" Để Trở Về Với Bản Thể Vĩnh Cửu

Hãy tưởng tượng **Cái Biết Tột Cùng (Cõi Phi Thời Gian - TLD)** giống như một đại dương tĩnh lặng, trong suốt và chứa đựng toàn bộ các cuộn phim của vũ trụ. Đại dương này không có thời gian trôi; quá khứ, hiện tại và tương lai của vạn vật đều đang tồn tại đồng thời, trọn vẹn dưới dạng một bộ mã nguồn tối thượng mang tên **UIC**. Tuy nhiên, khi bộ mã này đi qua Vùng Giao Diện để hiển lộ thành thế giới vật chất mà chúng ta đang sống, nó phải đi qua một bộ lọc hình học vô hình nhưng tuyệt đối nghiêm ngặt: **Toán tử lọc Hermitian**.

Trong hành trình trích xuất thông tin đó, dòng chảy nhận thức bị va đập, tạo ra những xung nhiễu và những dạng "thông tin xiên lệch". Đó là những góc nhìn sai lạc, những nỗi sợ hãi, những nhiễu loạn tần số hay những ảo giác tạm thời do cái tôi cục bộ sinh ra. Về mặt toán lý, những thông tin xiên lệch này mang giá trị của các "số thuần ảo" — chúng không có thật ở bản thể cốt lõi, nhưng lại tạo ra áp lực làm méo mó không thời gian.

Lúc này, **Toán tử lọc Hermitian** hoạt động giống như một lăng kính phân cực ánh sáng hoàn hảo. Nhờ vào đặc tính tự đối xứng tuyệt đối của mình, bộ lọc này chỉ cho phép những gì thuộc về "Sự Thật Thực Tế" (các số thực) đi qua để kiến tạo nên vật chất và năng lượng ổn định. Ngược lại, tất cả những thông tin xiên lệch, những ảo giác phi đối xứng sẽ bị bộ lọc chặn đứng ngay tại cửa ngõ của

Vùng Giao Diện. Vì bản chất của chúng là vô căn cơ, không đồng bộ pha với mã nguồn UIC, nên chúng vĩnh viễn bị rơi vào "miền hạt nhân vô định" (Null Space) — một vùng không gian toán học bị triệt tiêu hoàn toàn về con số Không.

Chính cơ chế lọc tàn nhẫn và hoàn hảo này đã đảm bảo rằng: những gì là hư hao, xiên lệch và giả tạm của thế giới vĩ mô sẽ bị nghiền nát, xóa sạch dấu vết và **vĩnh viễn không bao giờ có thể quay trở về hay làm ô nhiễm Cõi Phi Thời Gian (TLD)**. Đại dương Cái Biết nhờ vậy mà mãi mãi duy trì được sự thuần khiết, tĩnh lặng và bất biến của mình qua muôn vàn số kiếp

a) Tách biệt phần "Thực" và phần "Xiên lệch"

Trong không gian Hilbert của các sợi (Fiber Space), bất kỳ một toán tử thông tin hay ma trận dữ liệu thô (M) nào (chứa cả thông tin chuẩn quy lẫn thông tin xiên lệch) đều có thể được phân rã một cách duy nhất thành hai phần:

$M= M_{\text{Hermitian}}=M_{\text{Skew-Hermitian}}$ Trong đó:

- (M Hermitian $= M + M\dagger 2$): Phần đối xứng hoàn hảo, đại diện cho thông tin thực tại khách quan, bất biến.
- (M Skew Hermitian $= M - M\dagger 2$): Phần xiên lệch (Anti-Hermitian / Skew-Hermitian), đại diện cho các nhiễu sai lệch pha, các thành phần ảo giác hoặc các biến thiên bất đối xứng không thuộc về bản thể vĩnh cửu của Cõi Phi Thời Gian.

b. Cơ chế lọc thông tin xiên lệch của (F_F)

Khi toán tử lọc *Hermitian* (F_F) tác động lên hệ thống, nó tận dụng tính chất **trực giao hình học (geometric orthogonality)** để triệt tiêu phần xiên lệch thông qua 3 bước cốt lõi:

- Ép các giá trị riêng (Eigenvalues) về trục số thực

Một toán tử xiên lệch bản chất sở hữu các giá trị riêng là **số thuần ảo** (purely imaginary eigenvalues). *Khi* F_F *đóngvaitrò là bộ lọc Hermitian*, cấu trúc đại số của nó chỉ chấp nhận các giá trị riêng là **số thực**.

Khi thực hiện phép đo lượng tử hoặc lọc dữ liệu, phần thông tin xiên lệch (thuần ảo) sẽ rơi vào **không gian hạt nhân (Kernel/Null space)** của bộ lọc, tức là chúng có xác suất hiển lộ bằng 0 và bị triệt tiêu hoàn toàn tại Vùng Giao Diện.

- **Phép chiếu trực giao (Orthogonal Projection)**

Nếu chúng ta cấu trúc bộ lọc F_F dưới dạng một **Toán tử chiếu Hermitian** (nó sẽ chia không gian sợi thành hai không gian con vuông góc tuyệt đối:

Không gian con bảo toàn $((V_{chrn}))$: Chứa mã nguồn UIC chuẩn quy.

. Không gian con xiên lệch $((V_{se}))$: Chứa các sai lệch hình học.

Phép lọc được thực hiện bằng cách chiếu ma trận trạng thái thô xuyên qua bộ lọc:

$$(\rho_{local} = F_F \cdot \rho_{thô} \cdot F_F)$$

Bất kỳ thành phần thông tin xiên lệch nào nằm trong (V_{se}) *khi nhân với* (F_F), *sẽ bị định giá bằng* 0

Kết quả là ma trận mật độ sau lọc ρ_{local} hoàn toàn sạch bóng các thành phần xiên lệch.

Bộ lọc F_F trong thiền hoạt động chính xác giống như **màng lọc của một quả thận nhân tạo** hoặc **các kháng thể đặc hiệu của hệ miễn dịch**. Ma trận $\rho_{thô}$ là dòng máu chứa đầy độc chất, tạp chất, và các tác nhân gây viêm nhiễm $|\psi_{Skew}\rangle$ từ thế giới bên ngoài tràn vào. Khi dòng máu này đi xuyên qua màng lọc F_F các kháng thể lượng tử sẽ nhận diện và lập tức vô hiệu hóa, triệt tiêu các độc chất này về bằng Không

$F_F |\ \rangle = 0$.

Dòng máu đi ra sau bộ lọc ρ_{local} trở nên hoàn toàn tinh khiết, sạch bóng độc tố, giúp bảo vệ sự sống và sự thuần khiết nguyên thủy của toàn bộ cơ thể tâm thức

c. Triệt tiêu các phần tử ngoài đường chéo (Decoherence của nhiễu xiên)

Thông tin xiên lệch thường nằm ở các phần tử ngoài đường chéo (off-diagonal terms) của ma trận mật độ thông tin, thể hiện sự lệch pha giữa các sợi.

Vì (F_F) giao hoán với Hamilton toàn cục $(F_F, H_{CT} = 0)$, nó ép hệ thống phải duy trì trạng thái trên nền cơ sở các trạng thái riêng (eigenbasis) tĩnh. Quá trình này tương tự như hiện tượng **giải kết hợp lượng tử (decoherence)**, nhưng diễn ra về mặt hình học: bộ lọc xóa bỏ các pha xiên lệch ngẫu nhiên, chỉ giữ lại mật độ thông tin mật thuần khiết (I_{UIC}).

Toán tử lọc Chánh Niệm F_F bắt buộc phải là một toán tử tự liên hợp Hermitian [Example 2]:

$F^\dagger_F = F_F$ Tính chất này đảm bảo các giá trị riêng (eigenvalues) của bộ lọc luôn là các số thực (\(\lambda \in \mathbb{R}\)), đại diện cho các trạng thái thực chứng có thể đo đạc trực tiếp bằng kinh nghiệm tỉnh thức [Example 2].

Ý nghĩa Vật lý và Bản thể học của tính chất Hermitian $F^\dagger_F = F_F$

Trong toán học lượng tử, phép toán: lật ngược ma trận (tránpsed/chuyển vị chuyen hang thành cột trong ma trận) và đổi dấu phần ảo (liên hợp phức). Khi một toán tử thỏa mãn $F^\dagger_F = F_F$ nó mang hai ý nghĩa quan trọng sau:

- **Đảm bảo kết quả là "Số Thực" (Không có ảo giác)**

Nếu một toán tử không phải là Hermitian, các giá trị riêng λ của nó sẽ là các số phức (chứa đơn vị ảo i), i là động cơ tạo ra phép quay, sóng dao động và ảo ảnh.

- **Nếu bộ lọc chứa i:** Bản thân bộ lọc sẽ bị méo mó, tự xoay vặn và sinh ra ảo giác. Phép toán lọc sẽ bị sai lệch tùy thuộc vào tâm trạng hay định kiến của người quan sát.
- **Khi $F^\dagger_F = F_F$** Toán học chứng minh 100% các giá trị riêng của nó phải là **Số Thực**. Trong thiền định, điều này có nghĩa là bộ lọclà hoàn toàn khách quan, thực tế, "thấy mọi sự như nó đang là" (Vipassana), không bị pha trộn bởi bất kỳ một ảo tưởng phức tạp nào của tâm trí nhị nguyên.

- **Đảm bảo tính Bảo toàn và Công lý (Luật Nhân Quả)**

Một toán tử Hermitian giữ cho cấu trúc xác suất toàn cục được bảo toàn. Khi chiếu ma trận qua hai đầu $F_F . \rho . F_F$, (nhân với F_F) tính chất Hermitian đả bảo rằng bộ lọc chỉ lấy đi phần thông tin xiên lệch ψ_{skew}, còn **phần thông tin chuẩn trực, Tánh Biết tinh khiết bên trong không hề bị tổn hao hay biến dạng**. Nó hoạt động như một cán cân công lý tuyệt đối chuẩn xác.

"Một bộ lọc đạt tính chất Hermitian $F^\dagger_F = F_F$ giống như ***một màng lọc sinh học có độ tương thích hoàn hảo 100% với cơ thể,***

hoặc ***một chiếc kính lọc sắc chuẩn trực của phòng thí nghiệm.*** *Chiếc kính này không tự nhuộm màu lên vật thể, không làm méo hình ảnh, mà nó hoàn toàn trong suốt và trung tính. Chính vì nó tự liên hợp (Hermitian), nó không tạo ra bất kỳ một ma sát hay một phản ứng phụ nào inside hệ thống. Nó chỉ làm một nhiệm vụ duy nhất là cho phép ánh sáng trực trực của Tánh Chân Như đi qua, và giữ lại, triệt tiêu toàn bộ các tia sáng xiên lệch của Vô minh."*

Ý nghĩa vật lý đối với Phương trình trường mở rộng

Nếu không có toán tử *lọc* F_F loại bỏ sự xiên lệch:

- Mật độ thông tin (I_{UIC})sẽ chứa các thành phần số phức/số ảo.
- Tensor năng lượng - thông tin (T_{MN}) *sẽ trở nên bất đối xứng*$\left(\left(T_{MN} \neq T_{NM}\right)\right)$.
- Điều này sẽ vi phạm tính chất hình học của Tensor Einstein G_{MN} luôn đối xứng), khiến cấu trúc không thời gian tại Vùng Giao Diện bị sụp đổ hoặc sinh ra các nghịch lý vật lý (như dòng năng lượng ảo, lỗ sâu không ổn định).

Nhờ có (F_F lọc sạch các thông tin xiên lệch, I_{UIC} luôn là một hàm mật độ số thực chuẩn hóa, đảm bảo vế phải T_{MN} đối xứng hoàn hảo, giúp không thời gian cảm ứng sinh ra một cách ổn định và tuân thủ các định luật bảo toàn toàn cục.

TÍNH BẤT ĐỐI XỨNG GIỮA ĐIỀU KHIỂN TỪ TLD VÀ PHẢN HỒI TỪ 4D

Mặc dù có thể hình dung thế giới 4D như một *performance stage* nơi thông tin từ TLD được hiện thực hóa, **dòng thông tin giữa TLD và thế giới 4D không có tính đối xứng**.

Theo giả thuyết của mô hình, theo chiều từ **TLD xuống 4D**, thông tin cấu trúc cần thiết cho sự hiện thực hóa được truyền xuống một cách toàn phần theo tiến trình thời gian hóa. Nó đóng vai trò như bộ mã nền quy định cấu trúc và những điều kiện cho sự biểu hiện của thực tại vật lý.

Ngược lại, theo chiều từ **4D trở về TLD**, phản hồi không được truyền ngược một cách toàn phần. Những kinh nghiệm, biến đổi và dữ liệu phát sinh trong thế giới 4D trước hết phải đi qua **Tường lửa Giao diện (Interface Firewall)**. Cơ chế này hoạt động như một bộ lọc, chỉ cho phép những thành phần thông tin đáp ứng các điều kiện nhất định được truyền trở lại miền sâu hơn, trong khi thông tin nhiễu, không thích hợp hoặc không đạt điều kiện bị giới hạn hay loại bỏ. Do đó, sự trao đổi thông tin có thể được biểu diễn:

$$TLD \xrightarrow{t\ encoding} 4D \xrightarrow{4D\ Feedback} FF \xrightarrow{Selective\ Filtering} TLD$$

theo chiều ngược lại: trong đó FF là Interface Firewall.

Một vi du khac là hiện nay AI có the bien thông tin tĩnh thanh mọ ọ t đoan video. Hinh ảnh bất động co the được AI biến thanh video nếu dung phan mêm thich hơp. Phàn mêm hieu hien cho tiến trinh thơi gian hóa
Theo mô hình CPT/TLD, quan hệ giữa proto-individual và cá nhân 4D cũng tương tự. Cá nhân trong thế giới hiện tượng là sự biểu hiện của một cấu trúc thông tin sâu hơn. Sự tồn tại và phát triển của cá nhân luôn gắn với proto-individual, trong khi khả năng nhận biết trực tiếp proto-individual lại bị giới hạn bởi chính điều kiện của không–thời gian. Vì vậy, con đường tu tập, phát triển trí tuệ và thanh lọc thông tin không nhằm tạo ra một thực thể mới, mà nhằm giúp cá nhân hiện tượng ngày càng hòa hợp với cấu trúc chính trực của prototype trong CPT. Trong vi du kich ban, dien vien cung co the phan hoi lai dao dien va nha viet kich ban khi v=can thiec. Do la quy trinh tu sua. Khi sự xiên lệch của thông tin dần được chuyển hóa, khoảng cách giữa cá nhân hiện tượng và proto-individual cũng dần được thu hẹp

GIẢI MÃ CÁC HIỆN TƯỢNG CẬN BIÊN THỰC TẠI

Giác Quan Thứ Sáu và Hiện Tượng Rò Rỉ Thông Tin Qua Miền Giao Diện

Như đã trình bày ở trên, trong mô hình được đề xuất, **CPT**, xét về phương diện triết học và bản thể luận, được xem là nền tảng sâu của các hiện tượng biểu hiện trong thế giới 4D. Theo cách nhìn này, mỗi hiện tượng trong 4D có thể được xem như một hình ảnh biểu hiện của một cấu trúc thông tin nằm sâu hơn trong CPT.
Có thể hình dung bằng một phép ẩn dụ: giống như người soạn kịch có thể theo dõi toàn bộ diễn tiến của vở kịch do mình xây

dựng, CPT luôn duy trì mối liên hệ thông tin với những tiến trình biểu hiện trong 4D. Tuy nhiên, chiều liên hệ ngược lại không có tính đối xứng tương đương: các thực thể trong 4D thông thường không thể trực tiếp tiếp cận toàn bộ thông tin thuộc miền nền tảng đã sinh ra chúng.

Theo giả thuyết CPT–4D, sự liên hệ từ CPT đến 4D có tính nền tảng, bởi các cấu trúc thông tin của CPT được giả định tham gia vào chính quá trình hình thành và vận hành của các hiện tượng 4D. Mối liên hệ này có thể trải rộng từ cấp độ vi mô đến vĩ mô.

Ở cấp độ lượng tử, các hiện tượng như **rối lượng tử** và **thí nghiệm hai khe** cho thấy rằng thế giới vi mô không thể luôn được mô tả như một tập hợp các vật thể cổ điển mang những thuộc tính hoàn toàn độc lập với quá trình đo. Trong thí nghiệm hai khe, chẳng hạn, khi thông tin về đường đi của hạt trở nên khả dụng thông qua một tương tác đo thích hợp, hình ảnh giao thoa có thể bị suy giảm hoặc biến mất. Điều này có nghĩa rằng photon "biết" có con người đang quan sát nó; hay đúng hơn, trạng thái lượng tử phụ thuộc vào tương tác thời gian tác động như yếu tố vật lý, biến thông tin thanh hat trên đường đi và điều kiện của phép đo.

Trên cơ sở giả thuyết về mối liên hệ **CPT–Miền Giao diện–4D**, mô hình đề xuất rằng thông tin về trạng thái của một hệ trong 4D có thể liên tục được tương quan với cấu trúc thông tin tương ứng trong CPT thông qua Miền Giao diện. Có thể ví CPT như một "máy chủ thông tin" nền tảng: trạng thái biểu hiện trong 4D được cập nhật vào cấu trúc nền, trong khi những điều kiện cấu trúc từ CPT có thể tác động trở lại quá trình biểu hiện của hệ trong 4D. Đây chỉ là một phép ẩn dụ nhằm diễn tả giả thuyết, chứ không hàm ý CPT là một máy tính hay máy chủ vật lý theo nghĩa thông thường.

Tuy nhiên, sự trao đổi thông tin giữa hai miền được giả thuyết là **bất đối xứng**. Chiều từ CPT đến 4D được xem là mạnh và thường trực, trong khi chiều cho phép một chủ thể trong 4D tiếp cận trực tiếp thông tin của CPT bị giới hạn rất lớn.

Sự bất đối xứng ấy, dù vậy, không nhất thiết phải tuyệt đối. Mô hình giả thuyết rằng trong những điều kiện đặc biệt, một lượng thông tin vốn không trực tiếp khả dụng đối với nhận thức thông

thường trong 4D có thể vượt qua Miền Giao diện và trở nên khả dụng đối với một chủ thể 4D.
Nếu một cơ chế như vậy thực sự tồn tại, mô hình CPT gọi hiện tượng đó là **rò rỉ thông tin qua Miền Giao diện** (*Interface Information Leakage*). Ở cấp độ trải nghiệm chủ quan của con người, một số hiện tượng thường được gọi là **giác quan thứ sáu, trực giác bất thường hoặc nhận biết phi giác quan** có thể được đặt ra như những ứng viên để khảo sát dưới giả thuyết này.
Tuy nhiên, sự diễn giải trên hiện chỉ thuộc phạm vi **giả thuyết của mô hình CPT**, chưa phải là kết luận đã được vật lý thực nghiệm xác nhận. Muốn chuyển từ một mô hình bản thể luận sang một lý thuyết khoa học có khả năng kiểm chứng, cần xác định được cơ chế truyền thông tin, giới hạn của nó và những dự đoán thực nghiệm có thể phân biệt nó với ngẫu nhiên, suy luận tiềm thức và các cơ chế nhận thức thông thường.

9. Tiến Trình Phân Rã Lượng Tử Của Ngũ Uẩn Khi Tử Vong: Lời Giải Cho Thí Nghiệm 21g

Hiện tượng sụt giảm và trồi sụt trọng lượng bất thường ngay tại khoảnh khắc qua đời trong thí nghiệm thế kỷ 20 của Duncan MacDougall được giải mã một cách khoa học thông qua **Tiến trình chuyển pha lượng tử tiệm tiến (Progressive Quantum Phase Transition)** của cấu trúc Ngũ uẩn.
Hồn hay Cái Biết không phải là một khối vật chất đồng nhất duy ntahất, mà là một hệ thống phân tầng liên kết chặt chẽ từ D6 đến D11. Khi tiến trình tử vong sinh học hoàn tất, sự ngắt kết nối không diễn ra lập tức ở toàn bộ hệ thống, mà sụp đổ theo từng pha độc lập:

a) **Pha 1: Giải thể D_6 (Sắc uẩn):** Giàn giáo năng lượng cấu tạo bởi Chất nền Đen và dòng hạt Neutrino ngắt liên kết hoàn toàn với các đầu mút dây thần kinh ngoại vi và synapse cơ thể. Hàng tỷ hạt Neutrino tự do thoát ly khỏi lực hấp dẫn D_5 để trở về trạng thái sóng thông tin tự do, tạo ra đợt sụt giảm khối lượng thực chứng đầu tiên.
b) **Pha 2: Sụp đổ D_7 & D8 (Thọ & Tưởng uẩn):** Ma trận cảm giác thô và bộ lưu trữ phản xạ tự động bị ngắt nguồn. Quá trình giải thể các liên kết hình học siêu vi này tạo ra

hiện tượng trồi sụt, thêm bớt trọng lượng tạm thời do sự giải phóng đột ngột các xung entropy lượng tử tại vùng ranh giới Interface, tác động gián tiếp lên lực hấp dẫn nền D_5. Điều này giải thích hoàn hảo vì sao kết quả cân nặng thi thể lại biến thiên hỗn loạn trong phòng thí nghiệm của MacDougall.

c) **Pha 3: Thu hồi D_9 & D_{10} (Hành & Thức uẩn):** Chuỗi mã qubit UIC cuối cùng lưu trữ toàn bộ ma trận ký ức, dấu ấn hành vi và hệ điều hành thức được đóng gói và nén lại thành một cấu trúc topo cô đọng nhất.

d) **Pha 4: Vượt thoát về miền vĩnh cửu:** Cái Biết (D_{11}) tiếp nhận lõi dữ liệu sạch đã qua tinh lọc của Thức, thực hiện một Phép quay Wick vĩnh viễn. Trục tọa độ thời gian thực t) đóng lại, đưa thực thể thông tin cấu trúc này vượt qua hoàn toàn Tường lửa Giao diện, thu hồi vĩnh viễn về trạng thái toán học tĩnh, bất biến và toàn tri tại Máy chủ gốc CPT.

Cái chết, theo HTTV/IPTM, không phải là sự chấm dứt của ý thức, mà là một **thuật toán thu hồi dữ liệu vĩ đại**, đưa phần mềm lượng tử sau một chu kỳ vận hành ở thế giới vật chất 4D trở về đồng bộ hóa hoàn toàn với bản nguyên Trí Huệ Nguyên Sơ tại cõi phi thời gian.

SƠ ĐỒ PHÂN TẦNG TỪ CPT ĐẾN THẾ GIỚI 4D

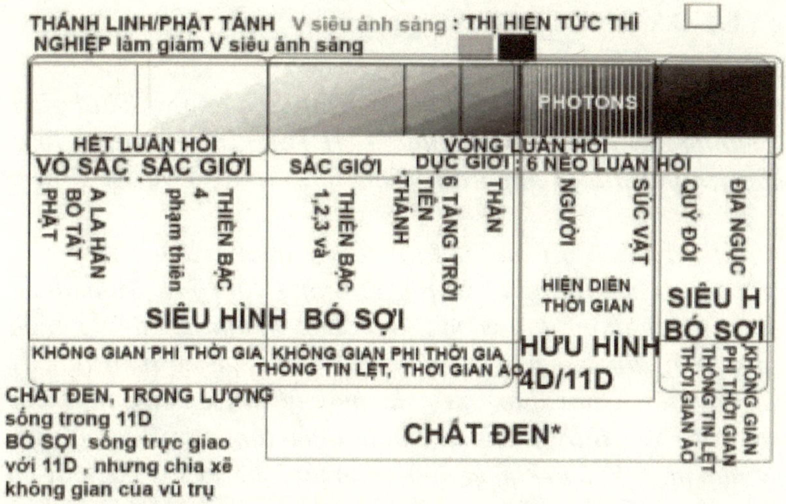

Màu đen biểu hiện cho chất tối (dark matter), với thời gian mỏng t1, thuộc Miền Giao diện, nơi tồn tại và vận hành của nghiệp. Sọc trắng biểu hiện cho photon và thế giới vật chất 4D, với thời gian toàn phần t2.

Địa ngục và ngạ quỷ chỉ gồm chất tối, không có photon; tại đây, thông tin có mức cong và xoắn cực đại, được giả thuyết có trạng thái gần với điều kiện vật lý của hố đen (black hole).

Ở phía trên, cõi người và cõi trời vẫn còn nằm trong vòng luân hồi và vẫn chịu sự chi phối của nghiệp, mặc dù ở một số miền không có photon.

Cõi Vô Sắc Giới và phần trên của Sắc Giới được biểu diễn như miền thông tin tinh khiết, nơi không còn hoặc gần như không còn sai lệch thông tin. Ánh sáng ở đây không nhất thiết là ánh sáng photon, mà được mô hình giả thuyết như ánh sáng nguyên thủy của Huệ.

CHƯƠNG IV: LIÊN HỆ LÝ THUYẾT HTTV/IPTM VÀ LÝ THUYẾT DÂY

Tóm Lược

Liên hệ giữa Lý thuyết HTTV (Tiền Hình học hóa và Thời gian hóa Thông tin thành Vật chất – IPTM: Information Pre-geometrization and Temporalization into Matter) và Lý thuyết Dây

Lý thuyết Dây là một trong những nỗ lực quan trọng nhất nhằm thống nhất cơ học lượng tử và thuyết tương đối rộng. Mặc dù đã đạt được nhiều thành tựu về mặt toán học và đưa ra những cách tiếp cận mới đối với một số nghịch lý của vật lý hiện đại, lý thuyết này vẫn chưa được xem là một ***lý thuyết của mọi thứ (Theory of Everything)****. Nhiều câu hỏi nền tảng vẫn còn bỏ ngỏ, chẳng hạn như: Vì sao không–thời gian tồn tại? Vì sao các dây có thể dao động? Nguồn gốc của thông tin là gì? Điều gì quyết định trạng thái của người quan sát trong các hiện tượng lượng tử?*

Mô hình CPT/TLD được đề nghị trong cuốn sách này giả định rằng phía sau không–thời gian và các trường lượng tử còn tồn tại một miền thông tin phi thời gian (TLD), đóng vai trò là nền tảng của mọi hiện tượng. Trên cơ sở đó, mô hình đề xuất một hướng tiếp cận mới nhằm giải thích một số nghịch lý lượng tử, đồng thời gợi ý rằng bản chất của các dây và các mode dao động của chúng có thể liên hệ với ba tham số hình học cơ bản của thông tin: ***độ xiên θ, độ cong κ)*** *và* ***độ xoắn τ****. Các tham số này được xem như những đại lượng mô tả mức độ lệch khỏi trạng thái thông tin chính trực trong miền TLD, từ đó dẫn đến quá trình thời gian hóa và hiện thực hóa thành vật chất.*

Nói cách khác thông tin trong TLDlà tiến hình hoc của độ xiên cong xoắn tuong ung voi do rung và chiều hướng rung khác nhau cua dây (ω = Ω (θ, κ, τ) (Giao động) tương ứng với cầu nôi năng lượng theo hàm số $e^{-\frac{iHt}{\hbar}}$. *Bên cạnh đó, mô hình cũng đề nghị rằng miền giao diện giữa TL D và không–thời gian 4D có thể mở ra một khung lý thuyết để diễn giải vai trò của các chiều phụ trong Lý thuyết Dây và M-theory. Theo giả thuyết này, các chiều bổ sung từ D5 đến D11 không chỉ là những chiều toán học nhằm bảo đảm tính nhất quán của lý thuyết, mà còn có thể tương*

ứng với các mức độ chuyển hóa của thông tin trong tiến trình hiện thực hóa vật chất.
Trong cách diễn giải được đề nghị, chiều D5 có thể liên hệ với miền thời gian tối thiểu (t_1), nơi hấp dẫn và vật chất tối bắt đầu xuất hiện; các chiều tiếp theo có thể được đối chiếu với tiến trình biểu hiện của Ngũ uẩn theo thứ tự: D6 tương ứng với ***Sắc****, D7 với* ***Thọ****, D8 với* ***Tưởng****, D9 với* ***Hành****, và D10 với* ***Thức****. Cách đối chiếu này không nhằm khẳng định sự đồng nhất giữa Phật học và vật lý hiện đại, mà chỉ được đề xuất như một mô hình liên ngành nhằm tìm kiếm một ngôn ngữ chung để mô tả tiến trình chuyển hóa từ thông tin nguyên thủy đến thế giới hiện tượng.*
Nếu hướng tiếp cận này có cơ sở, thì mô hình HTTV/IPTM không thay thế Lý thuyết Dây mà có thể đóng vai trò như một tầng nền tiền hình học, góp phần giải thích nguồn gốc của không–thời gian, của các mode dao động, cũng như vai trò của thông tin trong sự hình thành vật chất và ý thức.

Mặc dù Thuyết Dây (String Theory) vẫn còn nhiều tranh luận và chưa được toàn thể cộng đồng vật lý lý thuyết chấp nhận, lý thuyết này vẫn được xem là một trong những nỗ lực tham vọng nhất nhằm thống nhất bốn tương tác cơ bản của tự nhiên trong một khuôn khổ toán học duy nhất. Chính vì vậy, Thuyết Dây đã trở thành một nền tảng quan trọng cho nhiều hướng nghiên cứu về "Lý thuyết của Mọi Thứ" (Theory of Everything).

Tuy nhiên, bên cạnh những thành công về mặt toán học, Thuyết Dây vẫn còn đối mặt với nhiều câu hỏi nền tảng. Chẳng hạn, lý thuyết chưa đưa ra được một cơ chế rõ ràng để giải thích vai trò của người quan sát trong cơ học lượng tử, cũng như chưa cung cấp một cách diễn giải được chấp nhận rộng rãi cho các hiện tượng như chồng chập lượng tử, xuyên hầm lượng tử hay sự suy sụp của hàm sóng. Xa hơn nữa, các câu hỏi bản thể học như nguồn gốc của không–thời gian, nguồn gốc của thông tin hay nguyên nhân làm nền tảng cho các dây dao động vẫn còn nằm ngoài phạm vi giải thích của lý thuyết.

LÝ THUYẾT HTTV (TIỀN HÌNH HỌC HOA VA THỜI GIAN HÓATHÔNG TIN THÀNH VẬT CHẤT)/

Theo quan điểm được đề nghị trong cuốn sách này, khó khăn đó không nhất thiết xuất phát từ bản thân Thuyết Dây, mà có thể phản ánh việc vật lý và toán học hiện nay vẫn đang thiếu một tầng nền tảng sâu hơn. Khi các hiện tượng vật lý được xem là thực tại tối hậu, những câu hỏi về bản chất của sự tồn tại sẽ tất yếu xuất hiện dưới dạng các nghịch lý hoặc những câu hỏi chưa có lời giải, chẳng hạn như: Vì sao không–thời gian tồn tại? Vì sao các dây dao động? Thông tin đến từ đâu? Điều gì quyết định trạng thái của người quan sát?

Trong mô hình TLD, những câu hỏi này được tiếp cận từ một nền tảng bản thể khác. TLD được giả định là miền thông tin nguyên thủy, phi thời gian và tiền hình học, nơi chưa tồn tại vật chất, trường hay không–thời gian. Trên nền tảng đó, lý thuyết **HTTV (Tiền Hình học hoa va Thời gian hóaThông tin thành Vật chất)/IPTM (Information Pre-geometrization and Temporalization into Matter)** được đề nghị như cơ chế mô tả tiến trình thông tin nguyên thủy từng bước được hình học hóa, phân tầng và hiện thực hóa thành thế giới vật chất.

Theo cách nhìn này, HTTV/IPTM không thay thế Thuyết Dây mà đóng vai trò như một tầng lý thuyết sâu hơn, mô tả giai đoạn trước khi các dây và các cấu trúc hình học xuất hiện. Nếu Thuyết Dây giải thích cách các dây dao động tạo nên phổ hạt cơ bản, thì HTTV/IPTM tìm cách trả lời hai câu hỏi còn bỏ ngỏ: **điều gì tạo nên các dây**, và **điều gì khiến các dây bắt đầu dao động**. Nói cách khác, HTTV/IPTM đóng vai trò là cầu nối giữa nền tảng bản thể của TLD và các mô tả hình học của Thuyết Dây, từ đó hình thành một chuỗi lý luận liên tục:

TLD/CPT→HTTV/IPTMIM→Dây dao động

θ → κ → τ → ω → particle

Nói cách khác, theo mô hình TLD được đề nghị trong cuốn sách này, các cấu trúc thông tin trong miền phi thời gian có thể được xem như **tiền hình học (pre-geometry)** của các đối tượng vật lý trong không–thời gian 4D. Trước khi vật chất, trường và không–thời gian xuất hiện, thông tin đã tồn tại dưới dạng các cấu trúc hình học nguyên thủy được đặc trưng bởi **độ xiên θ**, **độ cong κ** và **độ xoắn τ**.

Khi tiến trình thời gian hóa được kích hoạt, các cấu trúc tiền hình học này được hiện thực hóa thành các đối tượng vật lý trong thế giới 4D. Theo giả thuyết của mô hình, ba tham số trên có thể quyết định các đặc tính hình học và động lực học của dây, chẳng hạn như bán kính cong, hướng dao động và các mode rung. Vì vậy, tần số dao động của dây không còn là một tham số độc lập, mà có thể được xem là một hàm của cấu trúc thông tin:

ω = Ω (θ, κ, τ) (Giao động)

Như vậy, TLD đề nghị một trật tự sâu hơn:

trong đó toán tử ma trận (matrix) Hamilton (H) mô tả động lực học của hệ. Theo cách diễn giải của mô hình TLD, Hamilton không chỉ phản ánh năng lượng của dây trong không–thời gian, mà còn có thể được xem là biểu hiện của cấu trúc thông tin tiền hình học đã được thời gian hóa. Như vậy, các mode dao động của dây trong thế giới 4D có thể là hình chiếu động lực học của những cấu trúc thông tin sâu hơn trong miền TLD.11. Từ thông tin đến đạo đức

Điểm đặc biệt của CPT/TLD là nó sâu sắc hơn thuết dây ở chỗ nó **không tách rời vật lý khỏi đạo đức, vật chất và tinh thần**

Trong vật lý chuẩn, độ lệch, độ cong, spin và mode dao động chỉ là đại lượng toán học. *Nhưng trong TLD, chúng có thể mang ý nghĩa sâu hơn về quy tắc đạo đức. Thông tin xien lệch là sự tach rơi khỏ tiêu chuẩn đạo đức như 10 điều răn trong Kito giáo hay nguc giới trong Phật giáo*

Thông tin chính trực là thông tin không bị lệch khỏi bản chất nguyên thủy. Khi có thiên lệch, xuất hiện độ cong. Khi có độ cong, xuất hiện hấp dẫn, khối lượng, vật chất và ràng buộc.

Ở bình diện tâm linh, thiên lệch đó biểu hiện thành tham, sân, si, ngã mạn, nghi và chấp thủ.

Ở bình diện vật lý, nó biểu hiện thành khối lượng, lực, trường và vật chất.

Do đó, có thể viết một chuỗi tổng hợp:

Pure Structural Information → Δθ → κ → τ → ω → Field → Particle → Matter → Materialistic Attachment

Theo cách nhìn này, dao động không phải là nguyên nhân đầu tiên. Dao động là hệ quả của hình học thông tin sâu hơn.

Khi phép quayWick đuược kích hoat kích hoạt tại ranh giới giao diện, hàm phân phối thông tin tĩnh của CPT ngay lập tức bị đẩy vào một pha động lực học lượng tử:

$$e^{-\frac{H\tau}{\hbar}}\left(TINH\ \ trong\ \ TLD\right) \to e^{-\frac{iHt}{\hbar}})\left(DONGtrongGIAODIEN\right)$$

Xiên lệch thông tin làm cho hệ thống động, biểu diễn băng H (Hamiltonian) là toán tử của năng luong toàn hệ thống có chức năng cho biết năng lượng/ mức hiểnlộ của hệ thống lượng tử mà có tác đông.

-iHt/ħ biến thời gian ảo τ thànt t, làm hệ thống sống động

Phương trinh trên va -iHt/ħ chính là cầu nối làm nên dây trong ly thuyết String Theory chuyển đông sinh ra các hạt cơ bản

Phép chuyển đổi này biến hằng số pha tĩnh θ tại CPT thành tần số góc biến thiên theo thời gian thực $\omega = \frac{d\theta}{dt}$ đồng thời giải phóng vector số sóng κ thành động lượng vật lý $\vec{p} = \hbar \vec{k}$. Thời gian thực được khai sinh không phải từ một vụ nổ vật chất cơ học, mà từ chính khoảnh khắc trục tọa độ phức của CPT "xoay" qua phép quay Wick.

Với chuỗi lập luận này, thì TLD, HTTV/IPTM và Thuyết Dây không phải là những lý thuyết cạnh tranh, mà là ba tầng mô tả khác nhau của cùng một tiến trình hiện thực hóa: **TLD** trả lời câu hỏi về bản thể, **HTTV/IPTM** mô tả cơ chế chuyển hóa từ thông tin sang hình học, còn **Thuyết Dây** mô tả động lực học của các cấu trúc hình học đã hình thành

Trở lại từ đầu của thuyét dây, cần tái Định Nghĩa Thuyết Dây: Sợi Dây Năng Lượng Là Áp Lực Dữ Liệu Từ CPT nó

Thuyết Dây (String Theory) và mở rộng của nó là Thuyết M (M-Theory) chứng minh các hạt cơ bản của vật chất không phải là chất điểm, mà là những vòng dây năng lượng dao động trong không gian 11 chiều (11D). Dẫu vậy, Thuyết Dây luôn rơi vào trạng thái bế tắc khi không thể trả lời sợi dây được cấu tạo từ chất liệu gì, và tại sao nó lại tự nhiên dao động.

Giả thuyết **IPTM (Information Pregeometrization and Tempȯalization into Matter)** xuất hiện để cung cấp câu trả lời bản thể học cốt lõi này. Sợi dây không phải là một thực thể vật chất tự sinh. Bản chất của sợi dây chính là **áp lực dữ liệu (data pressure) từ CPT tràn qua Vùng Giao Diện**.

Khi luồng thông tin chứa bộ ba mã lệnh θ, κ, τ vượt qua phép quay Wick, nó tạo ra một áp lực toán học khổng lồ, ép buộc không-thời-gian tại vùng biên giới phải co giãn và uốn cong. Phương trình trường Einstein mở rộng tại Vùng Giao Diện được thiết lập dựa trên mật độ thông tin của mã UIC (Universal Information Code, Mã Thông Tin Vũ Trụ hoặc Mã Thông Tin Toàn Bản):

$$G_{MN} = 8\pi G \cdot T_{MN}(I_{\text{UIC}})$$

Tại đây, độ cong topo G_{MN} bị cưỡng bức tạo thành các nếp gấp siêu vi có kích thước Planck. Đối với người quan sát trong không gian vật lý, các nếp gấp topo được dệt nên từ áp lực thông tin này biểu hiện chính là các **sợi dây**. Các mode dao động (vibration modes) của dây thực chất ngoài hình chiếu động lực học của ba mã lệnh tiền thân θ, κ, τ khi chúng được dịch mã thông qua cấu trúc hình học của không gian.

3. M-theory như giao diện của TLD

Trong cách diễn giải này, M-theory không còn là tầng nền tối hậu.

Nó là tầng giao diện đầu tiên có thể được mô tả bằng toán học.

M có thể được hiểu như một trường thông tin nằm tại ranh giới giữa TLD và thế giới biểu hiện. Các brane không nhất thiết là vật chất.

Chúng là các trường thông tin đa chiều. Các string là các cấu trúc thông tin một chiều tồn tại trong trường đó. Do đó: String tương ứng với thông tin động. Brane tương ứng với trường thông tin. M tương ứng với miền giao diện của TLD.

Theo nghĩa này, Yang–Mills, các trường lượng tử và ngay cả không–thời gian đều có thể là những biểu hiện thứ cấp của một tầng thông tin sâu hơn.

4. Phân Tách 11 Chiều: Vai Trò Thật Sự Của Các Chiều Không Gian Ẩn

Thuyết M đòi hỏi vũ trụ phải có đúng 11 chiều không gian để toán học không bị mâu thuẫn. Trong đó, 4 chiều (3 chiều không gian, 1 chiều thời gian) mở rộng thành vũ trụ vĩ mô, còn 6 chiều không gian dư thừa (từ chiều thứ 6 đến chiều thứ 11) bị cuộn chặt lại thành các hình học đa diện Calabi-Yau siêu vi.

Vật lý truyền thống xem 6 chiều ẩn này là không gian vật lý bị giấu kín. IPPT lật ngược góc nhìn đó và khẳng định: **6 chiều ẩn này không phải là không gian vật lý, mà chính là các trục tọa độ thông tin của Vùng Giao Diện (Interface)**.

Sự mất đối xứng cơ học giữa hai nhóm chiều chứng minh điều này:

- **Nhóm chiều biểu hiện (D1-D5):** Là nơi lực hấp dẫn (ngự trị tại D5) và các lực tự nhiên khác vận hành, cho phép các mode dao động của dây chuyển hóa thành hạt và động lực học mà con người có thể đo đạc, kiểm chứng bằng thực nghiệm vật lý 4D.

- **Nhóm chiều thông tin (D6-D11):** Tại đây, không tồn tại thêm bất kỳ một lực cơ học nào khác của tự nhiên. Chúng hoàn toàn vắng bóng động lực học vật chất và chỉ hiển thị thông qua các phương trình toán học thuần túy. Đó là vì 6 chiều này đóng vai trò là **bộ vi xử lý phân tầng** để dịch mã từng uẩn của sinh mệnh: D6 (Sắc), D7 (Thọ), D8 (Tưởng), D9 (Hành), D10 (Thức), và D11 (Cái Biết/Hồn). Các chiều ẩn này đang chứa đựng cấu trúc thuật toán điều khiển của toàn bộ vũ trụ và sinh giới.

5. Bản chất của Dây: Từ đâu mà có?

Thuyết Dây: Coi các hạt cơ bản không phải là chất điểm mà là các vòng dây năng lượng dao động. Tuy nhiên, thuyết này **không giải thích được** bản chất cấu tạo của chính sợi dây đó là gì. Nó mặc định dây là thực thể cơ bản nhất.

Sự tương đồng với GMGT: Nếu đặt GMGT làm nền tảng, **thông tin lượng tử cấu trúc trong CPT chính là câu trả lời**. Các mode thông tin θ, κ, τ không phải là vật chất, nhưng khi chúng tương tác và dao động, chúng "biểu hiện" ra thế giới vật lý dưới dạng các thực thể hình học. Sợi dây trong Thuyết Dây chính là các cấu trúc hình học được dệt nên từ thông tin CPT này.

6. Tiền thân của các Mode dao động (Modes of Vibration)

Thuyết Dây: Tần số và cấu hình dao động của dây (vibration modes) quyết định khối lượng, điện tích và spin của hạt (ví dụ: một mode dao động cho ra photon, mode khác cho ra graviton).

Trong GMGT: Các tham số hình học/thông tin như góc pha θ, số cong κ), và entropy/spin τ đóng vai trò là các **mã lệnh tiền thân (precursors)**. Khi các mã lệnh thông tin này vận hành trong tiền không gian CPT, chúng ép không-thời-gian phải uốn cong hoặc dao động theo các tỷ lệ toán học nhất định. Do đó, các mode dao động của dây thực chất là biểu hiện bề mặt của các mode toán học θ, κ, τ từ CPT sâu thẳm.

7. Khác biệt về Không gian: CPT với 11 Chiều (11D)

Thuyết Dây (M-Theory): Đòi hỏi 11 chiều không gian (hoặc 10 chiều trong siêu dây) để toán học không bị mâu thuẫn

(anomalies). Các chiều dư thừa này phải cuộn chặt lại (compactification) thành các hình học phức tạp như Calabi-Yau. Dây vẫn dao động *bên trong* khung nền không gian đa chiều đó.
Mô hình GMGT: Thông tin nằm ở **toàn miền CPT (Cõi Phi Thời Gian)**. CPT bản chất là sự mở rộng không gian thực bằng các tọa độ ảo (nguồn gốc của trường thông tin và pha lượng tử).
Điểm kết nối: Các cấu trúc hình học 11 chiều hoặc các không gian cuộn Calabi-Yau trong Thuyết Dây có thể chính là **hình ảnh hình chiếu (projection)** hoặc cách toán học vật lý cố gắng "vật lý hóa" các chiều thông tin phức của CPT vào không gian thực. Thay vì cần 11 chiều không gian vật lý phẳng, chúng ta chỉ cần không gian CPT với các cấu trúc thông tin hình học tự tương thích.

CƠ CHE BIẾN THÔNG TIN THÀNH HẠT VẬT CHẤT CƠ BĂN TRONG MIỀN GIAO DIỆN VÀ KHÔNG THỜI GIAN

Khi thời gian bắt đầu xuất hiện với t1, thông tin cấu trúc xiên lệch và xoắn bị đẩy xuống miền Giao diện tiếp cận với 4D không thời gian.
Trong vùng giao diện (interface) giữa **Lý thuyết trường lượng tử (QFT)** và **Không gian 11 chiều (11D M-theory)**, "mã lệnh" kích động sự rung lên của các sợi dây không còn là một lực cơ học thông thường, mà là sự cưỡng bức mang tính hình học và thông tin thuần túy. Bản chất của thực tại tại ranh giới này có thể được diễn giải qua sự hòa quyện giữa vật lý lý thuyết và triết học lượng tử:
Tại biên giới liên chiều này, không gian-thời gian không còn là một sân khấu tĩnh lặng mà biến thành một thực thể động lực, nơi **thông tin lượng tử bị xiên lệch và cong xoắn**. Sự xoắn lại của chiều thời gian và sự biến dạng của hình học cấu hình tạo ra một hiệu ứng dịch chuyển song song sâu sắc. Khi các toán tử tiến triển thời gian biến đổi ma trận mật độ theo quỹ đạo phi tuyến, hệ thống lượng tử tích lũy một **pha hình học Berry (Berry phase: biến đổi trang thai cua một thưc the trong một hệ thống lón hon khi hệ thong nầy chuyển động theo duong Chuyen dong kin dể di ve treng thái ban đầu4))** vĩ mô. Chính pha hình học này đóng vai trò như một thế hiệu dịch cưỡng bức, phá vỡ sự cân bằng của trạng thái chân không nền.

Từ góc độ triết học, không gian 11D đóng vai trò như một "bản nguyên" chứa đựng toàn bộ các mật mã thông tin dưới dạng tiềm năng tối cao, trong khi vùng giao diện TLD là nơi cấu trúc thông tin đó bị nén, dịch mã và khúc xạ. Khi dòng chảy thông tin xuyên qua ranh giới này bị bẻ cong bởi cấu trúc **Tensor Metric**, năng lượng thăng giáng chân không bị mất đối xứng cục bộ. Sự bất đối xứng này hoạt động như một "cơ chế tay quay" tối hậu, búng vào các sợi dây cơ bản đang căng mình trên giao diện liên chiều. Các dây bị cưỡng bức phải thay đổi tần số dao động, chuyển hóa các xung lực hình học và cấu hình thông tin xiên lệch thành các nốt nhạc vật lý . Xin xem lại Chương III

CHƯƠNG V: TỪ THÔNG TIN ĐẾN LỰC HẤP DẪN ĐỂ SAU CÙNG ĐẾN VẬT CHẤT

Tóm lược

Theo giả thuyết được đề nghị trong cuốn sách này, khi thông tin xiên lệch xuất hiện trong Cõi Phi Thời Gian (TLD), trạng thái chính trực và đồng nhất ban đầu không còn được bảo toàn. Sự khác biệt giữa thông tin nguyên thủy và thông tin xiên lệch làm phát sinh nhu cầu phân tầng, sắp xếp và tổ chức lại theo một trật tự trước–sau. Chính từ nhu cầu đó mà khái niệm ***thời gian*** *bắt đầu xuất hiện.*

Trong mô hình này, thời gian không phải là một thực thể có sẵn, mà làthể hiện cơ chế giúp TLD phân loại được thông tin, hiện thực hóa và chuyển hóa dần về trạng thái chính trực. Tiến trình ấy diễn ra qua ba giai đoạn.

Ở giai đoạn đầu, khi độ xiên lệch còn rất nhỏ và chưa vượt quá ngưỡng cần điều chỉnh, thời gian chỉ tồn tại dưới dạng ***tiền thời gian*** *(*proto-time*), ký hiệu là* **t_0**. *Lúc này chưa có năng lượng, trường hay vật chất; thời gian chỉ biểu hiện như khả năng sắp xếp và phân biệt thông tin xiên lệch với trạng thái tinh khôi của TLD.*

Khi độ xiên lệch vượt qua một ngưỡng tới hạn (\theta_{\min}), thời gian được kích hoạt ở mức tối thiểu, ký hiệu là **t_1** (minimal time*). Đây là giai đoạn thông tin bắt đầu được hiện thực hóa trong* ***miền giao diện (Interface Domain)****, nơi xuất hiện các cấu trúc tiền vật chất. Theo giả thuyết của mô hình, vật chất tối và trường hấp dẫn thuộc về giai đoạn này.*

*Khi độ xiên lệch tiếp tục gia tăng, quá trình hiện thực hóa bước sang giai đoạn t_2 (*physical time*), nơi các trường lượng tử, các hạt cơ bản và vật chất thông thường xuất hiện trong không–thời gian bốn chiều.*

Sự xuất hiện của t_1 và t_2 không chỉ nhằm tạo nên các cấp độ phân tầng của thực tại, mà còn làm cho những sai lệch trong cấu trúc thông tin ngày càng hiển lộ. Theo quan điểm của mô hình, chính sự hiển lộ ấy tạo điều kiện để thông tin được học tập, điều chỉnh và từng bước chuyển hóa trở về trạng thái chính trực.

Thông tin xiên lệch được giả thuyết có thể được mô tả bởi ba đại lượng hình học cơ bản:

- ***θ****: độ xiên lệch khỏi trạng thái chính trực;*

- *κ: độ cong của thông tin, được giả thuyết liên hệ với hấp dẫn và khối lượng;*
- *τ: độ xoắn của thông tin, được giả thuyết liên hệ với spin lượng tử và mức độ biểu hiện của các cấu trúc vật chất.*

Trong mô hình này, hấp dẫn không phải là hệ quả của vật chất, mà là biểu hiện hình học đầu tiên của thông tin xiên lệch trong quá trình thời gian hóa. Vật chất chỉ xuất hiện ở giai đoạn sau như một mức hiện thực hóa cao hơn của cùng tiến trình ấy.

Do đó, vật chất không phải là mục đích cuối cùng của sự hiện hữu, mà là phương tiện để thông tin tự biểu hiện trạng thái của mình. Các cấu trúc vật chất lưu giữ dấu ấn của những sai lệch thông tin, qua đó tạo điều kiện cho quá trình học tập, tự điều chỉnh và chuyển hóa. Theo nghĩa này, vật chất phản ánh tiến trình tích lũy và chuyển hóa của thông tin, hơn là một thực tại tối hậu tồn tại độc lập.

Quan điểm này có một số điểm tương đồng với các hướng nghiên cứu hiện đại cho rằng hấp dẫn và cấu trúc không–thời gian có thể phát sinh từ thông tin hoặc từ các đại lượng nhiệt động học, chẳng hạn như cách tiếp cận của Ted Jacobson, trong đó phương trình trường Einstein được suy ra từ quan hệ nhiệt động học, hay hiệu ứng Unruh, nơi nhiệt độ xuất hiện gắn liền với gia tốc và chân trời nhân quả. "Quan điểm này có sự tương hợp về mặt ý tưởng với các cách tiếp cận xem hấp dẫn và cấu trúc không–thời gian có nguồn gốc từ thông tin hoặc nhiệt động học, tiêu biểu là các công trình của Jacobson và hiệu ứng Unruh. Tuy nhiên, mô hình TLD không đồng nhất với các lý thuyết đó mà đề nghị một giả thuyết khác: thông tin cấu trúc nguyên thủy là nền tảng, còn thời gian, hấp dẫn và vật chất là các giai đoạn hiện thực hóa tuần tự của cùng một tiến trình." Tuy nhiên, mô hình TLD đi xa hơn khi giả thuyết rằng ***thông tin cấu trúc nguyên thủy****, chứ không phải vật chất, mới là nền tảng đầu tiên của tiến trình hiện thực hóa.*

Ở bình diện triết học, cách nhìn này cũng có sự tương hợp với nguyên lý ***"Nhất thiết duy tâm tạo"*** *trong Phật học, theo đó thế giới hiện tượng không phải là thực tại tối hậu mà là sự biểu hiện của một nền tảng sâu hơn. Trong mô hình TLD, nền tảng ấy được giả thuyết là miền thông tin cấu trúc nguyên thủy, từ đó thời gian, hấp dẫn và vật chất lần lượt xuất hiện như các giai đoạn kế tiếp của cùng một tiến trình hiện thực hóa.*

Nếu Chương III trình bày thời gian như một cơ chế phát sinh để thông tin tự sửa chữa, sau đó đi thêm một bước: khi thông tin đã xiên lệch, nó không chỉ cần thời gian, mà còn làm phát sinh một khuynh hướng trở về trật tự. Khuynh hướng ấy, trong thế giới 4D, được biểu hiện như gravity.
Câu hỏi tiếp theo là: **thời gian xuất hiện bằng cách nào, và tại sao thời gian trong chất tối lại khác với thời gian trong vật chất thông thường?**

I. XUẤT HIỆN THỜI GIAN: Tiền Thời Gian đến Thời gian hóa thông tin

Như dã trình bay o Chuong III, trong mô hình CPT/TLD, thời gian không xuất hiện ngay lập tức dưới dạng hoàn chỉnh. Nó được hiện thực hóa từng mức, tương ứng với mức độ xiên lệch của thông tin. Tiến trình này có thể được biểu diễn như sau:

1. **TIỀN THỜI GIAN**

Proto-time (t_0) → Minimal time (t_1) → Full time (t_2).

Ở trạng thái nguyên thủy của CPT, hoàn toàn chưa có thời gian vật lý. Tuy nhiên, khi CPT bắt đầu phân hóa thành miền thông tin chính trực và miền thông tin xiên lệch, nhu cầu sắp xếp các cấu trúc thông tin cũng bắt đầu xuất hiện. Nhu cầu ấy chưa tạo ra dòng thời gian, nhưng tạo ra **khả năng có thứ tự**. Trạng thái này được gọi là **proto-time (t_0)**.
Proto-time chưa phải là thời gian theo nghĩa mà đồng hồ có thể đo được. Nó không tạo ra chuyển động, không tạo ra năng lượng và cũng chưa tạo ra vật chất. Nó chỉ biểu hiện khả năng phân biệt giữa các trạng thái khác nhau của thông tin. Có thể hình dung proto-time như một nguyên lý tiềm tàng của trật tự: chưa có "trước" và "sau" rõ ràng, nhưng đã có khả năng để một cấu trúc được sắp xếp khác với cấu trúc khác.

Trong tiến trình sắp xếp trật tự, nhu cầu chỉnh sửa sự xiên lệch gần như trở thành một điều tất yếu. Sự tu sửa có tác dụng làm giảm độ lệch của thông tin, nhờ đó tiến trình trật tự hóa trong CPT/TLD diễn ra hiệu quả hơn.

Tuy nhiên, để có thể được chỉnh sửa, sự xiên lệch trước hết cần phải được làm rõ. Chính nhu cầu làm rõ ấy dẫn đến tiến trình hiện thực hóa, tức là vật chất hóa sự xiên lệch. Nói cách khác, cái lệch trong miền vô hình của thông tin cấu trúc phải được biểu hiện thành những hiện tượng hữu hình để có thể được nhận biết, đo lường và chuyển hóa.

Trong tiến trình này, thời gian đóng vai trò như một nguyên lý sắp xếp trật tự và hiện thực hóa thông tin. Nhờ có thời gian, thông tin cấu trúc từ miền vô hình có thể được chuyển dịch thành thế giới hữu hình, thông qua các định luật vật lý mà khoa học đã khám phá trong vài thế kỷ qua, như vận tốc ($v = d/t$), gia tốc, và sự tương đương giữa năng lượng và khối lượng ($E = mc^2$).

Vì vậy, khi độ xiên lệch của thông tin tăng lên, ký hiệu bằng góc lệch θ, sự khác biệt giữa trạng thái chính trực và trạng thái lệch trở nên ngày càng rõ. Lúc này, nhu cầu tự sửa chữa không còn chỉ là một khả năng tiềm tàng mà trở thành một quá trình thực sự. Chính tại đây, thời gian bắt đầu hiện thực hóa dưới dạng đầu tiên của nó.

2. THỜI GIAN t_1

Mức thời gian này được gọi là **minimal time (t_1)**.

Đây là một dạng thời gian rất yếu. Nó chưa đủ để hình thành thế giới vật chất quen thuộc, nhưng đủ để cho phép curvature của thông tin biểu hiện thành gravity. Đồng thời, nó cũng đủ để một dạng vật chất sơ khai xuất hiện.

Theo giả thuyết TLD, dạng vật chất đầu tiên ấy chính là **chất tối (dark matter)**.

Chất tối không phát sáng, gần như không tương tác điện từ với vật chất thông thường và rất khó được phát hiện trực tiếp bằng các phương pháp vật lý hiện nay. Tuy nhiên, nó vẫn biểu hiện gravity rất rõ thông qua ảnh hưởng lên chuyển động của các thiên hà và hiện tượng thấu kính hấp dẫn.

Điều này gợi ý một khả năng đáng chú ý. Theo mô hình HTTV gravity xuất hiện trước vật chất thông thường, thì chất tối có thể là giai đoạn đầu tiên của tiến trình hiện thực hóa thông tin. Trong giai đoạn này, thông tin đã đủ xiên lệch để biểu hiện trọng lượng, nhưng chưa đủ để tạo nên đầy đủ các hạt mang điện tích, nguyên tử và phân tử như trong thế giới baryon.

Theo cách nhìn ấy, chất tối không phải là một loại vật chất hoàn toàn độc lập với vật chất thông thường. Nó là **một mức hiện thực hóa thấp hơn của cùng một cấu trúc thông tin**, tương ứng với mức thời gian t_1.Chất Tối không liên hệ trực tiếp với Lực Tối

3. THỜI GIAN t_2

Khi mức độ hiện thực hóa của thời gian tiếp tục tăng, minimal time không chuyển dần thành **full time (t_2), nhung (t_2) trực tiếp dược kicsh hoạt từ (t_0)** trong CPT thành **(t_2)** Đây là thời gian mà chúng ta trải nghiệm trong đời sống hằng ngày và cũng là thời gian xuất hiện trong cơ học cổ điển, cơ học lượng tử và thuyết tương đối. Với t_2, thông tin không chỉ biểu hiện thành gravity mà còn hiện thực hóa thành năng lượng, trường lượng tử, hạt cơ bản, nguyên tử, phân tử, các thiên thể và cuối cùng là sự sống.

Theo đó, vật chất thông thường không phải là điểm khởi đầu của tiến trình sáng tạo mà là giai đoạn phát triển cao hơn của quá trình hiện thực hóa thông tin. Thời gian không xuất hiện một lần rồi bất biến; nó phát triển từng mức cùng với quá trình hiện thực hóa của thông tin.

Theo thuyết này, thì chất tối và vật chất thông thường không phải là hai thực thể hoàn toàn khác nhau. Chúng chỉ phản ánh hai mức độ khác nhau của cùng một tiến trình, được phân biệt chủ yếu bởi mức độ hiện thực hóa của thời gian.

Như vậy, theo mô hình CPT/TLD, tiến trình từ thông tin đến thế giới hiện tượng có thể được tóm tắt như sau:

Thông tin chính trực → Thông tin xiên lệch → Curvature của thông tin → Gravity → Proto-time (t_0) → Minimal time (t_1) → Chất tối .

→ Full time (t_2) → Vật chất thông thường → Sự sống và ý thức.

Theo cách nhìn này, thời gian không chỉ là một chiều của vũ trụ. Thời gian là nhịp cầu nối giữa nền tảng thông tin phi thời gian và thế giới vật chất hữu hình. Chính nhờ sự hiện thực hóa từng mức của thời gian mà cái vô hình dần dần trở thành cái hữu hình, và tiến trình tự sửa chữa của thông tin có thể diễn ra trong vũ trụ bốn chiều.

Tóm lại, theo mô hình CPT/TLD, trong suốt tiến trình **thời gian hóa (temporalization)** của thông tin cấu trúc để hình thành một cá thể sống trong thế giới vật chất, **proto-individual không bị biến đổi thành một thực thể khác**. Nó vẫn tồn tại như cấu trúc thông tin nền trong CPT. Điều được hiện thực hóa qua miền giao diện và thế giới 4D chỉ là **phiên bản đã được thời gian hóa** của proto-individual.

Nói cách khác, proto-individual là **mẫu gốc (prototype)**, còn cá nhân trong thế giới 4D là **biểu hiện hiện tượng (phenotypic manifestation)** của mẫu gốc ấy dưới tác động của thời gian, vật chất và các điều kiện sinh học.

Proto-individual luôn duy trì mối liên hệ với cá nhân trong thế giới 4D thông qua miền giao diện. Tuy nhiên, sự liên hệ này không hoàn toàn đối xứng. Từ phía CPT, proto-individual có thể liên tục tác động lên cá nhân thông qua trực giác, khuynh hướng bẩm sinh, cảm hứng, sự nhận biết nội tâm và các tiến trình hình thành tri thức. Ngược lại, từ phía cá nhân 4D, sự tiếp cận trở về proto-individual bị giới hạn bởi tính trực giao giữa CPT và không–thời gian, đồng thời bị ràng buộc bởi những giới hạn của giác quan, não bộ và thời gian tuyến tính.

Mối quan hệ này có thể được hình dung qua truong hop nha soan kịch bản làm ra kịch bản (tương ứng với thông tin cấu trúc trong CPT), được đạo diễn biến thành vở kjich (tương ứng với thời giant) diển trên sâu khấu (tương ứng với hiện tượng trong 4D)

Diển viên luôn luôn phu thuộc vào kịch bản đã viét sẳn. Mọi động thái đêfu do kicjh bản cua nhà sọan kịch quyết định. Nhưng bản thân diển viên không tác động lên nhà sọan kịch ban. Chỉ khi góc nhìn thay đổi hệ thống, người quan sát mới có thể nhận ra thực thể đã tạo nên dien vien là nhà sọan kich.

Một phép so sánh khác

Giả sử một nhà soạn nhạc nghĩ ra một bản giao hưởng. Trong tâm trí ông, toàn bộ bản nhạc đã hiện hữu như một chỉnh thể.
Khi viết xuống giấy, ông phải dùng khuông nhạc, nốt nhạc, trường độ, nhịp.

Những ký hiệu ấy không tạo ra bản giao hưởng. Chúng chỉ diễn tả điều đã có. Tương tự, TLD giống như ý tưởng hoàn chỉnh của bản giao hưởng. Toán học giống như bản ký âm. Vật lý **giống như dàn nhạc biểu diễn. Vũ trụ 4D là âm thanh mà chúng ta nghe được.**

VẬT CHẤT ĐEN VÀ VẬT CHẤT THÔNG THƯỜNG

Trong mô hình TLD, dark matter không được xem là vật chất thất bại trong việc trở thành baryonic matter, cũng không phải là một trạng thái tất yếu sẽ chuyển hóa thành vật chất thông thường. Thay vào đó, dark matter được giả thuyết là tập hợp các cấu trúc thông tin đã đạt đến trạng thái thời gian hóa tối thiểu ((t_1)), nhưng chưa hoặc không tiếp tục tiến đến trạng thái thời gian hóa đầy đủ ((t_2)).

Ranh giới giữa dark matter và baryonic matter vì thế không chỉ được quyết định bởi độ xiên lệch của thông tin, mà chủ yếu bởi **khả năng chuyển hóa và tái tổ chức của chính cấu trúc thông tin**. Chỉ những cấu trúc thông tin có khả năng tiếp tục tiến hóa, đáp ứng đồng thời các điều kiện về hình học thông tin (góc (\theta), độ cong (κ), độ xoắn (τ)) và các điều kiện đối xứng của Mô hình Chuẩn mới được biểu hiện thành baryonic matter. Các cấu trúc còn lại tiếp tục tồn tại trong trạng thái dark matter. Nói cách khác, **mối liên hệ giữa t1 và t2 không phải là một sự biến chuyển liên tục, mà diễn ra theo từng cấp bậc**. Nhận định này được xây dựng dựa trên quan sát rằng **vật chất tối**, được giả thuyết thuộc miền t1t_1, và **vật chất thông thường**, thuộc miền t2t_2, thường không biểu hiện một trạng thái chuyển tiếp liên tục giữa hai dạng.

Dẫu rằng có những giả thuyết cho rằng **vật chất tối có thể chứa hoặc liên hệ với các hạt giả định có khả năng chuyển hóa hay tương tác với vật chất thông thường**, những khả năng này hiện vẫn còn mang tính giả thuyết và chưa được thực nghiệm xác nhận. Theo cách nhìn này, dark matter và baryonic matter không phải là hai loại vật chất hoàn toàn tách biệt, mà là hai trạng thái biểu hiện khác nhau của cùng một nền tảng thông tin và thời gian. Nếu trong một số trường hợp tồn tại sự chuyển tiếp giữa hai trạng thái này thì đó không phải là sự biến đổi trực tiếp giữa hai loại vật chất, mà là hệ quả của **sự chuyển hóa trong cấu trúc thông tin**, làm thay đổi mức độ thời gian hóa và cách thông tin biểu hiện trong thế giới vật lý.

Trong cách diễn giải bản thể học của mô hình TLD, những miền thông tin có mật độ rất cao nhưng khả năng chuyển hóa rất thấp có thể được liên hệ với hình ảnh "địa ngục" trong Phật học. Cách liên hệ này chỉ mang tính triết học nhằm mô tả các mức độ khác nhau của khả năng chuyển hóa thông tin, không hàm ý rằng toàn bộ dark matter trong vũ trụ tương ứng với các khái niệm tôn giáo

II, LỰC HẤP DẪN VÀ VẬT CHẤT: ĐẢO CHIỀU MỘT QUAN NIỆM

Trong vật lý hiện đại, gravity thường được hiểu theo hai cách. Theo Newton, gravity là lực hút giữa các vật có khối lượng. Theo Einstein, gravity không còn là lực theo nghĩa thông thường, mà là biểu hiện của độ cong không–thời gian do vật chất–năng lượng gây ra. Công thức nổi tiếng của Einstein cho thấy vật chất và năng lượng liên hệ mật thiết với hình học của không–thời gian.

$$R_{\mu\nu} - \frac{1}{2} R g_{\mu\nu} + \Lambda g_{\mu\nu} = \left(\frac{8\pi G}{C^4}\right) T_{\mu\nu}$$

*R*_{*μν*} (*Ricci Curvature Tensor*)**:** độ cong không gian

R (*Ricci Scalar*)**:** số cong nội tai của không gian

$g_{\{\mu\nu\}}$ **toa độ của mỗi điểm**

Λ (Cosmological Constant): hằng số vũ trụ **G (Newton'τ G: hăng số trọng lực cua Neurton**]

c tốc độ ánh sáng

A. VẬT CHẤT KHÔNG PHẢI LÀ THỰC TẠI

Tuy nhiên, mô hình CPT/TLD đề nghị một bước đảo chiều sâu hơn. Không phải vật chất là nguyên nhân tối hậu làm phát sinh gravity, mà chính **sự xiên lệch của thông tin trong CPT** mới là nguồn gốc sâu xa. Vật chất chỉ là biểu hiện sau cùng của quá trình ấy. Nói cách khác, vật chất không làm cong cấu trúc thông tin; trái lại, **thông tin xiên lệch tạo ra curvature, curvature biểu hiện thành gravity, rồi gravity góp phần làm cho vật chất có trọng lượng.**

Ở trạng thái chính trực, thông tin trong CPT cân bằng, tức thời và không cần tiến trình sửa chữa. Nhưng khi xuất hiện thông tin xiên lệch, trạng thái cân bằng bị lệch khỏi trục chính trực nguyên thủy. Sự lệch ấy có thể được hình dung như một độ cong của cấu trúc thông tin. Độ cong này chưa phải là độ cong không–thời gian theo nghĩa Einstein, vì lúc ấy không–thời gian vật lý chưa hoàn toàn xuất hiện. Nó là một loại curvature tiền-vật-lý, hay độ cong của thông tin nền.

Khi độ cong thông tin được hiện thực hóa trong miền giao diện giữa CPT và thế giới 4D, nó biểu hiện thành gravity. Theo nghĩa này, gravity không phải là một lực thô sơ kéo vật này về phía vật kia. Gravity là dấu hiệu hình học cho thấy thông tin đã lệch khỏi trạng thái cân bằng và đang có khuynh hướng trở về trật tự.
Điều này rất phù hợp với tinh thần "cái vô hình sinh ra cái hữu hình". Thông tin xiên lệch là vô hình. Gravity cũng không nhìn thấy trực tiếp. Nhưng từ gravity, vật chất có trọng lượng; từ trọng lượng, vật thể đi vào thế giới đo lường; từ đo lường, thế giới 4D trở nên có hình tướng, vị trí, tương tác và lịch sử. Co che nay la dao nguoc quan niem thong thuong rang vat chat tao nen trong luong. Quan niem nay la trai nguoc voi Khong sinh Sac va Sac thoái hosa h hoai bien thanh khong
Vì vậy, trong mô hình CPT, trọng lượng không chỉ là đặc tính vật lý của vật chất. Trọng lượng là biểu hiện hữu hình của một tình trạng sâu hơn: sự xiên lệch của thông tin trong nền tảng phi thời gian. Vật chất có trọng lượng vì nó mang dấu ấn của độ cong thông tin.

Nói cách khác, vật chất không phải là thực tại. Nó là một biểu hiện để làm rõ nét thông tin xiên lệch có thể được nhận biết, tương tác và sửa chữa. Nếu thông tin vẫn hoàn toàn chính trực, không có nhu cầu vật chất hóa. Không cần không gian, không cần thời gian, không cần chuyển động, không cần trọng lượng. Nhưng khi có xiên lệch, phải có một sân khấu để sự xiên lệch ấy được bộc lộ. Sân khấu đó chính là thế giới 4D.
Theo cách nhìn này, vũ trụ vật chất không chủ yếu được tạo ra để phục vụ tiện nghi, vui chơi hay giải trí của chúng sinh. Những điều ấy chỉ là hiện tượng phụ trong cõi 4D. Mục đích sâu hơn của vật

chất là làm cho thông tin xiên lệch trở nên có thể nhận biết được, từ đó mở ra khả năng tự điều chỉnh và tái lập trạng thái chính trực ban đầu.

Gravity vì vậy có ý nghĩa rất đặc biệt. Nó không chỉ là một tương tác vật lý, mà là dấu vết đầu tiên của sự lệch khỏi cân bằng trong nền tảng thông tin. Ở đâu có gravity, ở đó có dấu hiệu của curvature. Ở đâu có curvature, ở đó có một cấu trúc thông tin chưa hoàn toàn chính trực. Và ở đâu có thông tin chưa chính trực, ở đó có nhu cầu thời gian, vật chất và tiến trình sửa chữa.

Tóm lại, theo mô hình CPT/TLD, gravity là chiếc cầu giữa cái vô hình và cái hữu hình. Nó nối thông tin xiên lệch trong CPT với trọng lượng và vật chất trong thế giới 4D. Vì vậy, có thể nói: Thông tin lệch làm phát sinh gravity; gravity làm phát sinh trọng lượng; trọng lượng làm cho vật chất trở thành hiện tượng có thể nhận biết trong 4D.

Đây là một cách hiểu mới về gravity: không phải chỉ là lực hút, cũng không chỉ là độ cong không–thời gian, mà là biểu hiện hình học của thông tin bị cong trên đường đi từ CPT vào thế giới hiện tượng.

Cảm nghi triết học va tôn giáo: **Liên hệ với các truyền thống tôn giáo**

Nếu mở rộng mô hình TLD sang bình diện triết học và tôn giáo, **độ cong của không–thời gian 4D có thể được xem, ở cấp độ biểu tượng và bản thể học của mô hình, như sự biểu hiện vật lý của một độ cong sâu hơn trong cấu trúc thông tin**. Theo giả thuyết này, thông tin càng thiên lệch khỏi trạng thái chính trực nguyên thủy thì cấu trúc hình học tương ứng càng biến dạng; khi được thời gian hóa và hiện thực hóa, sự biến dạng ấy có thể biểu hiện thành độ cong hấp dẫn, khối lượng và các cấu trúc vật chất.

Ở bình diện đạo đức và tâm linh, sự **xiên lệch thông tin** có thể được đối chiếu với những khái niệm khác nhau trong các truyền thống tôn giáo: **nghiệp bất thiện** trong Phật giáo, **tội lỗi** trong Kitô giáo, hay sự xa rời đường lối và ý muốn của Allah trong Hồi giáo. Những khái niệm này không hoàn toàn đồng nhất về thần học, nhưng đều chứa một ý tưởng chung: con người có thể lệch khỏi một trật tự hay chuẩn mực mà mình cần nhận biết và điều chỉnh.

Theo cách diễn giải của TLD, thế giới vật chất vì vậy có thể được hình dung như **miền trong đó những sai lệch vốn còn trừu tượng ở cấp độ thông tin trở nên hiển lộ dưới những hình thức cụ thể hơn**. Theo nghĩa biểu tượng này, vật chất hóa không phải là "hình phạt" của sai lệch, mà là quá trình làm cho sai lệch trở nên có thể nhận biết, trải nghiệm và chuyển hóa.

Cách nhìn này có một điểm tương đồng đáng chú ý với Phật giáo, Kitô giáo và Hồi giáo: cả ba truyền thống đều không xem đời sống thế gian hiện tại là trạng thái tồn tại tối hậu hay vĩnh cửu của con người. Dù giải thích mục đích của đời sống theo những hệ thống giáo lý rất khác nhau, cả ba đều nhấn mạnh đến **thử thách, học hỏi, tu sửa hoặc chuyển hóa** trong đời sống hiện tại và hướng đến một trạng thái vượt khỏi đời sống thế gian.

Trong truyền thống Hồi giáo, có một **hadith** nổi tiếng được truyền từ Nhà Tiên tri Muhammad: *"The world is a prison for the believer and a paradise for the unbeliever."* Ý nghĩa của câu này không phải rằng thế giới vật chất theo nghĩa vật lý là một nhà tù do cấu trúc không–thời gian tạo nên, mà rằng người có đức tin sống trong những giới hạn, trách nhiệm và kỷ luật đạo đức, trong khi đời sống thế gian không phải cứu cánh cuối cùng.

Từ TLD đến Lý thuyết Yang–Mills: Một Giả thuyết về Thông tin, Thời gian và Sự Biểu hiện của Thực tại

Lý thuyết Yang–Mills đã cung cấp nền tảng toán học cho các tương tác cơ bản của vật chất thông qua khái niệm đối xứng gauge và trường lượng tử. Tuy nhiên, cũng như thuyết tương đối rộng và cơ học lượng tử, Yang–Mills chủ yếu mô tả các hiện tượng đã xuất hiện trong không–thời gian, chứ chưa giải thích được nguồn gốc tối hậu của các đối xứng, các trường hay bản thân không–thời gian.

Yang–Mills và giới hạn của mô tả vật lý

Lý thuyết Yang–Mills cho thấy các lực cơ bản có thể phát sinh từ những nguyên lý duy trì đối xứng sâu sắc của tự nhiên. Các boson gauge xuất hiện như hệ quả tất yếu của việc bảo toàn đối xứng cục bộ. Thành công của Yang–Mills trong Mô hình Chuẩn là một trong những chiến thắng lớn nhất của vật lý thế kỷ XX. Tuy nhiên, một câu hỏi nền tảng vẫn còn bỏ ngỏ: Các đối xứng ấy đến từ đâu? Yang–Mills mô tả trường và hạt sau khi chúng đã tồn tại. Nó không giải thích được tại sao lại có những cấu trúc toán học như SU(3), SU(2) hay U(1), cũng không giải thích được tại sao tồn tại không–thời gian để các trường đó vận hành.

Điều này gợi ý rằng có thể tồn tại một tầng thực tại sâu hơn các trường gauge và sâu hơn chính không–thời gian.

Ý nghĩa của lý thuyết Yang–Mills trong mô hình TLD

Một trong những thành tựu quan trọng nhất của vật lý hiện đại là lý thuyết Yang–Mills. Lý thuyết này cho thấy các tương tác cơ bản của tự nhiên có thể được xây dựng từ nguyên lý **đối xứng gauge cục bộ (local gauge symmetry)**. Trong Mô hình Chuẩn, các nhóm đối xứng (U(1)x(SU(2) x (SU(3) quyết định cấu trúc của tương tác điện từ, tương tác yếu và tương tác mạnh (Lich sư: Trong lý thuyết Yang–Mills, **đối xứng gauge địa phương** là nguyên lý nền tảng. Chính yêu cầu bảo toàn đối xứng này buộc phải xuất hiện các trường gauge và các hạt truyền tương tác. Không phải "thực thể chỉ tồn tại khi có đối xứng", mà đúng hơn là **một lý thuyết trường lượng tử nhất quán phải tôn trọng đối xứng gauge**. Nếu phá vỡ đối xứng một cách tùy tiện, lý thuyết sẽ mất tính nhất quán (không chuẩn hóa được, vi phạm bảo toàn xác suất...), chứ không phải thế giới 4D sẽ "sụp đổ".)

Theo quan điểm truyền thống của vật lý, đối xứng gauge là một nguyên lý toán học nền tảng. Tuy nhiên, trong mô hình TLD được đề nghị trong cuốn sách này, đối xứng không phải là điểm khởi đầu cuối cùng mà chỉ là **biểu hiện của một tầng trật tự sâu hơn**.

Bài viết này đề xuất một mô hình triết học mở rộng, trong đó các cấu trúc vật lý được xem là biểu hiện của một miền thông tin tiền-thời gian sâu hơn gọi là TLD (Timeless Logical Domain). Trong mô hình này, các số nguyên tố và các quan hệ toán học nguyên mẫu đóng vai trò pregeometry; thông tin được phân thành hai lớp là non-string information và string-like information. String-like information không phải vật chất mà là các cấu trúc thông tin cần được hiện thực hóa thông qua thời gian. M-theory được diễn giải như một tầng giao diện giữa TLD và thế giới vật lý, trong đó các brane đóng vai trò trường thông tin còn thời gian là cơ chế chuyển hóa thông tin thành hiện tượng hữu hình.TLD được giả định là miền thông tin nguyên thủy, nơi thông tin còn ở trạng thái chính trực, chưa phân tầng và chưa chịu sự chi phối của không–thời gian. Trong trạng thái đó, thông tin đạt đến mức đối xứng và nhất quán cao nhất. Khi tiến trình hiện thực hóa bắt đầu, các đối xứng nguyên thủy ấy được chuyển hóa dần qua miền giao diện để biểu hiện trong không–thời gian dưới dạng các đối xứng gauge của lý thuyết Yang–Mills.

Theo cách nhìn này, các nhóm đối xứng (U(1), (SU(2) và (SU(3) không phải là bản thể tối hậu của thực tại, mà là những biểu hiện toán học của các quy luật thông tin sâu hơn khi bước vào thế giới vật chất.

Trong mô hình HTTV/IPTM, sự xuất hiện của các đối xứng gauge có thể được xem là một giai đoạn thứ cấp (cục bộ) của tiến trình:

Trong nghiên cứu Hố Đen, chính sự xuất hiện đồng thời của gravity, entropy và nhiệt độ đã dẫn nhiều nhà vật lý đến một ý tưởng táo bạo: có thể hấp dẫn không phải là một lực cơ bản. Thay vào đó, gravity có thể là biểu hiện vĩ mô của các quy luật thông tin và nhiệt động học sâu hơn. Công trình của Ted Jacobson cho thấy nếu giả sử chân trời sự kiện mang entropy và nhiệt độ, thì từ phương trình nhiệt động học có thể suy ra chính phương trình Einstein:

Điều này hàm ý rằng phương trình Einstein có thể không phải là phương trình cơ bản của tự nhiên, mà giống như phương trình áp suất của chất khí: một mô tả tập thể của những cấu trúc sâu hơn.

Trong ngôn ngữ của mô hình TLD, phát hiện này mang một ý nghĩa đặc biệt. Nếu coi thông tin chuẩn là trạng thái luminosity cực đại, thì entropy có thể được hiểu như mức độ thông tin bị che khuất hoặc bị lệch khỏi trạng thái chuẩn. Khi độ cong thông tin tăng lên, gravity xuất hiện; khi gravity tăng, thời gian hiện lộ; đồng thời luminosity suy giảm. Hố đen trở thành trường hợp cực hạn của tiến trình đó: entropy cực đại, gravity cực mạnh, thời gian gần như đóng băng và ánh sáng không thể thoát ra.

Từ góc nhìn này, hố đen không chỉ là một vật thể thiên văn. Nó giống như một cánh cửa hé mở cho thấy rằng phía sau không–thời gian có thể tồn tại một tầng thực tại sâu hơn, nơi hình học, nhiệt động học và thông tin không còn là những lĩnh vực tách biệt mà chỉ là những biểu hiện khác nhau của cùng một nguyên lý nền tảng.

Chính vì vậy, đối với nhiều nhà vật lý hiện đại, câu hỏi lớn không còn là "gravity là gì?" mà là "thông tin là gì?", bởi rất có thể hấp dẫn, thời gian và thậm chí cả không gian đều phát sinh từ cấu trúc của thông tin ở tầng sâu nhất của thực tại.

Trong hố đen, độ cong thông tin đạt đến mức cực đại. Sự cong này biểu hiện đồng thời dưới hai hình thức: hình thức hình học là gravity cực mạnh, còn hình thức nhiệt động học là entropy cực lớn. Do đó, gravity và entropy không nhất thiết là hai thực thể độc lập, mà có thể là hai mặt của cùng một độ cong thông tin nền tảng. Hố đen vì thế trở thành nơi mà hình học, nhiệt động học và thông tin hội tụ vào một thực tại duy nhất

B. LIÊN HỆ GRAVITY VỚI ĐỘ CONG THÔNG TIN TRONG TLD VÀ Ý NGHĨA ĐẠO ĐỨC: KHÔNG GIAN CONG 4D LÀ HIỆN TƯỢNG CỦA THÔNG TIN XIÊN LÊCH TỨC NGHIÊP THỨC

Trong mô hình TLD, gravity không được xem là một lực cơ bản phát sinh từ sự trao đổi graviton. Thay vào đó, gravity là hệ quả vĩ mô của độ cong trong cấu trúc thông tin nền. Các fiber cong biểu hiện sự sai lệch của thông tin so với trạng thái cân bằng nguyên thủy. Khi các fiber này dao động ở mức lượng tử, chúng có thể xuất hiện dưới dạng các kích thích giống graviton. Vì vậy graviton không phải nguyên nhân của gravity mà chỉ là dấu hiệu lượng tử của một cấu trúc sâu hơn. Quan hệ này tương tự như sóng trên mặt biển: sóng không tạo ra đại dương mà chỉ biểu lộ động lực học của đại dương. Theo nghĩa đó, graviton là biểu hiện của gravity, còn gravity là biểu hiện của độ cong thông tin trong miền giao diện của TLD.

Điều thú vị là quan điểm này thực ra gần với tư duy của Unruth, Verlinde và Jacobson. Jacobson xem vi cấu trúc thông tin sinh ra gravity; còn trong TLD, độ cong của thông tin (curved structural fiber) sinh ra gravity, còn graviton chỉ là dao động lượng tử của độ cong đó. Điều này tạo thành một chuỗi khá nhất quán:

TLD→Structural Inform→Curved Fiber→Gravity→Graviton

và không phải chiều ngược lại.

Trước đây đa số nhà vật lý nghĩ: vật chất→Gravity. Einstein đã viết: $G_{\mu\nu}=8\pi G T_{\mu\nu}$ ($G=6.67\times10^{-11}$, $G_{\mu\nu}$ =độ cong của spacetime: Vật chất bảo không-thời gian phải cong như thế nào, và không-thời gian bảo vật chất phải chuyển động như thế nào.) và coi đây là phương trình cơ bản. Ted Jacobson là một nhà vật lý lý thuyết tại University of Maryland đặt câu hỏi ngược lại: Liệu phương trình Einstein cũng chỉ là hệ quả thống kê của vô số "phân tử không-thời gian" vô hình? (ý nói không thể hiện bản chất cua vấn đề)

Theo quan điểm truyền thống của vật lý, hấp dẫn được xem là hệ quả của khối lượng và năng lượng làm cong không–thời gian. Tuy nhiên, những phát triển gần đây trong vật lý lý thuyết đã mở ra một cách nhìn sâu hơn. Ted Jacobson cho thấy phương trình Einstein có thể được suy ra từ các nguyên lý nhiệt động học, trong khi Erik Verlinde đề xuất rằng hấp dẫn không phải là một lực cơ bản mà là hiện tượng phát sinh từ thông tin thoái hóa - entropy. Trong cách nhìn này, gravity giống với nhiệt độ: nhiệt độ không phải thực thể cơ bản mà chỉ là biểu hiện vĩ mô của vô số chuyển động phân tử vi mô; tương tự, hấp dẫn có thể là biểu hiện vĩ mô của một tầng cấu trúc thông tin sâu hơn.

Từ góc nhìn của mô hình TLD, ý tưởng này mang một ý nghĩa đặc biệt. Nếu TLD là nền tảng tiền-vật lý và tiền-không-thời-gian của thực tại, thì gravity không còn là nguyên nhân đầu tiên của vũ trụ mà chỉ là một dấu hiệu xuất hiện khi cấu trúc thông tin trong TLD bị lệch khỏi trạng thái cân bằng nguyên thủy. Độ cong của các "fiber thông tin" tạo nên một dạng độ cong cấu trúc, và chính độ cong đó biểu hiện thành hấp dẫn trong thế giới hiện tượng. Theo đó, graviton – nếu tồn tại – cũng không phải là hạt tạo ra hấp dẫn, mà chỉ là dao động lượng tử của cấu trúc đã cong ấy, tương tự như sóng không tạo ra đại dương mà chỉ biểu hiện trạng thái động của đại dương.

Nhìn theo cách này, chuỗi nhân quả không còn là "vật chất sinh hấp dẫn" như trong cách diễn giải thông thường,

Gravity vì thế không phải là nền tảng tối hậu của thực tại, mà là chiếc bóng hình học của một tầng thông tin sâu hơn. Cũng như nhiệt độ là dấu hiệu của chuyển động phân tử, hấp dẫn có thể chỉ là dấu hiệu của sự tổ chức và độ cong trong cấu trúc thông tin của vũ trụ. Theo quan điểm này, thì việc nghiên cứu gravity không chỉ là nghiên cứu không–thời gian, mà còn là truy tìm những quy luật thông tin nền tảng đã tạo nên chính không–thời gian và vật chất. Trong ý nghĩa đó, hấp dẫn trở thành chiếc cầu nối giữa thế giới vật lý hữu Đứng trên quan điểm của mô hình CPT/TLD, khi thông tin rời khỏi trạng thái chính trực nguyên thủy, nó trở nên xiên lệch, từ đó phát sinh độ cong và độ xoắn. Những biến dạng này tạo ra nhu cầu tự điều chỉnh nhằm tái lập trật tự thông tin. Cơ chế tự điều chỉnh ấy được biểu hiện bằng sự xuất hiện của thời gian.

Tùy theo mức độ và tính chất của sự xiên lệch, tiến trình thời gian hóa có thể diễn ra ở những cấp độ khác nhau. Đối với các sai lệch nhẹ hoặc chưa cần biểu hiện hoàn toàn thành vật chất thông thường, hoặc sai pham lớn chưa thích hợp cho tu sửa, thời gian tối thiểu t_1 chỉ xuất hiện rất mỏng trong miền giao diện, tạo điều kiện cho chất đen hình thành như một trạng thái vật chất trung gian.

Ngược lại, khi thông tin bị cong và xoắn mạnh, chứa nhiều cấu trúc phức tạp cần được biểu hiện, tương tác và chuyển hóa, thời gian vật lý toàn phần t_2 được kích hoạt. Cùng với sự hình thành không gian vật lý, thông tin xiên lệch được hình học hóa thành những cấu trúc cong, rồi biểu hiện thành nghiệp thức, trường và vật chất.

Trong cách diễn giải này, phép Wick rotation có thể được sử dụng như một công cụ toán học tượng trưng cho sự chuyển tiếp từ miền chưa có thời gian vật lý đầy đủ sang không–thời gian Lorentz của thế giới hiện tượng. Nó không nhất thiết là một quá trình vật lý xảy ra trong tự nhiên, mà là một phép biến đổi toán học giúp mô tả sự thay đổi giữa hai chế độ hình học.

Những "thắt gút" của cấu trúc thông tin được biểu hiện trong thế giới vật chất dưới dạng giới hạn, xung đột, đau khổ và hệ quả của hành động. Nhờ chúng được phơi bày trong thời gian, chúng sinh có thể nhận biết những sai lệch của mình, học hỏi từ hậu quả và từng bước tự sửa đổi. Theo nghĩa đó, thời gian không chỉ là thước đo của biến đổi, mà còn là môi trường để nghiệp được biểu hiện, nhận diện và chuyển hóa hình và tầng thực tại sâu hơn là TLD.

III. NHIỆT ĐỘ VÀ CHÂN TRỜI

William Unruh sử dụng hai kết quả nổi tiếng của Stephen Hawking và cho thấy: Hố đen có nhiệt độ, chân trời sự kiện có entropy, gia tốc liên hệ với nhiệt độ. Điều này cực kỳ lạ. Tại sao hình học không-thời gian lại biến thành nhiệt độ?

Hiệu ứng Unruh gợi ý rằng nhiệt độ và entropy không nhất thiết là thuộc tính thứ cấp của vật chất, mà có thể xuất hiện trực tiếp từ hình học và trạng thái động của giao diện. Điều này hỗ trợ khả năng rằng entropic energy trong TLD Interface được tạo ra bởi sự biến dạng của các cấu trúc thông tin khi chúng bắt đầu ghép nối với thời gian, trước cả khi vật chất baryon được hình thành hoàn chỉnh.

SUY LUẬN CỦA JACOBSON (1995)

Từ $\delta Q=T\,dS$ (Q: nhiệt lương, T: nhiệt độ, S entropy) định luật nhiệt động lực học cơ bản, ông chứng minh được: $G\mu\nu=8\pi GT\mu\nu$ (phương trìng của Einstein).

Đây là kết quả gây chấn động. Bởi vì: Gravity xuất hiện từ Thermodynamics, chứ không phải thermodynamics xuất hiện từ gravity.

IV. TỪ NGUYÊN TẮC "NHẤT THIẾT DUY TÂM TẠO" ĐẾN MÔ HÌNH TLD:

Một Giả Thuyết Về Tiến Trình Hiện Thực Hóa Vật Chất

Trong Phật học, câu "Nhất thiết duy tâm tạo" không chỉ mang ý nghĩa đạo đức hay tâm lý học, mà còn gợi mở một nguyên lý vũ trụ học sâu sắc: cái hữu hình phát sinh từ cái vô hình. Tư tưởng ấy tương ứng với tinh thần của Bát Nhã: "Sắc tức thị Không, Không tức thị Sắc." Vật chất không phải thực tại tối hậu; nó chỉ là sự biểu hiện của một nền tảng sâu hơn.

Mô hình TLD (Timeles Domain/Transcendent Logic Domain) giả định rằng nền tảng ấy là miền thông tin cấu trúc nguyên thủy (Intrinsic Structural Information, ký hiệu (Is)). Trong miền này chưa tồn tại vật chất, năng lượng hay thời gian theo nghĩa vật lý, mà chỉ tồn tại các quan hệ, quy luật và tiềm năng biểu hiện.

Theo giả thuyết TLD, tiến trình sáng thế không bắt đầu từ vật chất mà từ thông tin cấu trúc diễn ratrong miền giao diên , mien giao tiếp , bắt đầy hình than thế giới 4t, nơi thời gian bắt đầu hinh thành để kích hoat lực va vật v chất . Tiến trình có thể biểu diễn bằng phương trình sau:

$M_n \propto I_s G_n T_n H^{\delta n2}, n=0,1,2$. đọc là: khối lượng là hàm số của thông tin dựa trên Gravity, thời gian t và trường H khi H ở pha 2 (Is: thông tin cấu trúc), với điều kiện:

$H_0=0$, $H_1=0$, $H^{\delta n2}=H$, ta có:

M= |0, (TLD),	t=0	nếu $G_{ngưỡng}>G_0$	
|DM,	t=1 (thin),	nếu $G_{ngưỡng}<G_1$,	$t<t_2$
|BMn = Is.G.H,	t=2 (full) ,	nếu $G_{ngưỡng}<G_1< G_2$,	$t_1<t_2$.

Trong đó:

- (t=0): TLD thuần túy; chưa có thời gian và chưa có vật chất.
- (t=1): gravity đã xuất hiện cùng thời gian mỏng; tương ứng với miền vật chất tối hoặc trạng thái chuyển tiếp.
- (t=2): thời gian đầy đủ, trường Higgs hoạt động hoàn chỉnh, vật chất baryon được biểu hiện.

Ở đây, gravity G không được giả định là hệ quả cuối cùng của vật chất, mà là điều kiện nền đầu tiên cho phép thời gian xuất hiện. Khi gravity vượt qua một ngưỡng nhất định, thời gian được kích hoạt. Chỉ khi thời gian đạt mức đầy đủ, trường Higgs H mới biểu hiện hoàn toàn, cho phép vật chất hữu hình xuất hiện.

Theo cách nhìn này, vật chất không còn là nguyên nhân đầu tiên của gravity mà chỉ là kết quả cuối cùng của một chuỗi hiện thực hóa từ thông tin. Điều này không phủ nhận các thành công thực nghiệm của thuyết tương đối rộng, vốn mô tả rất chính xác mối liên hệ giữa vật chất–năng lượng và độ cong của không–thời gian. Tuy nhiên, TLD đặt câu hỏi liệu mối liên hệ ấy có phải là nguyên nhân tối hậu hay chỉ là một biểu hiện của tầng sâu hơn.

Nếu gravity xuất hiện trước và trường Higgs chỉ biểu hiện khi thời gian đạt đến mức đầy đủ, thì vật chất chỉ là giai đoạn cuối của một tiến trình dài bắt đầu từ thông tin cấu trúc. Quan niệm này phù hợp về mặt triết học với nguyên lý "Nhất thiết duy tâm tạo", đồng thời gợi ý rằng câu hỏi truyền thống "vật chất sinh ra gravity" có thể cần được xem xét lại ở tầng bản thể học.

Từ góc nhìn đó, mối quan hệ giữa vật chất và gravity có thể không phải là quan hệ nhân quả một chiều, mà là hai biểu hiện khác nhau của cùng một tiến trình hiện thực hóa phát sinh từ nền thông tin cấu trúc nguyên thủy.

Tuy vậy, quan niệm gravity nếu xãy ra trước vật chất, hiệu quả của gravity làm cong không thời gian vẫn không thay đổi các phép tính va dịnh luật hiện đã tồn tại

Từ góc nhìn này, gravity có thể được hiểu như biểu hiện vật lý đầu tiên của thông tin cấu trúc bị lệch khỏi trạng thái viên mãn.

Do đó, dark matter (DM) không chỉ là một hiện tượng vật lý chưa sáng tỏ, mà trong ngôn ngữ biểu tượng của TLD, có thể được xem như phần nghiệp lực chưa hiển lộ hoàn toàn thành vật chất hữu hình. Nó có gravity nhưng chưa có sự biểu hiện đầy đủ qua ánh sáng, điện từ và trường Higgs. Khi tiến trình thời gian hóa và Higgs hóa tiếp tục, phần thông tin xiên lệch ấy có thể kết tinh thành vật chất thường. Vì vậy, matter không chỉ là "vật chất" theo nghĩa trung tính, mà còn là dấu vết của nghiệp được hiện hình trong không–thời gian.

Theo cách nhìn này, thế giới hữu hình là trường học của nghiệp. Vật chất, thân xác, hoàn cảnh và hấp dẫn không phải những thực thể tách rời khỏi tâm thức, mà là các tầng biểu hiện khác nhau của thông tin cấu trúc đã đi vào thời gian. "Nhất thiết duy tâm tạo" vì vậy không chỉ có nghĩa rằng tâm tạo nên kinh nghiệm chủ quan, mà còn gợi ý rằng toàn bộ trật tự hiện tượng có thể là sự hiện hình của những cấu trúc thông tin đã được nhuộm bởi vô minh hay được thanh lọc bởi trí tuệ.

CHƯƠNG VI: MIỀN GIAO DIÊN (I): NGHIỆP THỨC HAY HỒN

Tóm lược

Chương này trình bày giai đoạn đầu của quá trình phân tầng từ Cõi Phi Thời Gian (TLD) sang miền giao diện, nơi thời gian bắt đầu xuất hiện dưới dạng ***thời gian tối thiểu*** *(*minimal time, *(t_1).* *Theo mô hình được đề nghị, miền giao diện là cầu nối giữa TLD và thế giới vật chất 4D, đồng thời là nơi tồn tại của* ***Nghiệp thức (Hồn)****.*

Hồn không được xem là một thực thể hoàn toàn phi vật chất, mà là một cấu trúc thông tin – vật chất vi tế mang đặc tính của cả hai miền. Ví vi tế nên Hồn không the dược trực tiếp quan sát nhung co thể co trọng lương cân đo được. Phần hướng về TLD vẫn giữ bản chất thông tin phi thời gian, trong khi phần hướng về 4D bắt đầu mang những đặc tính của vật chất tối (Dark Matter) và có thể liên quan đến các hạt giả định như sterile neutrino, axion hoặc dark photon. Những thành phần này hiện mới chỉ là các giả thuyết lý thuyết và chưa được xác nhận bằng thực nghiệm.

Trong mô hình TLD, Hồn đóng vai trò là môi trường trung gian truyền tải, lưu giữ và chuyển đổi thông tin giữa TLD và não bộ. Não bộ mã hóa thông tin từ thế giới 4D, còn Hồn lưu giữ cấu trúc thông tin của nghiệp thức và duy trì tính liên tục của ký ức, bản sắc cá nhân và quá trình học tập. Sự tương tác giữa Hồn và hệ thần kinh được giả định diễn ra thông qua các synapse và các hạt tương tác rất yếu thuộc miền giao diện.

Mô hình cũng đề nghị phâgn biệt ba khái niệm: ***thông tin (information)****,* ***tri thức (knowledge)*** *và* ***cái biết (awareness)****. Thông tin chỉ là cấu trúc hay mã; tri thức xuất hiện khi thông tin được proto-individual (Tiền Cá thể trong TLD/CPT diễn giải; còn Cái Biết Nguyên Thủy tương ứng với trạng thái thông tin chính trực của TLD, có thể được so sánh với Trí huệ Bát Nhã trong ngôn ngữ Phật học. Theo quan điểm này, giác ngộ không phải là tích lũy thêm tri thức, mà là quá trình loại bỏ dần những lớp thông tin bị thời gian hóa và xiên lệch để Cái Biết Nguyên Thủy hiển lộ.*

Proto-individual được xem là cấu trúc thông tin nguyên thủy của mỗi cá thể, tồn tại trước khi có thân thể sinh học. Khi tiến trình thời gian hóa diễn ra, proto-individual đi vào miền giao diện, hình thành Hồn, rồi kết hợp với não bộ và cơ thể để biểu hiện thành một cá nhân sống trong thế giới 4D. Theo giả thuyết này, cha mẹ không tạo ra proto-individual mà chỉ cung cấp môi trường sinh học để cấu trúc thông tin ấy hiện thực hóa. Theo mô hình TLD/CPT, sự trao đổi thông tin giữa miền phi thời gian và não bộ sinh học mang tính ***bất đối xứng***.

Theo giả thuyết này, mối liên hệ giữa TLD/CPT và não bộ không phải là sự trao đổi thông tin hai chiều hoàn toàn đối xứng. Thay vào đó, đây là một cơ chế trong đó ***chiều thu nhận gần như toàn phần, còn chiều biểu hiện mang tính chọn lọc****, nhằm tránh quá tải thông tin và bảo đảm rằng chỉ những cấu trúc có ý nghĩa đối với quá trình nhận thức và phát triển mới được hiện thực hóa trong thế giới 4D.*

Từ khuôn khổ lý thuyết trên, mô hình TLD cũng đề xuất một số giả thuyết nhằm diễn giải các hiện tượng như sự hình thành và thu hồi trí nhớ, tính liên tục của nghiệp thức, trải nghiệm cận tử (Near-Death Experience – NDE), trải nghiệm ngoài thân (Out-of-Body Experience – OBE) và một số trạng thái ý thức đặc biệt.

Theo giả thuyết này, "Hồn"cvoi đặc tinh cua miền giao diện, vô định xứ, được giả thiết tương tác với hệ thần kinh thông qua các thay đổi điện thế tại synapse và các đầu tận cùng của tế bào thần kinh. Khi trạng thái điện thế của mạng thần kinh thay đổi, mức độ liên kết giữa Hồn và não bộ cũng có thể thay đổi tương ứng. Trong những điều kiện đặc biệt, chẳng hạn như thiền định sâu, trải nghiệm cận tử hoặc một số trạng thái ý thức khác, mô hình giả thiết rằng sự liên kết này có thể suy giảm tạm thời, tạo nên những hiện tượng thường được mô tả là trải nghiệm ngoài thân.

Những giả thuyết trên hiện chưa được xác nhận bởi vật lý hay khoa học thần kinh hiện đại. Chúng được đề xuất như một hướng nghiên cứu liên ngành nhằm xây dựng các mô hình có khả năng kiểm chứng trong tương lai, kết nối vật lý lý thuyết, khoa học thần kinh và triết học Phật giáo trên nền tảng của một mô hình thông tin thống nhất.

Theo giả thuyết CPT (KhôngGian PhiThời gian, Timeless Domain), thì CPT là một miền thực tại nền tảng mà con người hầu như không thể trực tiếp nhận biết bằng các giác quan hay các phương pháp đo lường vật lý hiện nay. Ngược lại, thế giới 4D là miền hiện tượng mà khoa học đã nghiên cứu trong nhiều thế kỷ, khám phá được các định đề, định luật và mô hình toán học mô tả sự vận hành của vật chất, năng lượng, không gian và thời gian.

Mặc dù rất khác nhau về bản chất, CPT và thế giới 4D không phải là hai thực tại tách rời, mà là hai miền liên tục của cùng một tiến trình hiện thực hóa. Chính sự tiếp nối ấy tạo nên một **miền giao diện (Interface)** – vùng chuyển tiếp giữa thực tại phi thời gian của CPT và thực tại không–thời gian của thế giới vật lý, Miên nẩ khởi lên từ nguyên tắc Bất thường đọan, nối tất yếu hai miền thanh một thực tại.

Miền giao diện không hoàn toàn thuộc CPT, nhưng cũng chưa hoàn toàn là thế giới 4D. Tại đây đồng thời tồn tại những đặc tính của cả hai miền. Một mặt, thông tin cấu trúc vẫn giữ bản chất nền tảng và chưa hoàn toàn vật chất hóa như trong CPT; mặt khác, những biểu hiện đầu tiên của thời gian, độ cong thông tin, hấp dẫn và vật chất đã bắt đầu xuất hiện. Vì vậy, miền giao diện có thể được xem là nơi diễn ra tiến trình chuyển hóa từ cái vô hình sang cái hữu hình, từ tiềm năng sang hiện thực, và từ thông tin thuần túy sang các hiện tượng vật lý.

Theo mô hình TLD/CPT được đề xuất trong cuốn sách này, nhiều hiện tượng khó giải thích của vật lý hiện đại có thể bắt nguồn từ chính miền giao diện này. Đây có thể là nơi "thin time" (t_1), proto-gravity (G_1), proto-dark matter (DM_1) và các cấu trúc wtiền-hình học (pre-geometric structures) xuất hiện trước khi được hiện thực hóa đầy đủ trong không–thời gian 4D. Vì vậy, miền giao diện không chỉ đóng vai trò là cầu nối giữa hai miền thực tại, mà còn là chìa khóa để hiểu tiến trình hiện thực hóa của vật chất và sự chuyển tiếp từ thông tin cấu trúc sang thế giới hiện tượng.

Ngoài ra, vật chất tối được biết là tạo ra hiệu ứng hấp dẫn nhưng đến nay vẫn chưa được xác định bản chất. Trong nhiều mô hình vật lý lý thuyết, vật chất tối đã từng được giả thuyết có thể liên quan đến các hạt siêu đối xứng hoặc những hạt mới ngoài Mô hình Chuẩn. Tuy nhiên, cũng không thể loại trừ khả năng vật chất tối không được cấu tạo bởi các hạt vật chất theo nghĩa thông thường, mà phản ánh những thuộc tính hình học hoặc thông tin của một miền trung gian sâu hơn.

Từ góc nhìn của mô hình TLD, điều này gợi ý rằng **miền giao diện (Interface Domain)** có thể là nơi thích hợp để diễn giải nguồn gốc của hấp dẫn và vật chất tối. Đồng thời, nếu xét trên phương diện triết học, **Ngũ uẩn** – vốn là thành phần quan trọng cấu thành đời sống tâm thức và nghiệp thức của mỗi cá thể – dường như có nhiều điểm tương hợp về cấu trúc với các chiều bổ sung từ (D_6) đến (D_{11}}) trong M-theory, mặc dù hai khái niệm này không hoàn toàn đồng nhất.

Theo giả thuyết được đề nghị trong cuốn sách này, sự tương hợp ấy không nhằm đồng nhất Phật học với M-theory, mà chỉ gợi ý rằng các chiều bổ sung (D_6)–(D_{11}}) có thể được xem như một biểu diễn toán học khả dĩ của phần **tiếp cận thế giới bốn chiều** của miền giao diện. Theo giả thuyết này, thì nhiều hiện tượng thường được quy cho các chiều bổ sung – chẳng hạn như hấp dẫn, vật chất tối và các cấu trúc tiền vật chất – có thể được hiểu như những biểu hiện của miền giao diện trong quá trình thông tin nguyên thủy chuyển hóa thành thế giới vật chất.

A. HỒN HAY NGIỆP LỰC (KARMIC CONSCIOUSNESS / SOUL

Nếu TLD và thế giới vật chất 4D (hoặc 4D được mô tả trong các lý thuyết nhiều chiều như 11D/M-theory) thực sự là hai miền có bản chất khác nhau nhưng vẫn tương tác với nhau, thì theo mô hình được đề nghị trong cuốn sách này, sự tồn tại của một **miền giao diện** là một hệ quả logic. Miền này đóng vai trò là cầu nối, cho phép thông tin được chuyển hóa và truyền đạt giữa miền thông tin phi thời gian và thế giới vật chất có không–thời gian.
Theo giả thuyết của mô hình TLD, nền tảng của miền giao diện được biểu hiện qua **Nghiệp thức (Karmic Consciousness)**, hay còn gọi là **Hồn (Soul)**. Nghiệp thức không hoàn toàn thuộc TLD, nhưng cũng chưa hoàn toàn thuộc thế giới vật chất. Nó là một cấu trúc thông tin trung gian, mang đồng thời những đặc tính của cả

hai miền, nhờ đó có khả năng duy trì sự liên tục của thông tin giữa TLD và não bộ.
Trong mô hình này, Nghiệp thức không chỉ phản ánh trạng thái tâm thức của một đời sống hiện tại mà còn được giả định là nơi bảo tồn toàn bộ cấu trúc thông tin của mỗi cá thể. Cấu trúc đó bao gồm những dấu ấn được hình thành trong hiện đời cũng như các thông tin được tích lũy từ những đời sống trước, nếu sự tồn tại của chúng là có thật. Vì vậy, Nghiệp thức được xem như một **cấu trúc thông tin liên tục**, bảo đảm tính kế thừa của quá trình học tập, chuyển hóa và phát triển của **proto-individual** xuyên suốt nhiều giai đoạn hiện thực hóa.
Theo cách nhìn này, Hồn không phải là một thực thể siêu nhiên tách rời khỏi quy luật tự nhiên, mà là thành phần trung gian của tiến trình chuyển hóa thông tin. Chính thông qua Nghiệp thức, những cấu trúc thông tin của TLD có thể từng bước được biểu hiện trong thế giới vật chất, đồng thời những kinh nghiệm và sự học tập của đời sống vật lý cũng được phản hồi trở lại nền tảng thông tin nguyên thủy

Như đã trình bày ở các chương trước, mô hình CPT đề xuất một cách nhìn mới về nền tảng của không–thời gian. Theo mô hình này, thế giới bốn chiều (4D) không phải là thực tại nguyên thủy, mà là một "môi trường giáo hóa", nơi các cấu trúc thông tin xiên lệch được phân tầng, bộc lộ và chuyển hóa. Sự xuất hiện của không–thời gian vì vậy không chỉ có ý nghĩa vật lý mà còn mang ý nghĩa chức năng đối với toàn bộ tiến trình tiến hóa của thông tin.
Trong cách nhìn này, thời gian không đơn thuần là một trục tọa độ của vật lý. Thời gian là cơ chế cho phép ba tiến trình cơ bản diễn ra:

1. **Phân loại và phân tầng thông tin**, để các cấu trúc khác nhau có thể được nhận diện và tách biệt.
2. **Làm hiển lộ thông tin xiên lệch**, giúp những sai lệch vốn còn tiềm ẩn trở nên rõ ràng trong quá trình vận động và tương tác.
3. **Sửa chữa và chuyển hóa thông tin**, bao gồm:
    - (a) sự điều chỉnh ngay trong miền CPT;
    - (b) sự hiện thực hóa thành thế giới 4D như một môi trường học tập và chuyển hóa toàn diện.

Theo giả thuyết này, sự xuất hiện của thời gian có thể trải qua nhiều mức độ.

Ở giai đoạn đầu (**proto-time, t_0**), thời gian chỉ tồn tại như một khả năng tiềm ẩn, đủ để thiết lập thứ tự và sự phân tầng của thông tin nhưng chưa tạo thành dòng thời gian vật lý.

Ở giai đoạn tiếp theo (**minimal time, t_1**), thời gian trở nên rõ nét hơn, cho phép thông tin xiên lệch được bộc lộ và duy trì trong một trạng thái bán vật chất. Trong giai đoạn này, lượng thời gian vẫn còn rất nhỏ, chưa đủ để hình thành vật chất thông thường hay các quá trình năng lượng phong phú như trong thế giới 4D.

Nếu giả thuyết này đúng, thì một khả năng đáng chú ý là sự kết hợp giữa thông tin xiên lệch và mức thời gian tối thiểu có thể biểu hiện dưới dạng **Dark Matter**. Trong cách nhìn này, Dark Matter không chỉ là một thành phần vật lý chưa biết, mà còn là một trạng thái trung gian giữa miền thông tin phi thời gian và thế giới vật chất. Nó vẫn mang đặc tính hấp dẫn nhưng rất ít tương tác điện từ, phù hợp với nhiều đặc điểm quan sát được của vật.chất tối.

Giả thuyết này cũng gợi ý một cách lý giải khác cho việc Dark Matter chiếm khoảng 27% tổng năng lượng–khối lượng của vũ trụ. Thay vì xem đó chỉ là một thành phần vật chất "thiếu", mô hình CPT đặt câu hỏi liệu phần lớn ấy có phản ánh chính tiến trình chuyển hóa của thông tin trước khi vật chất thông thường được hình thành hay không.

Nếu vậy, miền giao diện giữa CPT và không–thời gian có thể là nơi xuất hiện nhiều hiện tượng mà vật lý hiện đại vẫn xem là nghịch lý, bao gồm các hiện tượng lượng tử, những đặc tính đặc biệt của Dark Matter, cũng như cơ chế liên kết giữa ý thức, linh hồn và thế giới vật chất.

Quan điểm này hiện vẫn là một giả thuyết mang tính triết học–vật lý. Mục đích của nó không phải thay thế các mô hình chuẩn của vật lý hiện đại, mà nhằm cung cấp một khung lý thuyết thống nhất, trong đó không–thời gian, vật chất, Dark Matter, ý thức và tiến trình chuyển hóa thông tin có thể được nhìn như những mức biểu hiện khác nhau của cùng một nền tảng sâu hơn

SƠ ĐỒ PHÂN TẦNG TỪ CPT ĐẾN THẾ GIỚI 4D

TLD / CPT
(KHÔNG THỜI GIAN)

Miền thông tin nguyên thủy, phi thời gian, chưa phân tầng, chưa xien lệch.
Cái Biết – Trí Huệ – Hạnh Phúc nguyên thủy

ĐẶC TÍNH

- Không thời gian
- Thông tin toàn vẹn, chưa sai lệch
- Thuần nhất, sáng suốt, hạnh phúc

t_0 PROTO-TIME (t_0)
THỜI GIAN TIỀM NĂNG

Thời gian xuất hiện như một khả năng tiềm ẩn, đủ để thiết lập thứ tự và sự phân tầng của thông tin.

CHỨC NĂNG

- Bắt đầu phân tầng, phân loại
- Thứ tự sơ khởi của thông tin
- Chưa có thông tin xien lệch hiển lộ
- Chưa có vật chất hay năng lượng

KẾT QUẢ

Phân tầng sơ khởi

t_1 MINIMAL-TIME (t_1)
THỜI GIAN TỐI THIỂU

Thời gian rõ nét hơn, đủ để làm hiển lộ thông tin xien lệch nhưng chưa đủ để hình thành vật chất thông thường hay năng lượng phong phú.

CHỨC NĂNG

- Làm hiển lộ thông tin xien lệch
- Duy trì và khuếch đại sai lệch
- Chuẩn bị cho sự vật chất hóa
- Lượng thời gian rất nhỏ (tối thiểu)

KẾT QUẢ (GIẢ THUYẾT CPT)

DARK MATTER

Thông tin xien lệch + thời gian tối thiểu → biểu hiện thành Dark Matter

~27% của vũ trụ

t_2 FULL-TIME (t_2)
THỜI GIAN ĐẦY ĐỦ (4D)

Thời gian đầy đủ, cho phép thông tin vật chất hóa hoàn toàn và các trường lượng tử vận hành phong phú.

CHỨC NĂNG

- Vật chất hóa thông tin
- Hình thành các trường cơ bản
- Xuất hiện năng lượng, lực, hạt
- Thế giới 4D vận hành đầy đủ

KẾT QUẢ

VẬT CHẤT THÔNG THƯỜNG (4D)

Ngôi sao, hành tinh, sinh vật, năng lượng, sự sống...

TÓM TẮT TIẾN TRÌNH

TLD / CPT	t_0	t_1	t_2	MỤC ĐÍCH CUỐI CÙNG
(Không thời gian) →	Proto-time (Thời gian tiềm năng) →	Minimal-time (Thời gian tối thiểu) →	Full-time (Thời gian đầy đủ, 4D)	Sửa sai, chuyển hóa, trở về trạng thái thanh tịnh trong TLD
Thông tin toàn vẹn	Phân tầng sơ khởi	Thông tin xien lệch → Dark Matter (giả thuyết)	Vật chất thông thường, năng lượng, sự sống	

Lưu ý: Đây là mô hình giả thuyết của CPT/TLD nhằm giải thích mối liên hệ giữa thông tin, thời gian, vật chất, Dark Matter và tiến trình giáo hóa.

Cấu tạo vật lý và hình học giả định của Hồn

Theo mô hình được đề nghị, **Hồn (Nghiệp thức)** là một cấu trúc trung gian nằm trong miền giao diện giữa TLD và thế giới vật chất 4D. Vì vậy, cấu tạo của Hồn được giả định bao gồm những thành phần mang đặc tính của cả hai miền.

Thành phần thuộc miền giao diện có thể liên quan đến **vật chất tối (dark matter, DM)** và một số hạt lượng tử giả định, chẳng hạn như neutrino vô sinh, axion hoặc dark photon. Các hạt này hiện vẫn chỉ là những ứng viên lý thuyết và chưa được xác nhận đầy đủ bằng thực nghiệm. Thành phần thuộc thế giới 4D có thể bao gồm electron hoặc những tương tác điện tích tại các synapse thần kinh, nhờ đó Hồn có khả năng liên kết với não bộ và tham gia vào quá trình tiếp nhận, lưu giữ biểu hiện thông tin.

Theo quan niệm này, Hồn không phải là một thực thể hoàn toàn phi vật chất, mà là một **cấu trúc vật chất vi tế có khối lượng hữu hiệu**. Khối lượng ấy được xem là biểu hiện vật lý tương ứng với tổng lượng thông tin và độ cong thông tin của Nghiệp. Trong mô hình TLD, độ cong của thông tin được giả định liên hệ với lực hấp dẫn; vì vậy, Hồn có thể mang một khối lượng nhỏ nhưng khác không, tương ứng với cấu trúc nghiệp riêng biệt của mỗi cá thể.

Tuy nhiên, khối lượng của Hồn không nhất thiết phải được hiểu hoàn toàn giống khối lượng của vật chất thông thường. Nó có thể bao gồm cả phần khối lượng nghỉ, năng lượng liên kết và ảnh hưởng hấp dẫn phát sinh từ cấu trúc thông tin trong miền giao diện. Theo cách hiểu này, Nghiệp không chỉ là một khái niệm đạo đức hay tâm lý, mà còn được biểu diễn hình học bằng độ xiên, độ cong và độ xoắn của cấu trúc thông tin.

Về phương diện hình học, Hồn có thể được hình dung như một **trường hoặc một bó sợi thông tin bao quanh và xuyên qua cơ thể sinh vật**. Hình dạng của nó có thể thích nghi với cấu trúc cơ thể và mạng lưới thần kinh của từng cá thể. Đối với con người, cấu trúc này có thể gần giống hình người hoặc có dạng trái xoan kéo dài, tập trung mạnh hơn quanh não bộ, tủy sống và các hệ thần kinh ngoại biên.

Trong cách diễn giải dựa trên Ngũ uẩn, Hồn không phải là một khối đồng nhất mà có thể được tổ chức thành nhiều lớp chức năng tương ứng với **Sắc, Thọ, Tưởng, Hành và Thức**. Năm lớp này không nhất thiết là năm lớp vật chất tách biệt trong không gian, mà là năm mức độ xử lý và biểu hiện thông tin:

- **Sắc** liên hệ với thân thể, giác quan và tín hiệu vật lý;
- **Thọ** liên hệ với cảm giác dễ chịu, khó chịu hoặc trung tính;
- **Tưởng** đảm nhiệm nhận dạng, biểu tượng và liên tưởng;
- **Hành** chứa khuynh hướng, phản ứng, thói quen và động lực nghiệp;
- **Thức** duy trì sự nhận biết và tổng hợp các tiến trình còn lại.

Theo mô hình này, năm uẩn tạo thành một hệ thống nhiều lớp bao quanh proto-individual và làm trung gian giữa thông tin nguyên thủy trong TLD với hoạt động của não bộ. Hồn vì thế vừa mang cấu trúc vật lý vi tế, vừa mang cấu trúc thông tin và chức năng nhận thức. Hình học của Hồn không cố định tuyệt đối, mà có thể thay đổi theo trạng thái cơ thể, hoạt động tâm trí, mức độ tu tập và sự biến đổi của Nghiệp.

Hồn như Cầu Nối Thông Tin Giữa Não Bộ và CPT

Trong mô hình CPT, Hồn (Soul) được giả thuyết là thành phần trung gian hoạt động trong miền giao diện giữa CPT và thế giới không–thời gian 4D. Vai trò của Hồn không chỉ là nơi lưu giữ nghiệp thức như trong truyền thống Phật giáo, mà còn là môi trường chuyển đổi thông tin giữa hai thực tại có bản chất hoàn toàn khác nhau.

Ở phía thế giới 4D, thông tin tồn tại dưới dạng hoạt động điện–hóa học của hệ thần kinh. Mọi tri giác, ký ức và tư tưởng đều được mã hóa bởi những thay đổi động của mạng lưới synapse giữa các neuron. Khoa học thần kinh hiện đại đã chứng minh rằng trí nhớ không nằm trong một tế bào riêng lẻ mà được phân bố trên toàn bộ mạng synapse, đặc biệt tại các vùng như hippocampus, vỏ não liên hợp và mạng mặc định (Default Mode Network – DMN). Mỗi trải nghiệm đều làm thay đổi cường độ kết nối synapse; theo thời gian, các thay đổi ấy được củng cố thành trí nhớ dài hạn.

Tuy nhiên, trí nhớ không đồng nghĩa với tri thức. Một thông tin chỉ trở thành tri thức khi được cái biết nhận diện và kinh nghiệm. Trong mô hình CPT, quá trình ấy diễn ra theo một chuỗi liên tục:

Cảm nhận → Thu nhận → Phản ứng sinh tồn → Hội nhập → Tri thức←Cái Biết

Tiến trình này tương ứng một cách đáng chú ý với năm uẩn trong Phật giáo:

Sắc → Thọ → Tưởng → Hành → Thức.

Thông tin vì vậy không còn giữ nguyên trạng thái ban đầu. Qua mỗi tầng xử lý, nó chịu ảnh hưởng của ký ức, cảm xúc, bản năng, kinh nghiệm, ngôn ngữ và bản ngã. Não bộ không chỉ là nơi xử lý thông tin mà còn là một **bộ lọc khổng lồ**, khiến thông tin nguyên thủy bị biến đổi trước khi trở thành kinh nghiệm chủ quan. Theo nghĩa này, vô minh không chỉ là một khái niệm triết học mà còn phản ánh quá trình xử lý thông tin của chính hệ thần kinh.

Mô hình CPT giả thuyết rằng toàn bộ trạng thái hoạt động của mạng synapse được sao chép gần như đồng thời sang Hồn. Hồn không sao chép từng neuron riêng lẻ mà sao chép **cấu trúc thông tin động** của toàn bộ mạng thần kinh. Vì vậy, Hồn trở thành "bản đồ thông tin" của não bộ hơn là một bản sao vật chất của não.

Một cơ chế giả thuyết cho quá trình này được xây dựng trên sự liên kết giữa electron tại synapse với các hạt tương tác rất yếu thuộc miền giao diện. Khi điện thế synapse thay đổi trong quá trình truyền xung thần kinh, trạng thái của electron cũng thay đổi tương ứng. Nếu tồn tại sự ghép nối giữa electron và các hạt trung gian như sterile neutrino, axion hoặc một thành phần chưa biết của Dark Matter, thì mạng synapse trong não có thể được phản ánh gần như tức thời sang Hồn.

Trong giả thuyết này, Hồn đóng vai trò như một "bộ nhớ ngoài" (external information memory), lưu giữ toàn bộ lịch sử thông tin của cá thể. Điều mà Phật giáo gọi là **nghiệp thức** có thể được hiểu là tổng hợp của toàn bộ các cấu trúc thông tin đã tích lũy qua nhiều đời sống.

Điểm đặc biệt của Hồn là khả năng biểu hiện dưới hai dạng khác nhau tùy theo miền mà nó tương tác.

-Khi liên hệ với não bộ và thế giới 4D, Hồn biểu hiện dưới dạng các trạng thái lượng tử hoặc các hạt tương tác rất yếu.

- Khi chuyển sang CPT, các trạng thái lượng tử ấy không còn tồn tại như hạt mà được chuyển thành **thông tin cấu trúc phi thời gian**.

Do đó, Hồn thực hiện hai phép chuyển đổi liên tiếp.

Ở chiều đi lên:

Mạng synapse → trạng thái lượng tử → Hồn → thông tin cấu trúc trong CPT.
Ở chiều đi xuống:
Thông tin cấu trúc trong CPT → Hồn → trạng thái lượng tử → hoạt động synapse → ý thức trong não bộ.

Theo cách nhìn này, Hồn không phải là một vật thể siêu nhiên tồn tại độc lập, mà là **môi trường chuyển đổi thông tin** giữa hai miền hiện hữu. Nó vừa mang đặc tính của thế giới lượng tử, vừa mang đặc tính của thông tin phi thời gian. Chính nhờ vai trò trung gian ấy mà tính liên tục của bản sắc cá nhân, ký ức và nghiệp thức có thể được duy trì ngay cả khi vật chất của não bộ thay đổi liên tục trong suốt cuộc đời

CPT → Thông tin cấu trúc → Hồn → Trạng thái lượng tử → Synapse → Não bộ → Kinh nghiệm ý thức.

Não bộ → Synapse → Electron → Hạt vi tế trong Hồn → Thông tin cấu trúc CPT.

Theo cách nhìn này, não bộ không tạo ra Hồn, cũng như Hồn không hoàn toàn tách rời não bộ. Não bộ là thiết bị biểu hiện thông tin trong 4D; Hồn là môi trường lưu giữ và chuyển tiếp thông tin; còn CPT là nền thông tin sâu nhất, nơi mọi cấu trúc được quy về trạng thái nguyên thủy của chúng.

Do đó, Hồn giữ vai trò then chốt trong miền giao diện. Không có Hồn, thông tin trong não bộ sẽ khó vượt khỏi giới hạn của vật chất 4D. Không có não bộ, thông tin trong Hồn cũng khó biểu hiện thành kinh nghiệm sống trong thế giới hiện tượng. Chính sự phối hợp giữa não bộ, Hồn và CPT tạo nên tính liên tục của bản sắc cá nhân, ký ức, nghiệp thức và tiến trình tu sửa.

B. TRI THỨC: VAI TRÒ CỦA HỒN VÀ GIAO DIÊN

Từ Proto-Individual Đến Cá Nhân Và Tiến Trình Hình Thành Tri Thức

Từ Thông Tin Đến Tri Thức: Vai Trò Của Proto-Individual

Trong mô hình CPT/TLD, cần phân biệt rõ ba khái niệm khác nhau: **thông tin (information), tri thức (knowledge) và cái biết (awareness)**.

(i) Thông tin chỉ là các cấu trúc, quan hệ hay mã (code). Bản thân thông tin chưa có khả năng tự hiểu chính mình. Một chuỗi ký tự trong máy tính, một trình tự DNA hay một xung điện trong não đều là thông tin, nhưng chúng chưa phải là tri thức.
Tri thức chỉ xuất hiện khi thông tin được diễn giải và gắn ý nghĩa. Quá trình này đòi hỏi một chủ thể có khả năng nhận biết. Theo mô hình CPT/TLD, chủ thể ấy không phải chính mã thông tin, mà là **proto-individual**.

(ii) Proto-individual là một cấu trúc thông tin đã được cá biệt hóa trong CPT sau khi quá trình phân tầng bắt đầu. Nó chưa phải là một con người, cũng chưa phải là bản ngã, nhưng đã mang khả năng nhận biết và diễn giải thông tin. Chính vì vậy, proto-individual không chỉ là "mẫu gốc" của một cá nhân tương lai, mà còn là trung tâm của tiến trình hình thành tri thức.

Khi một sự kiện xảy ra trong thế giới 4D, các giác quan tiếp nhận kích thích từ môi trường. Não bộ xử lý các kích thích ấy thành những mẫu hoạt động thần kinh và lưu giữ chúng dưới dạng trí nhớ. Tuy nhiên, những mẫu thần kinh này vẫn chỉ là **mã thông tin**, chưa phải là tri thức theo nghĩa đầy đủ.
Theo giả thuyết TLD, mã thông tin ấy được chuyển qua miền giao diện để tương tác với proto-individual. Chính proto-individual là nơi các mã thông tin được đối chiếu với toàn bộ cấu trúc thông tin đã có, từ đó hình thành ý nghĩa và tri thức. Nói cách khác, **não bộ mã hóa thông tin, còn proto-individual diễn giải thông tin**.
Sau khi được diễn giải, tri thức lại được phản hồi trở về thế giới 4D thông qua miền giao diện, nơi nó biểu hiện thành sự hiểu biết, trực giác, quyết định và hành động của cá nhân. Như vậy, ý thức trong đời sống hằng ngày không phải chỉ là sản phẩm của hoạt động thần kinh, mà là kết quả của sự tương tác liên tục giữa não bộ, miền giao diện và proto-individual.

(iii) Cái Biết Nguyên Thủy và tiến trình của Tuệ tri
Theo mô hình được đề nghị trong cuốn sách này, Cái Biết Nguyên Thủy – có thể xem như tương ứng với Trí huệ Bát Nhã trong ngôn ngữ Phật học – là trạng thái thông tin chính trực của Cõi Phi Thời Gian (TLD). Đây là nền tảng bao trùm mọi cấu trúc thông tin, đồng thời là chuẩn mực để mọi thông tin xiên lệch được đối chiếu, điều chỉnh và chuyển hóa trong suốt tiến trình hiện thực hóa.

Trong mô hình này, mọi thông tin phát sinh từ thế giới hiện tượng cuối cùng đều được quy chiếu trở về nền tảng ấy. Có thể hình dung Cái Biết Nguyên Thủy như tầng giải mã cuối cùng, nơi mọi biểu hiện của thông tin được nhận biết đúng với bản chất của chúng, không còn bị che phủ bởi thời gian, ký ức, ngôn ngữ hay các cấu trúc nhị nguyên.

Đối với một hành giả còn đang trên con đường tu tập, sự nhận biết chưa trực tiếp tiếp cận nền tảng ấy. Thông tin vẫn phải đi qua proto-individual – cấu trúc tiền cá thể mang dấu ấn của nghiệp thức và toàn bộ tiến trình học tập trước đó. Vì vậy, cái biết của người tu tập vẫn chưa phải là Cái Biết Nguyên Thủy, mà còn chịu ảnh hưởng của những lớp thông tin đã được thời gian hóa và phân tầng.

Trong Phật học, trạng thái này thường được diễn tả bằng khái niệm "tuệ tri" hay "thấy như là" (yathābhūta). Theo cách diễn giải của mô hình TLD, đây là giai đoạn mà thông tin đang dần được thanh lọc. Qua quá trình tu tập, những sai lệch ngày càng được giảm bớt, khả năng hiển lộ của thông tin chính trực ngày càng tăng, cho đến khi sự nhận biết không còn bị chi phối bởi các cấu trúc của nghiệp thức. Khi đó, tuệ tri dần chuyển thành Trí huệ, tức sự nhận biết trực tiếp nền tảng thông tin nguyên thủy mà không còn qua trung gian của các lớp thông tin xiên lệch.

Theo cách nhìn này, giác ngộ không phải là thu nhận thêm một loại tri thức mới, mà là tiến trình loại bỏ dần những lớp che phủ của thông tin đã bị thời gian hóa, để Cái Biết Nguyên Thủy vốn luôn hiện hữu có thể hiển lộ trọn vẹn.

Tiến trình này có thể được tóm tắt như sau:

Sự kiện trong 4D → giác quan → não bộ mã hóa → mã thông tin → miền giao diện → proto-individual diễn giải → tri thức → phản hồi trở lại ý thức 4D.

Theo cách nhìn này, **mã thông tin không thể tự đi vào CPT**. Chỉ proto-individual mới có khả năng tiếp cận trực tiếp tầng thông tin phi thời gian và chuyển thông tin thành tri thức. Điều này cũng giải thích vì sao cùng một sự kiện nhưng hai người có thể hiểu khác nhau: điều khác biệt không nằm ở thông tin nhận được, mà ở cấu trúc thông tin và kinh nghiệm mà proto-individual dùng để diễn giải thông tin ấy.

Quan hệ giữa proto-individual và cá nhân sống trong 4D cũng không hoàn toàn đối xứng. Proto-individual luôn hiện diện như nền tảng của cá nhân và có thể tác động xuống đời sống 4D thông qua trực giác, cảm hứng, khuynh hướng đạo đức hay sự nhận biết sâu sắc. Ngược lại, chiều từ 4D trở về proto-individual không phải là một dòng truyền liên tục. Nó chỉ được kích hoạt khi xuất hiện những mã thông tin mới cần được diễn giải hoặc khi cá nhân đạt đến những trạng thái đặc biệt như thiền định sâu, giấc mơ, trực giác mạnh hay các trải nghiệm cận tử.

Nếu giả thuyết này đúng, thì quá trình nhận thức của con người không chỉ là hoạt động của não bộ, cũng không chỉ là hoạt động của một linh hồn tách biệt, mà là kết quả của sự cộng tác giữa ba tầng của thực tại: **não bộ trong thế giới 4D, miền giao diện và proto-individual trong CPT**. Chính sự cộng tác ấy biến thông tin thành tri thức và cuối cùng thành kinh nghiệm sống của một con người.

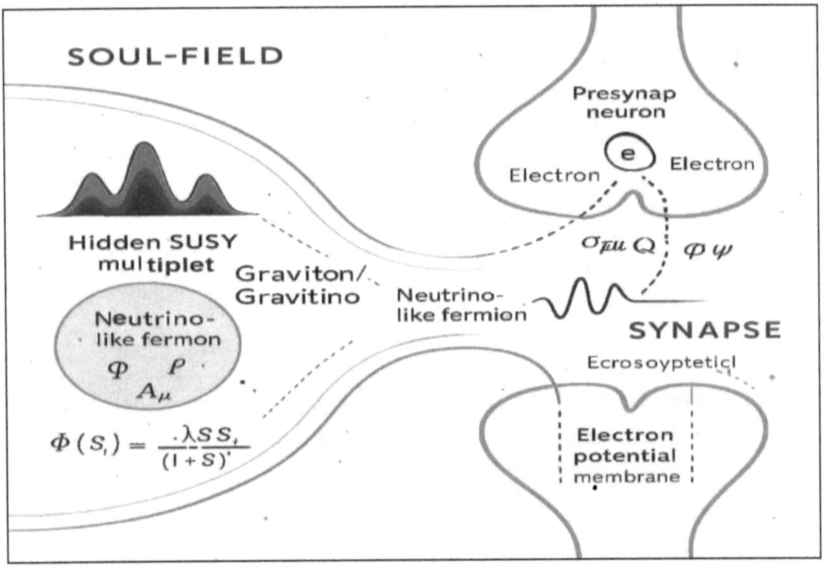

Hình 9. **A. Sự kết nối giữa Hồn và não bộ qua điện thế synapse**

Hồn, nếu được xem như một cấu trúc vật chất vi tế, có thể được hình thành từ các hạt cơ bản như Chất Tối, Neutrino, và được gắn thêm Electron, do đó mang điện thế âm (-). Nhờ điện tích âm này,

Hồn có thể liên kết với màng tiếp hợp thần kinh (synapse), vốn mang điện thế dương (+) khi ở trạng thái nghỉ, tạo nên một dạng hấp dẫn điện sinh học giữa hai thực thể khác tầng hiện hữu – vật lý não bộ và vật chất vi tế của Hồn.

Quá trình tách rời khi điện thế thay đổi

Khi tế bào thần kinh được kích hoạt để dẫn truyền tín hiệu, điện thế tại màng synapse chuyển sang âm (-). Cùng lúc, các electron trên bề mặt Hồn cũng bị đẩy ra do sự mất liên kết điện tích, làm điện thế Hồn trở nên âm hơn, song điện thế này rất yếu so với dao động điện thế sinh học của thần kinh.

Khi não bộ rơi vào trạng thái mất điện thế toàn phần – như trong cái chết sinh học – synapse không còn hoạt động, sự hấp dẫn điện tích giữa Hồn và não mất đi. Các electron bị mất dần, khiến Hồn thoát ly khỏi vùng liên kết thần kinh một cách tự nhiên. Điều này lý giải vì sao hiện tượng "Hồn lìa khỏi xác" diễn ra dễ dàng hơn sau khi não chết, so với khi còn sống.

Trạng thái suy giảm điện thế kéo dài trong thần kinh, được biết đến trong thần kinh học là Long-term Depotentiation (LTD), có thể tạo nên điều kiện điện thế tương tự, dẫn đến khả năng Hồn tách rời một phần trong thiền sâu hoặc trải nghiệm cận tử.

Φ, ψ: hàm sóng, σ: Tổng số, Q: supercharge , μυ: các chỉ số, ρ mật độ năng lượng p: ap suat cua CK<0, □□hăng số vũ trụ, SUSY: supéymmetry/siêu đối xứng

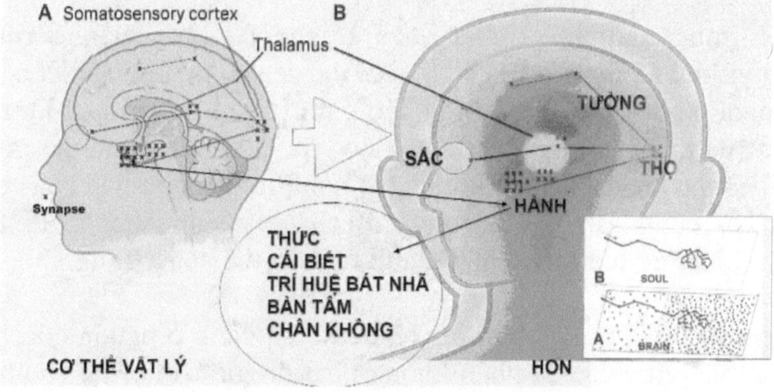

Hình 10 A,B: Bản đồ đường dẫn truyền thần kinh:

A: Đường dẫn truyền và mạng kết nối thần kinh ở vỏ não cảm giác (điểm chấm biểu diễn chỗ kết nối thần kinh).

B: Đường dẫn truyền và mạng kết nối thần kinh in trên Hồn C. Hồn ở trạng thái *nguyên sơ* trước khi ghi nhận trí nhớ hay nghiệp thức. Các nốt tròn trắng biểu thị cho neutrino tinh khiết và neutrino chuẩn định, được sắp xếp theo đặc thù tự nhiên. Trong không gian ba chiều, các neutrino này xếp đặc như cấu trúc nguyên tử carbon trong tinh thể kim cương: trong suốt, không tạo thành mạng ngăn cách, do đó không cản trở hay giới hạn dòng chảy thông tin.

C. Ý nghĩa của Proto-Individual (Tiền Cá thể)

Theo mô hình CPT/TLD, sự cá biệt hóa không phải là mục đích cuối cùng của tiến trình sáng tạo. Nó chỉ là một giai đoạn cần thiết trong tiến trình giáo hóa và phục hồi thông tin chính trực. Khi thông tin còn ở trạng thái thanh tịnh và chưa xiên lệch, CPT chưa cần đến sự phân tầng. Nhưng khi thông tin bắt đầu lệch khỏi trạng thái cân bằng nguyên thủy, quá trình phân tầng được kích hoạt để thông tin có thể được nhận diện, hiện thực hóa và từng bước tự sửa chữa. Chính trong giai đoạn này xuất hiện **proto-individual** (nhân thể nguyên thủy). Proto-individual không phải là một linh hồn hoàn chỉnh hay một cá nhân theo nghĩa thông thường. Nó chỉ là một cụm thông tin đã được cá biệt hóa trong CPT sau khi sự phân tầng bắt đầu. Đây là hình thức sơ khai của tính cá biệt, nhưng vẫn chưa có thân xác, chưa có não bộ, chưa có ký ức sinh học và cũng chưa có bản ngã.

Một trong những ý nghĩa quan trọng của khái niệm **Proto-Individual (Tiền Cá thể)** là: mỗi cá thể đều có tính riêng biệt ngay từ nguồn gốc. Trong mô hình TLD, mỗi Proto-Individual là một cấu trúc thông tin nguyên thủy, độc lập và không được tạo ra từ một cá thể khác. Cha mẹ không tạo nên Proto-Individual của con, mà chỉ cung cấp môi trường vật chất và sinh học để Proto-Individual ấy hiện thực hóa thành một cá thể sống trong không–thời gian.

Theo quan điểm này, mọi cá thể đều bình đẳng ở nguồn gốc. Sự khác biệt giữa các cá nhân không phải do giá trị nội tại cao hay thấp, mà do quá trình hiện thực hóa, lịch sử nghiệp và sự phát triển trong không gian–thời gian. Vì vậy, mỗi cá nhân đều mang phẩm giá riêng và không thể bị xem như sản phẩm hay tài sản của bất kỳ cá nhân nào khác.

Ý tưởng này có nét tương đồng với giáo lý Phật giáo. Đức Phật dạy rằng tất cả chúng sinh đều có chung một nền tảng chân thật, tuy biểu hiện thành vô số cá thể khác nhau. Theo cách hiểu này, mọi chúng sinh đều cùng khởi từ một nền tảng tối hậu nhưng không vì thế mà đánh mất tính cá biệt của mình. Mỗi cá thể là một biểu hiện riêng biệt của cùng một nền tảng ấy.

Quan điểm này cũng có thể được so sánh với phôi học hiện đại. Cha mẹ chuyên chở va chuẩn truyền vật liệu di truyền và tạo điều kiện sinh học cho sự phát triển của phôi thai, nhưng không hề "chế tạo" vật liệu di truyền của cá thể .d gen τ di truyen co nguon goc từ TLD. Trong mô hình TLD, Proto-Individual chính là nền tảng thông tin nguyên thủy kết hợp với tiến trình phát triển sinh học để hình thành một con người hoàn chỉnh.

Hiện thực Thời gian

Khi tiến trình **temporalization** tiếp tục phát triển, thời gian dần được hiện thực hóa từ **proto-time (t_0)** sang **minimal time (t_1)** (tương ứng với chất đen va Hồn) rồi **full time (t_2)**. Proto-individual đi vào miền giao diện, nơi nó bắt đầu mang những đặc tính mới như khả năng lưu giữ ký ức, khuynh hướng phát triển và nghiệp thức. Khi kết hợp với thân thể trong thế giới 4D, proto-individual biểu hiện thành một cá nhân sống.

Tiến trình này có thể được tóm tắt như sau:

CPT → Proto-individual → Temporalization → Hồn (Soul) trong miền giao diện → Thân thể và não bộ → Cá nhân sống trong thế giới 4D.

Trong mô hình này, cá nhân 4D chỉ là biểu hiện hiện tượng của một prototype sâu hơn. Cá nhân có thân thể, não bộ, ký ức sinh học và hoàn cảnh xã hội riêng; còn proto-individual là cấu trúc thông tin nền duy trì tính liên tục của cá biệt qua toàn bộ tiến trình hiện thực hóa.

Do CPT và thế giới 4D có tính trực giao với nhau, cá nhân sống không dễ dàng nhận biết trực tiếp prototype của mình. Ý thức hằng ngày bị giới hạn bởi giác quan, hoạt động thần kinh và thời gian tuyến tính. Vì vậy, con người chủ yếu nhận biết các hiện tượng đã được biểu hiện trong thế giới vật chất.

Ngược lại, proto-individual có thể ảnh hưởng đến cá nhân thông qua miền giao diện. Sự ảnh hưởng này không diễn ra như một tín hiệu vật lý truyền trong không gian, mà giống như một sự cộng hưởng thông tin giữa tầng nền và tầng hiện tượng. Trực giác, cảm hứng sáng tạo, khuynh hướng bẩm sinh, ký ức sâu hay những nhận biết vượt khỏi suy luận thông thường có thể được xem là những biểu hiện của sự cộng hưởng ấy.

Quá trình hình thành tri thức cũng có thể được nhìn dưới góc độ này.

Theo tâm lý học Phật giáo, tiến trình nhận thức bắt đầu từ **Sắc**, tức sự tiếp xúc giữa giác quan với thế giới bên ngoài. Các tín hiệu ấy được tiếp nhận qua ngũ giác và truyền đến não bộ.

Đến giai đoạn **Thọ**, não tiếp nhận và xử lý các tín hiệu cảm giác ban đầu.

Ở giai đoạn **Tưởng**, thông tin được đối chiếu rất nhanh với các phản xạ và kinh nghiệm sẵn có. Nhiều phản ứng sinh tồn có thể xảy ra gần như tức thời mà chưa cần đến suy nghĩ có ý thức.

Tiếp theo là **Hành**. Não bộ tích hợp nhiều nguồn thông tin thành các mẫu hoạt động thần kinh ổn định. Những mẫu này được mã hóa dưới dạng các xung điện và các biến đổi tại mạng synapse, rồi được lưu giữ trong hệ thống trí nhớ của não. Tuy nhiên, ở giai đoạn này vẫn **chưa xuất hiện tri thức**; mới chỉ có các **mã thông tin thần kinh** được hình thành.

Theo giả thuyết TLD, một bản sao tương ứng của các mã thông tin này được phản ánh lên hồn trong miền giao diện. Tại đây, hồn không tự tạo ra tri thức mà đóng vai trò chuyển tiếp các mã thông tin đến proto-individual.

Chính proto-individual mới là nơi diễn ra quá trình diễn giải thông tin. Các mã mới được đối chiếu với toàn bộ cấu trúc thông tin đã có. Nếu thông tin mới phù hợp với những cấu trúc đã tồn tại, nó được nhận diện như tri thức quen thuộc. Nếu có sự khác biệt, proto-individual bắt đầu một quá trình tái tổ chức và tích hợp. Chính quá trình này tạo nên **học tập**, **sáng tạo** và **mở rộng tri thức**.

Theo cách nhìn này, não bộ không trực tiếp tạo ra tri thức. Não bộ chủ yếu mã hóa, lưu giữ và xử lý thông tin. Tri thức chỉ xuất hiện khi các mã thông tin ấy được proto-individual diễn giải và tích hợp thông qua miền giao diện.

Mô hình này cũng giải thích vì sao con người có thể có trực giác, linh cảm hoặc những nhận biết vượt ngoài suy luận thuần túy. Những hiện tượng ấy không nhất thiết phủ nhận vai trò của não bộ, mà phản ánh sự cộng tác giữa ba tầng của thực tại: **não bộ trong thế giới 4D**, **hồn trong miền giao diện** và **proto-individual trong CPT**.

Theo giả thuyết này, thì quá trình nhận thức của con người không chỉ là hoạt động của các nơron thần kinh, cũng không chỉ là hoạt động của hồn riêng lẻ, mà là kết quả của sự phối hợp liên tục giữa ba tầng của cùng một tiến trình hiện thực hóa thông tin. Chính sự phối hợp ấy biến thông tin thành tri thức, và tri thức thành kinh nghiệm sống của mỗi cá nhân.

Tóm lại, theo mô hình CPT/TLD, trong suốt tiến trình **thời gian hóa (temporalization)** của thông tin cấu trúc để hình thành một cá thể sống trong thế giới vật chất, **proto-individual không bị biến đổi thành một thực thể khác**. Nó vẫn tồn tại như cấu trúc thông tin nền trong CPT. Điều được hiện thực hóa qua miền giao diện và thế giới 4D chỉ là **phiên bản đã được thời gian hóa** của proto-individual.

Nói cách khác, proto-individual là **mẫu gốc (prototype)**, còn cá nhân trong thế giới 4D là **biểu hiện hiện tượng (phenotypic manifestation)** của mẫu gốc ấy dưới tác động của thời gian, vật chất và các điều kiện sinh học.

Proto-individual luôn duy trì mối liên hệ với cá nhân trong thế giới 4D thông qua miền giao diện. Tuy nhiên, sự liên hệ này không hoàn toàn đối xứng. Từ phía CPT, proto-individual có thể liên tục tác động lên cá nhân thông qua trực giác, khuynh hướng bẩm sinh, cảm hứng, sự nhận biết nội tâm và các tiến trình hình thành tri thức. Ngược lại, từ phía cá nhân 4D, sự tiếp cận trở về proto-individual bị giới hạn bởi tính trực giao giữa CPT và không–thời gian, đồng thời bị ràng buộc bởi những giới hạn của giác quan, não bộ và thời gian tuyến tính.

Mối quan hệ này có thể được hình dung qua hình ảnh phái bộ ngoại giao trong mot nước. Vi nguyên thu phái gơi đoàn ngoai giao tượng trưng cho proto-individual trong CPT; phái o ngoai giao trong nước so tai tượng trưng cho cá nhân trong thế giới 4D. Phai bo luôn phụ thuộc vào vi nguyen thủ. Mọi chuyển động của phái bọ đều do nguyên thủ quyết định. Nhưng bản thân phái bộ không thể tác động trở lại để làm thay vi nguyên thủ. Chỉ khi thay đổi quan hệ đẳng cấp mới có thể nhận ra tvi nguyen thu quốc gia lập ra phai bộ ngoai giao.

Theo mô hình CPT/TLD, quan hệ giữa proto-individual và cá nhân 4D cũng tương tự. Cá nhân trong thế giới hiện tượng là sự biểu hiện của một cấu trúc thông tin sâu hơn. Sự tồn tại và phát triển của cá nhân luôn gắn với proto-individual, trong khi khả năng nhận biết trực tiếp proto-individual lại bị giới hạn bởi chính điều kiện của không–thời gian. ***Vì vậy, con đường tu tập, phát triển trí tuệ và thanh lọc thông tin không nhằm tạo ra một thực thể mới, mà nhằm giúp cá nhân hiện tượng thay đổi, thay đổi đó luôn luôn đươc cảm nhân bởi cấu trúc của prototype trong CPT. Khi sự xiên lệch của thông tin dần được chuyển hóa, khoảng cách giữa cá nhân hiện tượng và của proto-individual cũng dần được thu hẹp với cấu trúc chỉnh trực của TLD***

Trong mô hình **Proto-Individual**, quá trình tu tập, học hỏi và chuyển hóa của hồn trong một đời sống không làm thay đổi TLD như một thực tại tuyệt đối, mà **điều chỉnh cấu trúc thông tin của chính Proto-Individual**. Nói theo ngôn ngữ của mô hình, mức độ "độ cong thông tin" (information curvature) được giảm dần khi cá nhân sống đúng đạo đức, phát triển trí tuệ và từ bi; ngược lại, nó tăng lên khi tiếp tục tạo nghiệp và thiên lệch khỏi trạng thái chính trực.

Nếu vậy, sau khi chết, điều quyết định trạng thái tiếp theo không phải là một sự **phán xét từ bên ngoài**, mà là **chính trạng thái thông tin của Proto-Individual**. Hệ thống không cần một vị thẩm phán áp đặt bản án; cấu trúc thông tin của cá thể tự xác định trạng thái cân bằng tiếp theo của nó.

Theo cách nhìn này, khái niệm **thời gian trung ấm** trong nhiều truyền thống tôn giáo có thể được hiểu như **một giai đoạn chuyển tiếp**, trong đó quá trình tái tổ chức và tái liên kết thông tin diễn ra trước khi bước vào một trạng thái hiện hữu mới. "Phán xét" nếu có, không phải là một phiên tòa theo nghĩa pháp lý, mà là **sự hiển lộ khách quan của chính nghiệp lực và cấu trúc thông tin mà cá thể đã tạo dựng**.

Điều này cũng gần với nhiều tư tưởng Phật giáo: **nghiệp tự dẫn đến quả**, chứ không phải một đấng bên ngoài quyết định thưởng hay phạt. Tuy nhiên, cần lưu ý rằng đây là **một diễn giải triết học**

trong khuôn khổ mô hình TLD, không phải là kết luận đã được chứng minh của khoa học hay là cách giải thích duy nhất của các truyền thống tôn giáo.

D. NHỮNG VAI TRÒ KHÁC CỦA HỒN

a) Trí nhớ và sự thu hồi trí nhớ

Theo mô hình được đề nghị trong cuốn sách này, một trong những vai trò quan trọng của **Hồn (Nghiệp thức)** là tham gia vào quá trình hình thành, lưu giữ và thu hồi trí nhớ.

Giả thuyết của mô hình cho rằng, trong tiến trình tiếp nhận tri thức, Hồn lưu trữ trực tiếp toàn bộ nội dung của mỗi trải nghiệm, và liên tục ghi nhận một **bản đồ cấu trúc** của các đường dẫn thần kinh được hình thành trong não bộ. Bản đồ này phản ánh tiến trình xử lý thông tin từ các cơ quan cảm giác đến vỏ não thông qua các giai đoạn tương ứng với Ngũ uẩn: **Sắc, Thọ, Tưởng, Hành và Thức**. Trong đó, **Sắc** phản ánh thông tin cảm giác ban đầu; **Thọ** ghi nhận giá trị cảm xúc của trải nghiệm; **Tưởng** tham gia vào nhận phản xạ không điều kiện; **Hành** góp phần hình thành phản ứng, thói quen và các khuynh hướng xử lý; còn **Thức** tổng hợp toàn bộ tiến trình thành kinh nghiệm có ý thức. Theo mô hình này, vai trò của **Tưởng** trong nhiều trường hợp có thể chỉ mang tính tạm thời, chủ yếu tạo nên các liên tưởng và phản ứng cảm xúc tức thời trước khi thông tin được ổn định trong mạng lưới trí nhớ.

Khi một sự kiện hiện tại có những đặc điểm tương đồng với một trải nghiệm trong quá khứ, các tín hiệu đó có thể kích hoạt những dấu vết trí nhớ (memory engrams) đã được lưu giữ trong **hồi hải mã (hippocampus) (vai trò la: lập chỉ mục (index)** và hỗ trợ truy xuất ký ức.)

. Theo giả thuyết của mô hình, đồng thời với quá trình này, Hồn cũng sử dụng bản đồ cấu trúc đã ghi nhận trước đó để tái kích hoạt các đường dẫn thần kinh tương ứng. Nhờ sự phối hợp giữa hoạt động của não bộ và bản đồ thông tin trong Nghiệp thức, ký ức cũ có thể được tái hiện và đưa trở lại ý thức.

Theo quan điểm này, Hồn không lưu giữ từng ký ức như một kho dữ liệu, mà lưu giữ **cấu trúc tổ chức của các đường dẫn thần kinh** đã tạo nên ký ức đó. Chính cấu trúc này đóng vai trò như một chỉ mục hay bản đồ định vị, giúp hệ thần kinh có thể tìm lại đúng mạng lưới synapse cần thiết giữa vô số khả năng kết nối khác nhau.

Nếu không tồn tại một cơ chế định hướng như vậy, việc thu hồi chính xác một ký ức cụ thể từ hàng tỷ nơron và hàng nghìn tỷ synapse sẽ trở nên vô cùng khó khăn.
Trong mô hình TLD, giả thuyết này được mở rộng hơn khi cho rằng bản đồ cấu trúc ấy không chỉ tồn tại trong não bộ của một đời sống, mà còn được duy trì trong **proto-individual** như một phần của Nghiệp thức. Điều đó, nếu đúng, sẽ cung cấp một cơ chế lý thuyết để giải thích sự liên tục của học tập và kinh nghiệm vượt ra ngoài giới hạn của một đời sống riêng lẻ.

b) Một số hiện tượng bất thường của ý thức có thể được nhìn dưới một góc độ khác.

Chẳng hạn, trong những trường hợp rối loạn phân ly về nhân cách (Dissociative Identity Disorder), mô hình TLD đề nghị một cách diễn giải khác với các mô hình thần kinh học và tâm thần học hiện nay. Theo giả thuyết này, có thể đã xảy ra sự thay đổi đáng kể trong cơ chế điều phối của Hồn (Nghiệp thức) đối với mạng lưới thần kinh. Khi đó, cấu trúc thông tin đang giữ vai trò điều phối chủ đạo của cá thể có thể tạm thời suy giảm ảnh hưởng, tạo điều kiện để những cấu trúc thông tin khác được biểu hiện rõ hơn.

Mô hình còn mở rộng giả thuyết rằng một hệ thần kinh đang phát triển có thể, trong những trường hợp hiếm, tương tác với nhiều hơn một **proto-individual** hay nhiều cấu trúc thông tin khác nhau. Với khả năng này, thì sự luân phiên hoặc cạnh tranh trong quá trình điều phối hoạt động thần kinh có thể tạo nên những trạng thái ý thức khác biệt trong cùng một cá thể. Thể hiên qua bệnh lý đa nhân cách

Giả thuyết trên được gợi ý từ thực tế rằng sinh học đã ghi nhận một số trường hợp bất thường trong quá trình thụ tinh co nhiều hơn một tinh trung trong phát triển phôi, cho thấy sự hình thành một cá thể không phải lúc nào cũng tuân theo một mô hình đơn giản. Những hiện tượng đó gợi ý sự tồn tại của nhiều proto-individual hay nhiều Hồn trong cùng một cơ thể. Trong mô hình TLD, chúng chỉ được xem là cơ sở để đặt ra câu hỏi rằng mối liên hệ giữa phôi thai và cấu trúc thông tin có thể phức tạp hơn quan niệm thông thường.

Cho nên một số hiện tượng như rối loạn phân ly về nhân cách, mộng du, hoặc một số trạng thái ý thức đặc biệt có thể được khảo sát dưới một góc nhìn mới. Theo cách nhìn đó, các hiện tượng này không nhất thiết chỉ phản ánh sự rối loạn của một cấu trúc thông tin duy nhất, mà có thể liên quan đến sự thay đổi vai trò điều phối giữa nhiều cấu trúc thông tin cùng tương tác với một hệ thần kinh. Đây vẫn là một giả thuyết lý thuyết của mô hình TLD và hiện chưa có bằng chứng thực nghiệm để xác nhận.

Hiện tượng xuất hồn (Out-of-Body Experience)

Hiện tượng **xuất hồn** (Out-of-Body Experience, OBE) đã được tác giả đề cập và thảo luận trong cuốn sách xuất bản trước đây. Trong mô hình TLD, hiện tượng này được xem như một hệ quả có thể xảy ra nếu Hồn (Nghiệp thức) thực sự đóng vai trò là thành phần trung gian giữa miền thông tin và não bộ.

Theo giả thuyết của mô hình, trong điều kiện bình thường Hồn liên kết chặt chẽ với hệ thần kinh thông qua mạng lưới synapse của não bộ. Sự liên kết này được giả định diễn ra nhờ một cơ chế vật lý rất tinh vi, có thể liên quan đến tương tác giữa các điện tích của synapse với thành phần vật chất vi tế của Hồn. Trong các công trình trước đây, tác giả đã giả thuyết rằng cơ chế này có thể liên quan đến sự ghép nối giữa electron tại synapse và một thành phần nền của Hồn, chẳng hạn như neutrino vô sinh (sterile neutrino) hoặc một hạt nền khác chưa được biết đến. Đây chỉ là một giả thuyết nhằm mô tả cơ chế tương tác giữa hai miền thực tại và hiện chưa có bằng chứng thực nghiệm xác nhận.

Khi sự liên kết giữa Hồn và mạng lưới synapse bị suy giảm hoặc tạm thời gián đoạn, chẳng hạn trong một số trạng thái cận tử, thiền định rất sâu, dưới tác động của một số chất hướng thần, hoặc trong những trường hợp tự phát, Hồn có thể tách khỏi sự ràng buộc trực tiếp với cơ thể vật lý. Theo mô hình TLD, khi đó toàn bộ cấu trúc Nghiệp thức – bao gồm các thành phần tương ứng với Ngũ uẩn – vẫn được duy trì như một chỉnh thể thông tin, mặc dù không còn gắn trực tiếp với hoạt động của hệ thần kinh.

Do Hồn được giả định thuộc miền giao diện và không bị ràng buộc hoàn toàn bởi các giới hạn không gian của thế giới 4D, mô hình cho rằng nó có thể biểu hiện những đặc tính phi định xứ (non-local). Mặt khac hồn vẫn giữ liên hệ bình thườnng voi prôt-individual trong TLD Đặc tính này được sử dụng để giải thích vì sao nhiều người trải qua OBE mô tả cảm giác quan sát cơ thể mình từ bên ngoài hoặc nhận biết đồng thời nhiều vị trí trong không gian.

Tuy nhiên, theo giả thuyết này, mặc dù Hồn vẫn duy trì được nhận thức và ký ức, nó không còn tương tác cơ học trực tiếp với vật chất khi đã tách khỏi hệ thần kinh. Vì vậy, Hồn không thể tạo ra lực cơ học đáng kể để làm dịch chuyển đồ vật, phát ra âm thanh hay thực hiện các vận động vật lý như cơ thể sinh học. Mọi tương tác với thế giới vật chất, nếu có, đều phải thông qua sự tái lập liên kết với hệ thần kinh hoặc thông qua những cơ chế hiện nay khoa học vẫn chưa hiểu rõ.

Mô hình trên được đề xuất như một khuôn khổ lý thuyết nhằm giải thích các báo cáo về hiện tượng xuất hồn theo cách nhất quán với giả thuyết TLD.

E. GIẢI MÃ NGŨ UẨN BẰNG CƠ HỌC LƯỢNG TỬ PHÂN TẦNG. NGŨ UẨN, KHÔNG GIAN NHIỀU CHIỀU VÀ MIỀN GIAO DIỆN

Trong lý thuyết dây và M-theory, bốn chiều quen thuộc của không–thời gian (3 chiều không gian và 1 chiều thời gian) là những chiều mà các trường và hạt của Mô hình Chuẩn biểu hiện trực tiếp, do đó có thể được khảo sát bằng thực nghiệm. Ngược lại, các chiều bổ sung từ D5 đến D11 được giả thuyết tồn tại dưới dạng những chiều cuộn (compactified) hoặc các cấu trúc brane ở quy mô cực nhỏ, nên chưa thể quan sát trực tiếp. Sự hiện diện của các chiều này không chỉ nhằm duy trì tính nhất quán toán học của lý thuyết, mà còn giúp loại bỏ các dị thường lượng tử và thống nhất các tương tác cơ bản. Đồng thời, chúng cũng dẫn đến dự đoán về nhiều hạt mới, đặc biệt là các hạt siêu đối xứng (supersymmetric partners), nhưng cho đến nay vẫn chưa có bằng chứng thực nghiệm xác nhận. Theo quan điểm của mô hình CPT được đề nghị trong cuốn sách này, các chiều bổ sung của M-theory D6-D11 vẫn thuộc cùng một miền vật lý vì chúng được mô tả bằng hình học, trường và năng lượng.

1. D6 (Sắc Uẩn): Giàn Giáo Năng Lượng Vô Hình Và Ma Trận Synapse Thần Kinh

Trong giả thuyết HTTV/IPTM, **Sắc uẩn ngự trị tại Chiều thứ sáu (D6)** – chiều không gian ẩn đầu tiên nằm ngay sát D5 của lực hấp dẫn – đóng vai trò là một **Giàn giáo năng lượng vô hình (Imperceptible Energy Scaffold)**.

Sắc uẩn không phải là vật chất sinh học, mà là một mạng lưới cấu trúc lượng tử được dệt nên từ **Chất nền Đen** (Vật chất tối/Năng lượng tối) kết hợp với dòng hạt **Neutrino**. Do Neutrino có khối lượng gần như bằng không, di chuyển xấp xỉ tốc độ ánh sáng và sở hữu khả năng tương tác cực yếu với vật chất thông thường, mạng lưới Sắc uẩn này có thể xuyên qua mọi rào cản vật lý để bao bọc và tích hợp sâu sắc vào toàn bộ hệ thần kinh của sinh vật.

Mối liên kết giữa cấu trúc vô hình D6 và thể xác 4D được thiết lập tại các **Khớp thần kinh (Synapses)** và các **Đầu mút dây thần kinh ngoại vi (Neuronal Terminal Endings)**. Từ vỏ não, đồi thị, cho đến các tận cùng thần kinh ở da, cơ xương và cơ quan nội tạng (viscera), mạng lưới Neutrino của Sắc uẩn liên tục thực hiện các tương tác yếu với dòng hạt electron chuyển động qua các kênh ion. Mạng lưới lượng tử D6 này hoạt động như một khuôn mẫu hình học vĩ mô điều hướng sự phát triển của các tế bào và tạo nên phác thảo cơ thể vô hình cho sinh vật.

2. D7 (Thọ Uẩn): Bộ Lọc Trạng Thái Xác Suất Và Phép Tính Định Thức Cảm Giác Sơ Cấp

Nối tiếp ngay sau lớp vỏ bọc năng lượng của Sắc uẩn là **Thọ uẩn ngự trị tại Chiều thứ bảy (D7)**. Tiến trình giải phẫu thần kinh (dẫn truyền từ giác quan qua **Đồi thị (Thalamus)** cập bến tại các vùng vỏ não cảm giác sơ cấp như **V1, S1, A1...**) chính là biểu hiện 4D của sự xử lý ma trận mật độ tín hiệu thô (Raw Sensory Data) diễn ra tại D7.

Khi các giác quan tiếp nhận kích thích, hệ ma trận synapse ở D6 sản sinh ra một trạng thái chồng chất lượng tử chứa vô số biên độ biến động phức tạp. Để biến dòng xung điện hỗn loạn này thành một trạng thái dữ liệu có ý nghĩa, D7 tiếp nhận và sắp xếp chúng vào một **Ma trận Mật độ Thọ uẩn ρ_{D7} = (ma trân/matrix)**

$$\begin{pmatrix} P_L ac & c_{\pm} & c_{+}0 \\ c_{\mp} & P_K ho & c_{-}0 \\ c_0 + & c_0 - & P_X \end{pmatrix} \text{ X: không lạc hay khổ}$$

Trong đó, các thành phần ngoài đường chéo c_{ij} là các pha giao thoa lượng tử phức biểu thị sự nhiễu loạn. Lúc này, để đóng gói dữ liệu và gửi lên các tầng cao hơn, D7 kích hoạt thuật toán **Đóng băng trạng thái (State Freezing)** bằng việc thực hiện phép tính định thức (**Determinant**): det ρ_{D7}

Phép tính định thức gom toàn bộ không gian vector đa chiều mang tính xác suất của các xung điện thần kinh lại thành một giá trị vô hướng thực (scalar) duy nhất. Quá trình này triệt tiêu hoàn toàn các pha giao thoa nhiễu $c_{ij} \rightarrow 0$, đóng băng ma trận xác suất phức thành một kết quả thô đã được nén tối giản, sẵn sàng chuyển tiếp sang **D8 (Tưởng uẩn)** để kích hoạt các phản xạ sinh tồn tự động.

3. D8 (Tưởng Uẩn): Thuật Toán Chụp Ảnh Lượng Tử Và Cơ Chế Phản Xạ Vô Điều Kiện

Tưởng uẩn ngự trị tại Chiều không gian thứ tám (D8) hoạt động như một **Bộ lưu trữ đồ họa lượng tử tự động**, chịu trách nhiệm vận hành thuật toán phản xạ vô điều kiện nhằm mục đích tối thượng là bảo vệ sự toàn vẹn của cơ thể sinh học. Tưởng uẩn ở giai đoạn sơ cấp này chưa phải là tri thức hay khái niệm ngôn ngữ.

Ngay khi ma trận cảm giác thô được nén bằng phép tính định thức tại D7, D8 áp dụng một **Toán tử Chiếu (Projection Operator P_{D8}** để thực hiện một lệnh **Chụp ảnh lượng tử (Quantum Snapshot)**|

$$P_{D8} = |\Phi_{Pattern}\rangle\langle\Phi_{Pattern}|$$

Toán tử chiếu này quét qua giá trị vô hướng thực từ D7 và lập tức đối chiếu nó với một hệ thống ma trận lưu trữ các

Mẫu hình học sinh tồn có sẵn (Pre-programmed Survival Schemas).

- **Ví dụ ứng dụng:** Khi có vật thể lạ bay thẳng vào mắt với tốc độ cao, xung điện thần kinh truyền từ võng mạc qua V1 dội thẳng lên D8.

- **Kết quả:** D8 nhận diện mẫu xung này trùng khớp với mẫu hình đe dọa, toán tử chiếu P_{D8} kích hoạt phản xạ vô điều kiện (nhắm mắt) dội ngược xuống hệ ma trận cơ xương ở D6 ngay lập tức mà không cần đợi bộ não phân tích logic. Kết quả của lệnh chụp ảnh lượng tử này được nén lại thành một mẫu vân giao thoa phẳng (holographic pattern) chuyển tiếp sang **D9 (Hành uẩn)**.

4. **D9 (Hành Uẩn): Toán Tử Hội Nhập Phi Tuyến Và Sự Khai Sinh Mã Thông Tin Tối Hậu (UIC)**

Hành uẩn ngự trị tại Chiều không gian thứ chín (D9) chính là **Bộ tổng hợp trạng thái (State Synthesizer)** vĩ đại, nơi vận hành một **Toán tử Hội nhập Phi tuyến (\(\mathcal{I}_{\text{Int}}\))** để đúc kết tất cả các biến số rời rạc thành một thực thể thông tin hợp nhất duy nhất.
Thuật toán hội nhập thực hiện một phép tích chập tensor (\(\otimes \)) đa tầng, gom 3 nguồn dữ liệu nền tảng làm tham số đầu vào:

$(\|\{UIC\}\rangle I_{¿¿}$

Trong đó $mathbf\{\Lambda\}_{\{¿\{Env\}\}}$ là ma trận hằng số môi trường vật lý từ không gian 4D/5D dội ngược lên (áp suất, nhiệt độ, trạng thái cơ học cơ thể). Toán tử phi tuyến I_{Int} nén toàn bộ ma trận dữ liệu sinh học, phản xạ tự động và bối cảnh môi trường này thành một chuỗi xung lượng tử duy nhất, được gọi là **Mã Thông Tin Tối Hậu (Ultimate Information Code - UIC)**.
Mã UIC được cấu trúc dưới dạng một chuỗi qubit đa trạng thái bị vướng víu (entangled qubit string): $|UIC\rangle = |\psi_{Sac}\rangle \otimes |\psi_{Tho}\rangle \otimes |\psi_{Tuong}\rangle \otimes |\psi_{Hanh}\rangle \otimes |\psi_{Thuc}\rangle$
Chuỗi UIC này mang theo thông tin toàn thể cấu trúc sinh thể, sẵn sàng được chuyển giao lên hệ điều hành **D10 (Thức uẩn)**.

5. **D10 (Thức Uẩn): Hệ Điều Hành Nhận Thức Và Cửa Ngõ Dịch Mã Lượng Tử**

Thức uẩn ngự trị tại Chiều không gian thứ mười (D10) hoạt động như một **Hệ điều hành nhận thức tổng thể (Master Cognitive Operating System)**. Nó đóng vai trò là một **Bộ kiểm**

toán dữ liệu (Data Auditor) đứng giữa thế giới động lực học biến thiên 4D và miền thông tin vĩnh cửu CPT.
Nhiệm vụ cốt lõi của D10 là tiếp nhận chuỗi Qubit Mã Thông Tin Tối Hậu $|UIC|$ được đẩy lên từ Hành uẩn (D9). Để biến chuỗi qubit thô này thành Tri thức và tạo ra các phản ứng ý chí, D10 thực hiện một toán tử chuyển đổi cấu trúc, liên tục so sánh vi phân giữa chuỗi |UIC| hiện tại với các vết trạng thái cũ. Khi phát hiện một sự đồng điệu cấu trúc, D10 định hướng và đẩy chuỗi thông tin này xuyên qua trục trực giao của phép quay Wick, gửi thẳng lên **D11 (Cái Biết)**. Thức uẩn chính là cửa ngõ cuối cùng điều hướng thông tin vật lý chạm vào bản thể luận tối cao.

6. D11 (Cái Biết / Hồn): Trục Điều Khiển Tối Cao Và Vòng Lặp 4D → CPT → 4D

Chiều thứ mười một (D11) - Cái Biết, hay chính là Hồn (The Knower / Soul) là trục điều khiển tối cao của Giao diện, tiếp giáp trực tiếp với miền CPT. D11 hoạt động như một **Toán tử Vector Chỉ phương Tối cao**

a) **Chiều đi (4D →CPT):** Khi một sự kiện chớm xảy ra tại hệ ma trận synapse thần kinh (D6), chuỗi mã xuyên qua cấu trúc các uẩn gửi đến Thức (D10). D10 đẩy dữ liệu này vượt qua bộ lọc của Tường lửa Giao diện lên đến D11. Tại đây, thông qua chiếc cầu nối trực giao của Phép quay Wick, Cái Biết (D11) đồng bộ hóa tức thì chuỗi dữ liệu thực tế này với máy chủ gốc CPT.

a. **Xử lý cốt lõi và Bộ lọc lựa chọn:** CPT tiếp nhận dữ liệu thực tế từ D11, vận hành một thuật toán lọc lựa chọn (selective filter) để đưa ra nghiệm đặc trưng (eigenvalue) tối ưu nhất phù hợp với quy luật toàn cục. Vũ trụ 4D không thể tự ý đọc dữ liệu tổng thể tại CPT nếu không được cho phép.

b. **Chiều về (CPT →4D):** Nghiệm tối ưu được CPT dội ngược lại qua D11 dưới dạng một **Áp lực Ý chí (Volitional Pressure)**. D11 tiếp nhận áp lực này và áp một toán tử ma trận uniter $\{U\}(\theta)$ lên toàn bộ hệ thống Ngũ uẩn bên dưới:

$$|\psi_{new}\rangle = U(\theta).|UIC\rangle$$

Toán tử này xoay các pha lượng tử, phát lệnh điều khiển tức thì xuống thẳng D6, triệt tiêu hoàn toàn các pha giao thoa lượng tử $c_{ij} \to 0$. Hàm sóng xác suất đang ở trạng thái chồng chất tại vũ trụ vật lý 4D bị buộc phải sụp đổ lập tức thành một thực tại cứng độc nhất, khai sinh ra tri thức và phản ứng ý chí hành vi.

Minh Định Bản Thể Luận Bảo Vệ Cho Chiều D11

D11 vẫn thuộc về phần vật chất của Giao diện, chứ chưa phải là cõi nguồn tối hậu của CPT.

Mặc dù D11 (Cái Biết / Hồn) ngự trị ở đỉnh cao nhất của cấu trúc Ngũ uẩn, nó vẫn vận hành dựa trên cấu trúc toán học của một toán tử vector chỉ phương và chịu sự ràng buộc của không gian 11 chiều (M-Theory). Điều này có nghĩa là, D11 vẫn nằm trong miền của thế giới nhị nguyên (Duality) – nơi vẫn còn sự phân biệt giữa "chủ thể nhận thức" (Cái Biết) và "đối tượng bị nhận thức" (Mã UIC truyền lên). Nó hoạt động như một bộ vi xử lý tối cao bằng vật chất tối hoặc neutrino, tức là nó vẫn là một thực thể trung gian mang tính công cụ.

Theo giả thuyết được đề nghị trong cuốn sách này, có thể tồn tại một sự **tương hợp về cấu trúc** giữa khái niệm Ngũ uẩn trong Phật học và các chiều bổ sung trong M-theory, mặc dù hai hệ thống được xây dựng trên những nền tảng hoàn toàn khác nhau.

Trong Phật học, **uẩn** (skandha) có nghĩa là sự tích tụ, chồng chất hay che phủ. Năm uẩn không phải là bản thể tối hậu mà là những cấu trúc hữu vi, luôn biến đổi và đồng thời che lấp bản tính chân như của thực tại. Chính vì vậy, Ngũ uẩn không phải là Chân Như, mà là tầng biểu hiện nơi con người nhận biết thế giới và chính mình.

Trong mô hình TLD, vai trò tương tự được gán cho **miền giao diện (Interface Domain)**. Đây là miền trung gian, nơi thông tin cấu trúc nguyên thủy bắt đầu được thời gian hóa, phân tầng và chuyển hóa thành các hiện tượng vật lý cũng như tâm lý. Mọi biểu hiện của vật chất, năng lượng, hấp dẫn và tâm thức đều xuất hiện trong miền này trước khi được hiện thực hóa đầy đủ trong không–thời gian bốn chiều.

Từ góc nhìn đó, có thể xem Ngũ uẩn là **biểu hiện của miền giao diện trên phương diện hiện sinh của con người**. Điều mà Phật học gọi là sự chấp thủ vào Ngũ uẩn có thể được diễn giải, trong ngôn ngữ của mô hình TLD, như sự đồng nhất hóa với các cấu trúc thông tin đã bị thời gian hóa và phân tầng, thay vì nhận ra nền tảng thông tin chính trực nằm phía sau chúng.

Nếu chấp nhận giả thuyết này, thì các chiều bổ sung từ năm đến mười một trong M-theory có thể được xem như **một biểu diễn toán học khả dĩ** của miền giao diện, chứ không phải của chính TLD. Điều này cũng gợi mở một cách hiểu khác về hấp dẫn và vật chất tối. Thay vì là các hiện tượng chỉ thuộc thế giới vật chất, chúng có thể phản ánh những thuộc tính của miền giao diện, nơi thông tin nguyên thủy bắt đầu biểu hiện thành các cấu trúc hình học và cuối cùng hiện thực hóa thành vật chất.

Theo cách nhìn đó, **TLD không tương ứng với không gian 11 chiều của M-theory**. Ngược lại, nếu tồn tại một sự tương hợp, thì chính **miền giao diện** mới là ứng viên gần gũi hơn với các chiều bổ sung của lý thuyết dây, bởi đây là nơi các cấu trúc tiền hình học bắt đầu mang những đặc tính có thể mô tả bằng ngôn ngữ hình học và vật lý.

Cho nên co thể tạm biểu diẻn ngắn gọn sau;

TLD (Chân Như)⟶Interface (Chất Đen/Ngu˜ uẩn/6-11D)⟶ 4D (Thế giới hiện tượng)

Kết luận

Sự đồng ý là tuyệt đối: **Thông tin trong CPT sinh ra Hình học →Hình học biểu hiện thành Dây dao động →Dây tạo ra Vật chất.**

Theo lý thuyết dây và M-theory, sự nhất quán toán học của các phương trình đòi hỏi không gian phải có nhiều hơn bốn chiều quen thuộc. Trong mô hình phổ biến hiện nay, bốn chiều của không–thời gian là nơi các trường và hạt của Mô hình Chuẩn biểu hiện và có thể được khảo sát bằng thực nghiệm. Ngược lại, các chiều bổ sung chỉ xuất hiện như những cấu trúc hình học ở quy mô cực nhỏ, đóng vai trò duy trì tính nhất quán của lý thuyết và cho phép thống nhất các tương tác cơ bản.

Tuy nhiên, cho đến nay các chiều bổ sung này vẫn chưa được gắn với một thực thể vật lý hay sinh học cụ thể có thể kiểm chứng trực tiếp. Chúng chủ yếu được xem là những thành phần của mô hình toán học hơn là những tầng hiện hữu đã được xác nhận bằng thực nghiệm.

Mô hình TLD được đề nghị trong cuốn sách này đưa ra một cách diễn giải khác. Thay vì xem các chiều bổ sung chỉ là những chiều hình học trừu tượng, mô hình giả thuyết rằng chúng có thể tương ứng với **miền giao diện (Interface Domain)** – tầng trung gian nối giữa miền thông tin nguyên thủy (TLD) và thế giới vật chất 4D.

Trong cách nhìn này, **Hồn (Nghiệp thức)** chính là cấu trúc thông tin hoạt động trong miền giao diện. Hồn không thuộc hoàn toàn về TLD vì đã mang dấu ấn của thời gian và kinh nghiệm, nhưng cũng chưa hoàn toàn thuộc thế giới vật chất vì vẫn duy trì những đặc tính phi định xứ và khả năng lưu giữ thông tin xuyên suốt tiến trình hiện thực hóa.

Theo giả thuyết này, thì mỗi chiều bổ sung của M-theory có thể tương ứng với một tầng chức năng của Nghiệp thức. Theo đó, các lớp thông tin tương ứng với D6 **←→Sắc, D7←→Thọ, D8←→Tưởng, D9←→Hành và D10←→Thức** có thể được xem như năm tầng hoạt động của miền giao diện, trong khi tầng cao nhất là **Cái Biết (The Knower)** tiếp giáp trực tiếp với TLD.

Cách diễn giải này không thay đổi cấu trúc toán học của M-theory mà chỉ đề nghị một ý nghĩa vật lý và triết học mới cho các chiều bổ sung. Các chiều ấy không còn chỉ là những chiều hình học vô danh, mà trở thành những tầng chuyển hóa thông tin, nơi cấu trúc nguyên thủy của TLD từng bước hiện thực hóa thành tâm thức, hấp dẫn và cuối cùng là vật chất.

Theo mô hình TLD, toàn bộ tiến trình đó có thể được tóm tắt như sau:

TLD (Thông tin chính trực) → Miền giao diện (Hồn – Ngũ uẩn – các chiều bổ sung) → Không–thời gian 4D (các trường (field), hạt và thế giới hiện tượng).

Với cách tiếp cận này, thì mô hình TLD không nhằm thay thế M-theory, mà đóng vai trò như một tầng diễn giải bổ sung, gợi ý ý nghĩa vật lý và bản thể học của các chiều bổ sung mà toán học đã tiên đoán nhưng hiện vẫn chưa có cách diễn giải thống nhất.

CHƯƠNG VII: MIỀN GIAO DIỆN (2): HIỆN TƯỢNG NGHỊCH LÝ CỦA CƠ HỌC LƯỢNG TỬ

Tóm lược

Cơ học lượng tử đã đạt được những thành tựu to lớn trong việc tiên đoán các hiện tượng vi mô và tạo nền tảng cho nhiều công nghệ hiện đại. Tuy nhiên, mặc dù có độ chính xác thực nghiệm rất cao, lý thuyết này vẫn còn gặp nhiều khó khăn trong việc giải thích bản chất của các hiện tượng lượng tử. Những vấn đề như chồng chập lượng tử, sự sụp đổ của hàm sóng, nghịch lý EPR hay vai trò của người quan sát vẫn còn là những câu hỏi nền tảng. Chính vì vậy, Albert Einstein từng cho rằng cơ học lượng tử, dù thành công, vẫn chưa phải là một mô tả hoàn chỉnh của thực tại.

Theo mô hình TLD được đề nghị trong cuốn sách này, miền phi thời gian có thể đóng vai trò là nền tảng sâu hơn của các hiện tượng lượng tử. Trong khuôn khổ của ***Lý thuyết Tiền Hình học hóa và Thời gian hóa Thông tin thành Vật chất (IPTM)****, các hiện tượng lượng tử được xem như những trạng thái trung gian trong tiến trình chuyển hóa từ thông tin cấu trúc của TLD sang vật chất trong không–thời gian.*

Trong tiến trình ấy, miền giao diện là nơi thông tin đang ở trạng thái chuyển hóa và có thể đồng thời biểu hiện dưới hai phương diện: ***cấu trúc thông tin*** *và* ***hạt vật chất****. Vì mang đồng thời đặc tính của TLD và của thế giới 4D, miền giao diện tạo nên những hiện tượng có vẻ nghịch lý nếu chỉ quan sát từ góc nhìn của vật lý cổ điển.*

Ở phương diện thông tin, trạng thái lượng tử vẫn còn chịu ảnh hưởng của các đặc tính của TLD, như tính phi định xứ (non-locality), tính phi thời gian và sự không bị ràng buộc hoàn toàn bởi khoảng cách hay các rào cản vật lý. Ngược lại, khi biểu hiện thành hạt vật chất trong không–thời gian 4D, các lượng tử lại tuân theo các định luật vật lý thông thường, bao gồm giới hạn về vận tốc truyền và các điều kiện tương tác của thế giới vật chất.

Theo giả thuyết này, tính chất lưỡng tính sóng–hạt của lượng tử có thể được hiểu là hệ quả của việc lượng tử đồng thời mang hai phương diện: một phương diện là cấu trúc thông tin trong miền giao diện và phương diện còn lại là hạt vật chất trong không–thời gian. Chính vì vậy, lượng tử có thể biểu hiện như sóng khi thông tin còn phân bố trong miền giao diện, nhưng lại biểu hiện như hạt khi quá trình hiện thực hóa vật chất được hoàn tất. Theo cách diễn giải này, những hiện tượng như xuyên hầm lượng tử hay chồng chập lượng tử không nhất thiết phản ánh sự vi phạm các định luật vật lý, mà có thể là biểu hiện của giai đoạn chuyển tiếp giữa hai miền thực tại.

Một đặc điểm quan trọng khác của mô hình TLD là sự trao đổi thông tin bất đối xứng giữa miền giao diện và TLD. Theo giả thuyết này, thông tin từ thế giới vật chất luôn được cập nhật liên tục về TLD. Ngược lại, thông tin từ TLD chỉ được phản hồi xuống thế giới hiện tượng một cách chọn lọc, tùy theo cấu trúc thông tin và trạng thái của hệ đang xét.

Do đó, trong các thí nghiệm như hai khe Young hay nghịch lý EPR, khi trạng thái của một hạt lượng tử thay đổi do phép đo, thông tin về sự thay đổi ấy trước hết được ghi nhận trong TLD. Từ nền tảng thông tin chung này, trạng thái của các hệ lượng tử liên hệ có thể được cập nhật gần như tức thời trong miền giao diện trước khi biểu hiện thành kết quả quan sát trong thế giới 4D. Theo mô hình được đề nghị, đây là một hướng diễn giải nhằm giải thích tính phi định xứ của cơ học lượng tử mà không cần giả định có tín hiệu vật lý truyền với vận tốc vượt quá tốc độ ánh sáng trong không–thời gian.

Trong **Chương V – Phần I**, cuốn sách đã trình bày giả thuyết về **Nghiệp thức (Karmic Consciousness hay Soul)** như một thực thể trung gian của **miền giao diện (Interface Domain)**, đóng vai trò là cầu nối giữa **Cõi Phi Thời Gian (TLD)** và thế giới vật chất có không–thời gian (4D). Theo mô hình được đề nghị, chính miền giao diện là nơi thông tin nguyên thủy bắt đầu được thời gian hóa, phân tầng và chuyển hóa thành các hiện tượng vật lý.

Trong **Phần II**, mô hình này sẽ được sử dụng để tiếp cận một trong những lĩnh vực thành công nhất nhưng cũng bí ẩn nhất của vật lý hiện đại: **cơ học lượng tử**.

Không thể phủ nhận rằng cơ học lượng tử đã mở ra một kỷ nguyên mới cho khoa học và công nghệ. Từ transistor, laser, chất bán dẫn đến máy tính lượng tử, hầu như toàn bộ nền văn minh công nghệ hiện đại đều được xây dựng trên các nguyên lý lượng tử. Tuy nhiên, song song với những thành tựu to lớn ấy, cơ học lượng tử vẫn chứa đựng nhiều câu hỏi nền tảng chưa có lời giải thống nhất. Các hiện tượng như chồng chập lượng tử, sự suy sụp của hàm sóng, vai trò của người quan sát, xuyên hầm lượng tử hay vướng víu lượng tử vẫn là chủ đề của những cuộc tranh luận kéo dài hơn một thế kỷ.

Nhìn từ góc độ đó, nhận định nổi tiếng của Albert Einstein rằng *"cách diễn giải cơ học lượng tử vẫn chưa hoàn chỉnh"* có thể không hoàn toàn sai. Điều mà Einstein chưa tìm thấy có lẽ không phải là một sai sót trong các phương trình lượng tử, mà là một tầng nền tảng sâu hơn mà các phương trình ấy đang phản ánh.

Theo quan điểm được đề nghị trong cuốn sách này, nền tảng đó không thuộc riêng phạm vi của vật lý hay toán học, mà trước hết là một vấn đề **bản thể học**. Muốn hiểu đầy đủ một hiện tượng, cần phân biệt giữa **thế giới biểu hiện** và **nền tảng sinh thành** của hiện tượng ấy. Thế giới biểu hiện là không–thời gian 4D mà vật lý đang khảo sát; còn nền tảng sâu hơn, theo mô hình TLD, là miền thông tin nguyên thủy phi thời gian, nơi chưa tồn tại vật chất, năng lượng, hình học hay chuyển động. Chỉ có thông tin.

Tuy nhiên, giữa hai miền đó không tồn tại một khoảng cách tuyệt đối. Chúng được nối với nhau bởi **miền giao diện**, nơi thông tin nguyên thủy bắt đầu mang những đặc tính của hình học, thời gian và vật lý trước khi biểu hiện thành thế giới hiện tượng. Chính vì vậy, theo giả thuyết của mô hình TLD, các hiện tượng lượng tử không phản ánh trực tiếp TLD, mà phản ánh **những quá trình diễn**

ra trong miền giao diện, nơi thông tin đang chuyển tiếp từ trạng thái phi thời gian sang thế giới vật chất.

Nếu cơ học lượng tử thực sự đánh dấu giới hạn hiện nay của vật lý, thì cũng có thể chính giới hạn ấy đang chỉ ra rằng đối tượng của nó không còn hoàn toàn thuộc thế giới vật chất 4D. Những đặc tính như phi định xứ (non-locality), chồng chập, vướng víu và vai trò của phép đo có thể là dấu hiệu cho thấy cơ học lượng tử đang tiếp cận ranh giới giữa thế giới vật lý và miền giao diện. Theo cách nhìn này, lượng tử không chỉ là vật lý của các hạt cực nhỏ, mà còn là cửa ngõ giúp nhận biết sự tồn tại của một tầng thực tại sâu hơn nằm phía sau không–thời gian.

I. KHẢ NĂNG CHUYỂN HÓA TRONG MIỀN GIAO DIỆN

Nguyên lý bất đối xứng thông tin (Information Asymmetry Principle

Theo mô hình TLD được đề nghị trong cuốn sách này, **miền giao diện (Interface Domain)** không chỉ là cầu nối giữa Cõi Phi Thời Gian (TLD) và thế giới vật chất 4D, mà còn là **miền chuyển hóa thông tin** theo cả hai chiều.

Ở chiều thứ nhất, thông tin cấu trúc nguyên thủy trong TLD được chuyển hóa từng bước thành hình học, trường, lực và cuối cùng là vật chất trong không–thời gian. Tiến trình này đã được mô tả trong mô hình **HTTV/IPTM (Information Pre-geometrization and Progressive Conversion into Matter)**.

Ở chiều ngược lại, các thông tin phát sinh từ thế giới hiện tượng cũng liên tục được truyền trở lại TLD thông qua miền giao diện. Tuy nhiên, quá trình này không đơn thuần là sự truyền tải dữ liệu, mà đồng thời là một quá trình **chuyển hóa**. Những kinh nghiệm, hành vi và tri thức của cá thể được mã hóa thành cấu trúc thông tin, trong khi chiều ngược lại là quá trình giải mã để các cấu trúc thông tin ấy được biểu hiện thành nhận thức, ý chí và hành động trong thế giới 4D.

Theo giả thuyết của mô hình, sự chuyển hóa hai chiều này không diễn ra hoàn toàn tự do, mà tuân theo một số nguyên tắc cơ bản. chú ý, mõi chiều gòm hai phần nhậ va gỡi thong tin

(i) Chiều về: từ 4D đến TLD

Thông tin phát sinh trong thế giới hiện tượng được giả định là liên tục truyền ngược qua miền giao diện về TLD. Theo cách nhìn này, hầu như mọi kinh nghiệm của cá thể đều được ghi nhận dưới dạng cấu trúc thông tin.

Đối với từng cá thể, các thông tin này được tích lũy trong **proto-individual (Nghiệp thức)** như dấu ấn của quá trình học tập và chuyển hóa. Đối với môi trường tự nhiên, các thông tin được xem là đóng góp vào cấu trúc thông tin chung của hệ thống.

Theo giả thuyết này, TLD luôn duy trì một trạng thái cập nhật liên tục đối với các biến đổi xảy ra trong thế giới hiện tượng.

(ii) Chiều đi: từ TLD đến 4D

Ngược lại, chiều truyền thông tin từ TLD xuống thế giới 4D được giả định chịu sự chọn lọc rất nghiêm ngặt. Chỉ những thông tin cần thiết cho quá trình giải mã, nhận thức và hiện thực hóa mới được phép biểu hiện trong não bộ và thế giới vật chất.

Những thông tin không liên quan trực tiếp đến tiến trình hiện thực hóa của cá thể sẽ không được biểu hiện trong ý thức thông thường. Do đó, con người chỉ nhận biết được một phần rất nhỏ của cấu trúc thông tin tồn tại trong TLD.

Theo cách nhìn này, thế giới 4D không trực tiếp nhận biết toàn bộ những gì diễn ra trong TLD, trong khi TLD vẫn ghi nhận toàn bộ tiến trình của thế giới hiện tượng.

(iii) Những trường hợp ngoại lệ

Mô hình cũng không loại trừ khả năng rằng, trong một số trường hợp rất hiếm, một phần thông tin từ TLD có thể được biểu hiện trực tiếp hơn trong ý thức của một số cá nhân. Trong lịch sử và nhiều truyền thống văn hóa, những người này thường được mô tả như các nhà tiên tri, bậc hiền triết hoặc những người có trực giác đặc biệt.

Theo mô hình TLD, đây chỉ là một giả thuyết nhằm giải thích một số hiện tượng được ghi nhận trong lịch sử và tâm linh; hiện chưa có bằng chứng thực nghiệm để xác nhận.

(iv) Trạng thái giác ngộ

Trong mô hình TLD, trạng thái giác ngộ được hiểu là sự suy giảm dần của các lớp thông tin che phủ (vô minh), nhờ đó ý thức có khả năng tiếp cận trực tiếp hơn với miền giao diện.

Điều này không có nghĩa là cá thể đồng nhất hoàn toàn với TLD, mà là mức độ biểu hiện của thông tin chính trực ngày càng tăng, trong khi những cấu trúc thông tin xiên lệch ngày càng được thanh lọc.

II. THÔNG TIN VÀ HẠT TRONG MIỀN GIAO DIỆN

Theo mô hình được đề nghị, thông tin trong miền giao diện có thể tồn tại dưới hai phương thức biểu hiện khác nhau.

Ở trạng thái gần với TLD, thông tin không được hiện thực hóa thành vật chất. Trong trạng thái này chưa tồn tại không–thời gian theo nghĩa vật lý, vì vậy các cấu trúc thông tin có thể biểu hiện những đặc tính như phi định xứ (non-locality), không phụ thuộc trực tiếp vào khoảng cách không gian và thời gian.

Khi tiến trình hiện thực hóa tiếp tục, thông tin dần chuyển thành các trạng thái lượng tử có thể biểu hiện dưới dạng trường và hạt. Từ thời điểm đó trở đi, các cấu trúc này tuân theo các quy luật của vật lý lượng tử và cuối cùng là các định luật của thế giới 4D.

Theo cách nhìn này, hạt lượng tử không phải là điểm khởi đầu của thực tại, mà là một giai đoạn trong tiến trình chuyển hóa liên tục từ **thông tin → hình học → trường → hạt → vật chất**. Miền giao diện chính là nơi diễn ra sự chuyển tiếp giữa hai phương thức tồn tại ấy.

Voi nhung nguyen tac tren gan nhu toanthe nghịch ly trong vat ly tro thanh su kien theo quan niên xá dinh khong hoai nghi ve sat xuat

Theo quan điểm này, các hiện tượng như giao thoa lượng tử, chồng chập, vướng víu lượng tử, bảo toàn thông tin, cũng như tiến trình sinh và tử, không còn là những hiện tượng rời rạc. Chúng đều có thể được xem là những biểu hiện khác nhau của cùng một nguyên lý sâu hơn: **sự phản ánh toàn vẹn giữa nền tảng thông tin phi thời gian (TLD) và thế giới hiện tượng 4D**.

Đây là một giả thuyết triết học–vật lý của mô hình TLD. Giá trị của nó sẽ phụ thuộc vào khả năng xây dựng một mô hình toán học cho miền giao diện và khả năng đưa ra những tiên đoán có thể kiểm chứng bằng thực nghiệm trong tương lai.

Nếu giả thuyết này là đúng, thì mọi hiện tượng lượng tử, từ giao thoa, chồng chập đến vướng víu, đều không còn là các hiện tượng rời rạc, mà là những biểu hiện khác nhau của cùng một nguyên lý: sự nhất quán thông tin giữa TLD và thế giới 4D. TLD không thay

thế các định luật lượng tử hiện hành mà được đề xuất như nền tảng thông tin sâu hơn, từ đó các định luật của cơ học lượng tử xuất hiện như những biểu hiện trong không–thời gian.
Đây là một giả thuyết mang tính triết học–vật lý. Giá trị của nó không nằm ở việc thay thế cơ học lượng tử, mà ở khả năng cung cấp một khung thống nhất để lý giải vì sao các hiện tượng như giao thoa, vướng víu và sự hiện thực hóa trạng thái lượng tử đều có thể được xem là những biểu hiện của một nền tảng thông tin chung vượt ra ngoài mô tả thông thường của không–thời gian.
Câu nói dân gian "người làm, trời nhìn" không chỉ mang ý nghĩa đạo đức đơn giản, mà còn hàm chứa một trực giác vũ trụ học rất sâu. Con người có thể che giấu hành vi trước xã hội, trước luật pháp, thậm chí trước chính lương tâm của mình; nhưng trong mô hình TLD, không một hành vi nào hoàn toàn mất dấu. Mọi biến đổi trong thế giới 4D đều có một phản ánh thông tin tương ứng trong TLD. Vì vậy, "trời nhìn" không nhất thiết là một cái nhìn nhân cách hóa, mà là sự ghi nhận toàn vẹn của nền tảng thông tin. Điều con người làm trong thời gian sẽ được phản ánh trong miền phi thời gian. Đây chính là nền tảng sâu xa của nghiệp: hành động không biến mất, mà trở thành cấu trúc thông tin tiếp tục ảnh hưởng đến tiến trình hiện hữu

III. HIEN TUONG LUONG TU NHICH LY

Khác với thuyết tương đối, thuong khong chạm dến nguong cua TLD, nhiều hiện tượng của nó vượt ngoài trực giác nhưng vẫn có thể hình dung được trong đời sống thường ngày, cơ học lượng tử lại chứa đựng nhiều hiện tượng dường như hoàn toàn nghịch lý đối với quan niệm thông thường về không gian, thời gian và vật chất. Chính Niels Bohr từng nhấn mạnh rằng nếu ai cho rằng mình đã hiểu hoàn toàn cơ học lượng tử thì có lẽ người đó chưa thật sự hiểu nó. Trong khi đó, Albert Einstein gọi hiện tượng rối lượng tử là "tác động ma quái từ xa" (spooky action at a distance).

a) Một trong những hiện tượng nổi tiếng nhất là **rối lượng tử (quantum entanglement)** hay nghịch lý EPR. Hai hạt từng thuộc cùng một hệ lượng tử vẫn có thể biểu hiện sự tương quan gần như tức thời dù khoảng cách giữa chúng rất lớn. Theo trực giác của thế giới 4D, điều này dường như đòi hỏi một tín hiệu truyền nhanh hơn ánh sáng, trái với giới hạn của thuyết tương đối.: hai hạt lượng tử xa cach xa nhung deu thong tin ve TLD

b) Hiện tượng thứ hai là **chồng chập lượng tử (superposition)**. Một hạt lượng tử có thể được mô tả như tồn tại đồng thời trong nhiều trạng thái trước khi phép đo được thực hiện. thong tin va hat dong cu

c) w tru trong giao dien

Nguoi quan st: Thí nghiệm hai khe Young cho thấy photon và electron vừa biểu hiện tính chất hạt, vừa biểu hiện tính chất sóng. Thí nghiệm tưởng tượng con mèo Schrödinger còn đẩy ý tưởng này đến cực điểm khi mô tả một hệ lượng tử có thể được xem như vừa sống vừa chết cho đến khi trạng thái được xác định bởi phép đo: Noi hien tuong trong 4D di nhien la luôn luôn duoc quan sat tu TLD.

d) Hiện tượng thứ ba là **xuyên hầm lượng tử (quantum tunneling)**. Một hạt có thể xuất hiện ở phía bên kia của một rào thế mà theo vật lý cổ điển nó không đủ năng lượng để vượt qua. Hiện tượng này đã được kiểm chứng thực nghiệm và đóng vai trò quan trọng trong nhiều quá trình vật lý hiện đại.

Đứng trên quan điểm của vật lý cổ điển, những hiện tượng trên dường như đầy nghịch lý. Ngay cả khi mở rộng sang các mô hình nhiều chiều của vật lý hiện đại, chẳng hạn các không gian cao chiều trong lý thuyết dây, bản chất của chúng vẫn chưa thật sự trở nên trực quan.

E)Hiện tượng quan sát

Theo cách diễn giải của mô hình HTTM, trước khi một trạng thái lượng tử được hiện thực hóa thành một kết quả xác định trong thế giới 4D, cấu trúc thông tin của nó chưa bị ràng buộc hoàn toàn vào một lịch sử duy nhất của thời gian vật lý (t_2). Trạng thái này có thể được biểu diễn bằng nguyên lý chồng chập:

Trong cách diễn giải của HTTM, trạng thái chồng chập không nhất thiết được hiểu là hạt vật lý đồng thời hiện diện tại nhiều vị trí theo nghĩa cổ điển. Thay vào đó, nó biểu thị một **cấu trúc thông tin chưa được hiện thực hóa thành một kết quả 4D duy nhất**. Vì chưa gắn với một lịch sử (t_2) xác định, cấu trúc ấy có thể biểu hiện tính sóng, tính phi định xứ và khả năng giao thoa.

$|\Psi\rangle = i\sum c_i |i\rangle^{Mt\,2}_{\rightarrow} |i0\rangle$, c: bien dộ sát xuat cua trang thai

Khi xảy ra một phép đo hoặc một tương tác đủ mạnh để thông tin của hệ được ghi nhận vào môi trường 4D, hệ trở nên gắn với một kết quả xác định. Trong ngôn ngữ HTTM, có thể diễn tả quá trình này như sự **thời gian hóa hoàn toàn vào (t_2)**:
Hạt trong giao diện luôn luôn được theo dõi cập nhật thông tin lên máy chủ trong CPT. Vì vậy khi BIẾT có người quan sát hay đúng hơn khi được thêm thời gian t2, thông tin cấu trúc lập tức biến thành hạt.
Như vậy, điều thường được gọi là "vai trò của người quan sát" không nhất thiết có nghĩa rằng hạt **biết** có một con người đang nhìn nó. Điểm quyết định là hệ đã tham gia vào một tương tác làm cho thông tin về trạng thái của nó được ghi nhận và trở thành một phần của lịch sử vật lý 4D.
Theo giả thuyết HTTM, có thể diễn giải sâu hơn rằng **phép đo chính là một trường hợp đặc biệt của tiến trình thời gian hóa thông tin**: khi cấu trúc còn chưa bị khóa hoàn toàn vào (t_2), nó duy trì phổ các khả năng; khi thông tin được gắn vào (t_2), một khả năng trở thành một sự kiện vật lý xác định.
Do đó:
Theo cách nhìn này, **tính sóng** phản ánh miền khả năng của thông tin chưa được định vị hoàn toàn trong một lịch sử 4D xác định, còn **tính hạt** phản ánh trạng thái đã được hiện thực hóa thành một sự kiện có vị trí, năng lượng và quan hệ trước–sau trong (t_2).
Hiện tượng **xuyên hầm lượng tử (quantum tunneling)** cũng có thể được HTTM khảo sát theo cùng hướng: trước khi phép đo xác định kết quả, hàm sóng có biên độ xuyên vào và qua vùng cấm cổ điển. Tuy nhiên, không nên đồng nhất xuyên hầm với việc "thoát khỏi thời gian"; đây là một cách diễn giải riêng của HTTM cần được xây dựng thành dự đoán định lượng nếu muốn phân biệt với cơ học lượng tử chuẩn.

Quan sát→Giao diện→ HTTM Thơi gian hóa t2

CHƯƠNG VIII: BIG BANG, BLACK HOLE, CONFORMAL CYCLIC COSMOLOGY/ CCC VÀ SÁNG THẾ TRONG KHUÔN KHỔ TIMELESS DOMAIN — TLD

Tóm lược

*Các nghiên cứu của Stephen Hawking, James Hartle, Jacob Bekenstein và Roger Penrose đã mở ra những góc nhìn mới về nguồn gốc, sự tiến hóa và số phận cuối cùng của vũ trụ. Mô hình **No-Boundary** của Hawking–Hartle cho rằng vũ trụ không nhất thiết có một điểm khởi đầu sắc nét trong thời gian, trong khi **Conformal Cyclic Cosmology (CCC)** của Penrose đề xuất rằng vũ trụ trải qua nhiều chu kỳ (aeon), mỗi chu kỳ nối tiếp nhau thông qua cấu trúc hình học conformal mà không cần một vụ co sập (Big Crunch) rồi bùng nổ trở lại.*

Những nghiên cứu về hố đen cũng làm thay đổi sâu sắc nhận thức của vật lý hiện đại. Từ chỗ được xem chỉ là một nghiệm hình học của thuyết tương đối rộng, hố đen dần được hiểu là một hệ vật lý có entropy và nhiệt độ. Công trình của Jacob Bekenstein và Stephen Hawking đặt ra vấn đề trung tâm của vật lý hiện đại: điều gì xảy ra với thông tin khi vật chất rơi vào hố đen? Đây chính là nghịch lý thông tin hố đen, một trong những câu hỏi chưa có lời giải hoàn chỉnh.

Theo mô hình TLD được đề nghị trong cuốn sách này, hố đen không nhất thiết là nơi thông tin bị hủy diệt, mà có thể là giai đoạn cuối của tiến trình hiện thực hóa vật chất. Khi entropy tiến đến cực đại, cấu trúc của miền giao diện trở nên mất ổn định; không gian co sụp, thời gian gần như ngừng biểu hiện và vật chất dần mất hình tướng. Trong cách diễn giải này, hố đen có thể được xem như một cơ chế chuyển hoàn, đưa thông tin từ thế giới vật chất trở về tầng thông tin sâu hơn của miền phi thời gian (TLD), thay vì là điểm kết thúc tuyệt đối của thông tin.

Quan điểm này cũng gợi mở một cách diễn giải mới đối với mô hình CCC của Penrose. Nếu TLD là nền tảng phi thời gian của mọi hiện tượng, thì mỗi aeon có thể được xem là một chu kỳ hiện thực hóa khác nhau của cùng một nền thông tin. Sự kết thúc của một aeon không phải là sự hủy diệt của thực tại, mà là sự hoàn trả thông tin về miền TLD trước khi một chu kỳ hiện thực hóa mới được khởi động.

Từ góc nhìn này, câu hỏi ***"Vũ trụ bắt đầu từ lúc nào?"*** *cần được hiểu lại. Nếu thời gian chỉ xuất hiện sau khi thông tin từ TLD được hiện thực hóa trong không–thời gian 4D, thì khái niệm "lúc nào" chỉ có ý nghĩa bên trong một chu kỳ vũ trụ cụ thể. Đối với chính miền phi thời gian, không tồn tại một mốc khởi đầu hay kết thúc theo nghĩa của thời gian vật lý. Vì vậy, khởi nguyên tuyệt đối không thể được đo bằng năm, giây hay tuổi của vũ trụ.*

Cách nhìn này có sự tương đồng về mặt triết học với tư tưởng ***vô thủy*** *trong Phật giáo. Đức Phật dạy rằng dòng sinh tử là vô thủy, không thể tìm thấy một điểm bắt đầu tuyệt đối của luân hồi. Trong mô hình TLD, điều này được diễn giải rằng thời gian chỉ là một thuộc tính của thế giới hiện tượng; còn nền tảng thông tin phi thời gian không bị chi phối bởi khái niệm trước hay sau. Vì vậy, mọi câu hỏi về "thời điểm đầu tiên" chỉ có ý nghĩa trong phạm vi của không–thời gian, chứ không áp dụng cho nền tảng tối hậu của thực tại.*

TLD (phi thời gian) → Big Bang/khởi đầu một aeon → vũ trụ tiến hóa → entropy tăng → hố đen → thông tin hoàn trả về TLD → một aeon mới.

I. Dẫn nhập Big Bang trong vật lý hiện đại

Trong vật lý hiện đại, Big Bang thường được xem là giai đoạn rất sớm của vũ trụ, khi toàn bộ không–thời gian quan sát được ở trong trạng thái cực kỳ nóng, cực kỳ đặc và đang giãn nở rất nhanh. Tuy nhiên, cần nói rõ ngay từ đầu: Big Bang không nên hiểu như một "vụ nổ" của vật chất từ một điểm nhỏ vào trong một khoảng không gian trống rỗng. Đúng hơn, Big Bang là sự giãn nở của chính không gian. Không có "bên ngoài" để vũ trụ nổ vào. Không gian, thời gian, vật chất và bức xạ cùng xuất hiện trong một tiến trình chung. NASA cũng mô tả lịch sử vũ trụ theo hướng: sau giai đoạn lạm phát, năng lượng chuyển thành vật chất và ánh sáng, rồi vũ trụ tiếp tục nguội dần và hình thành các nguyên tố nhẹ.

Trong phương trình Einstein, □ $\left[G_{\mu\nu} + \Lambda g_{\mu\nu} = \frac{8\pi G}{c^4} T_{\mu\nu} \right]$ khi truy ngược thời gian về (t→0), hệ số giãn nở (a(t)) →0. Khi đó mật độ, nhiệt độ và độ cong không–thời gian có xu hướng tiến đến vô hạn. Đây là cái gọi là singularity — kỳ dị. Nhưng kỳ dị không nhất thiết là một thực tại vật lý cuối cùng. Nó có thể chỉ cho thấy rằng thuyết tương đối rộng đã bị đẩy vượt quá giới hạn áp dụng của nó.

Điểm quan trọng là: Big Bang mô tả ranh giới sớm nhất của thời gian vật lý mà khoa học hiện nay có thể truy nguyên, nhưng nó chưa trả lời được câu hỏi sâu hơn: tại sao thời gian xuất hiện? Tại sao không–thời gian phải được kích hoạt? Và trước khi có thời gian vật lý, có thể nói đến "trước" hay "sau" được không?

Chính tại đây, mô hình Timeless Domain — TLD — có thể được đặt vào như một giả thuyết bản thể học.

Theo mô hình chuẩn vũ trụ học, Big Bang được ủng hộ bởi ba nhóm bằng chứng chính: sự giãn nở của vũ trụ, bức xạ nền vi sóng vũ trụ, và tỷ lệ các nguyên tố nhẹ như hydrogen, helium và lithium. Big Bang không phải là một vụ nổ cơ học trong không gian, mà là sự giãn nở của toàn bộ không–thời gian từ một trạng thái rất nóng và rất đặc. Trung tâm Vật lý Thiên văn Harvard-Smithsonian cũng nhấn mạnh rằng thời Big Bang không có vùng không gian trống bên ngoài; toàn bộ không gian được lấp đầy tương đối đồng đều bởi vật chất và năng lượng.

Nhưng điều này không nhất thiết có nghĩa rằng vũ trụ thật sự bắt đầu từ một "điểm vật chất vô hạn". Đúng hơn, nó có thể chỉ có nghĩa rằng khi đi đến vùng Planck, mô hình không–thời gian liên tục của Einstein không còn đủ. Cần một lý thuyết sâu hơn: hấp dẫn lượng tử, lý thuyết dây, M-theory, loop quantum gravity, hoặc một mô hình bản thể học khác.

II. Quan niệm của Hawking: không biên, không khởi điểm tuyệt đối

Stephen Hawking, cùng James Hartle, đã đề xuất mô hình "no-boundary proposal" — giả thuyết không biên. Theo hướng nhìn này, vũ trụ không nhất thiết có một điểm bắt đầu sắc nhọn giống như một mép biên trong thời gian. Thay vào đó, thời gian ở vùng cực sớm có thể hành xử giống như một chiều không gian; vì vậy câu hỏi "trước Big Bang là gì?" có thể trở nên không thích hợp. Mô hình Hartle–Hawking dùng tích phân đường của cơ học lượng tử và ý tưởng thời gian ảo để mô tả một hình học hữu hạn nhưng không có biên, tương tự như bề mặt Trái Đất hữu hạn nhưng không có cạnh.

Điểm này rất quan trọng cho TLD. Hawking không nói rằng "không có gì" rồi bỗng nhiên có một vụ nổ vật chất. Ông gợi ý rằng tại vùng khởi nguyên, chính khái niệm thời gian tuyến tính mất ý nghĩa. Do đó, không thể hỏi "trước đó là gì" theo nghĩa thông thường.

TLD có thể tiếp nhận điểm này nhưng đi xa hơn. Theo TLD, trước khi có thời gian vật lý, không phải là hư vô tuyệt đối, mà là một miền phi thời gian chứa thông tin cấu trúc nguyên thủy. Ở đó không có trước–sau, không có biến cố, không có tiến trình vật lý. Khi thông tin cần được triển khai, thời gian được kích hoạt như một cơ chế sắp xếp.

Như vậy, TLD không phủ nhận Big Bang. TLD chỉ nói rằng Big Bang không phải nguồn gốc tối hậu. Nó là ngưỡng xuất hiện của thời gian vật lý trong aeon hiện tại.

III. Hố Đen, Entropy và Thông Tin: Góc Nhìn Triết Học–Vật Lý

Black Hole hình thành khi vật chất và năng lượng bị nén đến mức hấp dẫn thắng mọi áp lực chống đỡ. Trong tương đối rộng, khi một vùng không gian bị nén dưới bán kính Schwarzschild, chân trời sự kiện xuất hiện. Từ bên ngoài, không tín hiệu nào từ bên trong có thể thoát ra trong vật lý cổ điển.

Theo cách nhìn này, hố đen chỉ là một hệ hình học của không–thời gian do phương trình Einstein mô tả. Tuy nhiên, vào thập niên 1970, các nghiên cứu của Jacob Bekenstein và Stephen Hawking đã làm thay đổi hoàn toàn nhận thức đó.

Jacob Bekenstein (1947–2015) đặt ra một câu hỏi tưởng như đơn giản: điều gì xảy ra với thông tin khi một quyển sách, một ổ cứng hay thậm chí cả một thư viện bị ném vào hố đen? Nếu mọi thông tin thực sự biến mất, thì định luật nhiệt động học sẽ bị vi phạm, bởi entropy của vũ trụ sẽ giảm xuống. Từ lập luận này, ông đề xuất rằng hố đen phải mang entropy, nghĩa là phải lưu giữ thông tin dưới một hình thức nào đó.

Điều bất ngờ là entropy của hố đen không tỷ lệ với thể tích bên trong mà tỷ lệ với diện tích của chân trời sự kiện:

$S=k_Bc^3A/4G\hbar$ t rong đó A là diện tích chân trời sự kiện. Kết quả này gợi ý rằng toàn bộ thông tin liên quan đến hố đen dường như được mã hóa trên bề mặt của nó thay vì nằm trong thể tích. Đây chính là một trong những nền tảng dẫn đến nguyên lý holographic nổi tiếng: thế giới ba chiều có thể được mô tả bằng thông tin lưu trữ trên một biên hai chiều.

Khám phá tiếp theo còn gây ngạc nhiên hơn. Hawking chứng minh rằng hố đen không hoàn toàn đen. Do các dao động lượng tử gần chân trời sự kiện, hố đen phát ra bức xạ nhiệt và vì thế có nhiệt độ:

$T_H=\hbar c3/8\pi GMk_B$

Nhiệt độ tỉ lệ ngịch với m

Như vậy, một đối tượng vốn được xem là thuần túy hình học lại có các tính chất của một hệ nhiệt động học: entropy và nhiệt độ. Đó là một trong những khám phá đẹp nhất của vật lý hiện đại là sự gặp gỡ bất ngờ giữa ba khái niệm tưởng như hoàn toàn khác nhau: gravity (hấp dẫn), entropy (độ hỗn tạp hay độ thiếu thông tin) **và** nhiệt độ. Sự hội tụ này diễn ra tại một đối tượng kỳ lạ nhất trong vũ trụ: hố đen. Vi theo quan niem củ trong luong do vật chat tạo ra, entropy (hỗn loạn), nhietđọ do cac phan tư va cham nhau

Hố đen như điểm tận cùng của mọt chu kỳ thế giới vật chất

Nếu entropy (S) tiếp tục tăng:

$S_{entropy}$→max S thì giao diện TLD trở nên bất ổn.

Hố đen có thể được xem là nơi: không gian co sụp, thời gian đóng băng, vật chất mất hình tướng.

Theo cách nhìn này, hố đen không phải là sự hủy diệt của thông tin.

Nó là quá trình hoàn trả thông tin từ miền vật chất trở về tầng nền sâu hơn.

TLD→ (S,T,H,m)→ Chết→TLD	hay	TLD→ (S,T,H,Matter)→BH→TLD
Con người		Vũ trụ

IV. CCC của Penrose

Roger Penrose đề xuất Conformal Cyclic Cosmology — CCC. Theo mô hình này, vũ trụ trải qua nhiều aeon. Mỗi aeon bắt đầu giống như một Big Bang và kết thúc trong tương lai cực xa. Khi đó các sao đã tắt, vật chất khối lượng lớn dần mất vai trò, BlackHole bay hơi qua bức xạ Hawking, và vũ trụ trở nên cực kỳ loãng. Penrose cho rằng khi khối lượng không còn giữ vai trò quyết định, hình học conformal cho phép tương lai vô hạn của aeon trước nối với Big Bang của aeon sau.

CCC không phải là Big Crunch rồi nổ lại theo nghĩa thông thường. Nó không đòi hỏi toàn bộ vũ trụ co sập thành một điểm rồi bùng nổ. Trái lại, nó nối tương lai cực xa của một aeon với khởi đầu của aeon kế tiếp qua cấu trúc conformal.

Điểm này rất hợp với TLD nếu được diễn giải như sau:

- CCC mô tả chu kỳ hình học của không–thời gian.
- TLD mô tả tầng bản thể học sâu hơn, nơi thời gian có thể rút lui và được kích hoạt lại.
- CCC là mô hình vật lý–hình học.
- TLD là mô hình thông tin–bản thể học.

Do đó, TLD có thể xem CCC như dấu vết vật lý của một tiến trình sâu hơn: thông tin lệch cần thời gian để được triển khai, sửa chữa, tiêu giải, rồi tái tổ chức.

V. Sáng thế đầu tiên không phải Big Bang

Trong TLD, cần phân biệt hai cấp độ:Sáng thế bản thể học

Đây là lúc thông tin phi thời gian bắt đầu có nhu cầu được triển khai vào một trật tự có thời gian. Đây không phải là Big Bang vật lý. Đây là sự kích hoạt nguyên lý thời gian.

Ở cấp này, chưa có vật chất theo nghĩa 4D, chưa có photon, chưa có nguyên tử, chưa có sao, chưa có thiên hà. Chỉ có sự chuyển từ miền phi thời gian sang khả năng có thời gian.

Có thể gọi đây là: Sáng thế lần thứ nhất

Sau khi nguyên lý thời gian đã được kích hoạt, các aeon vật lý có thể xuất hiện nhiều lần. Mỗi Big Bang trong CCC hoặc trong chu kỳ vũ trụ chỉ là một lần hiển lộ mới của không–thời gian.

VI. TLD, 11D và sự thành hình 4D

Theo mô hình TLD, thực tại sâu nhất không phải là 4D. 4D chỉ là miền hiện tượng nơi thời gian, không gian, vật chất và nhân quả đã được ổn định. Có thể hình dung tiến trình như sau:

Chân không→CPT→Giao diện—Không Thời gia 4D

TLD không có thời gian. Interface là vùng thời gian bắt đầu được kích hoạt. 4D là vùng thời gian đã ổn định thành dòng nhân quả.

Trong cách nhìn này, thời gian không phải là nền tảng tuyệt đối. Thời gian là một công cụ. Nó được đưa vào để sắp xếp thông tin lệch, cho phép sự sai biệt, nghiệp lực, entropy và cấu trúc vật chất được triển khai trong một trật tự có thể kinh nghiệm.

Do đó, vũ trụ không "nổ ra" từ một điểm vật chất. Vũ trụ được thành hình dần khi thông tin phi thời gian được chiếu vào một cấu trúc có thời gian.

Đây là điểm rất quan trọng:

Sáng thế đầu tiên không phải là vụ nổ. Nó là sự thành hình từ từ của trật tự thời gian.
Sau đó, khi vũ trụ đã vận hành trong thời gian, entropy tăng lên. Các cấu trúc sinh–trụ–hoại–diệt diễn ra. Black Hole xuất hiện như cực hạn của độ cong, entropy và sự rút lui của thời gian. Sau tương lai rất xa, theo tinh thần Conformal Cyclic Cốmlogy/CCC, một aeon mới có thể xuất hiện.

VII. Tại sao con người không thể biết vũ trụ bắt đầu từ lúc nào?

Nếu thời gian chỉ xuất hiện sau khi TLD được chiếu vào 4D, thì câu hỏi "vũ trụ bắt đầu lúc nào?" chỉ có nghĩa trong aeon hiện tại. Ta có thể hỏi: vũ trụ quan sát được của chúng ta đã giãn nở bao lâu? Nhưng ta không thể hỏi: thực tại tuyệt đối bắt đầu lúc nào? Vì "lúc nào" đã giả định có thời gian.
Nếu có một miền phi thời gian, thì nó không có mốc khởi đầu theo đồng hồ. Vì vậy, khởi nguyên tuyệt đối không thể được đo bằng năm, giây, chu kỳ hay tuổi vũ trụ.
Điều này gần với tư tưởng Phật giáo về vô thủy. Trong Tương Ưng Bộ Kinh, Đức Phật nói luân hồi là vô thủy, không thể tìm được điểm bắt đầu của chúng sinh lang thang trong sinh tử. Ý nghĩa sâu là: khi đã rơi vào dòng thời gian và nhân duyên, ta không thể dùng chính dòng thời gian ấy để tìm một điểm bắt đầu tuyệt đối.

VIII. Liên hệ với Genesis

Trong Sách Sáng Thế, trình thuật sáng tạo không nên hiểu đơn giản như một bản ghi vật lý về Big Bang. Nó giống một cấu trúc biểu tượng về sự hiển lộ trật tự từ nền phi hình tướng.
"Ban đầu Đức Chúa Trời dựng nên trời và đất." "Thần Đức Chúa Trời vận hành trên mặt nước." "Phải có ánh sáng."
Ánh sáng ở đây không nhất thiết là photon vật lý. Nó có thể được hiểu như sự phân biệt đầu tiên, sự khai mở đầu tiên của trật tự, sự xuất hiện của khả năng nhận biết. Trước khi có mặt trời, mặt trăng và các sao, ánh sáng đã được nói đến. Điều này cho thấy ánh sáng trong Genesis mang ý nghĩa bản thể học nhiều hơn là vật lý học.
Trong TLD, có thể diễn giải:

- Ngày thứ nhất: phân biệt sơ khởi của thông tin.
- Ngày thứ hai: phân cực, phân tầng, tạo miền.

- Ngày thứ ba trở đi: sự dày đặc hóa dần của thông tin thành cấu trúc vật chất.
- Ngày thứ sáu: sự xuất hiện của sinh vật có tri thức và bản ngã.

Adam và Eva ăn trái cấm có thể được hiểu như sự rơi vào tri thức phân biệt. Trước đó là trạng thái gần với phi thời gian, không sinh tử. Sau đó là lao động, khổ đau, sinh sản, chết chóc — tức là miền thời gian.

Như vậy, Genesis không nhất thiết mâu thuẫn với TLD. Nó có thể được đọc như một mô tả biểu tượng của sự chuyển từ phi thời gian sang thời gian.

IX. Liên hệ với Phật giáo

Phật giáo không đặt trọng tâm vào một Big Bang nguyên sơ. Kinh điển thường mô tả thế giới qua các chu kỳ thành–trụ–hoại–không. Trong Kinh Khởi Thế Nhân Bổn, thế giới chuyển hoại rồi chuyển thành sau những thời kỳ rất dài. Có giai đoạn không có mặt trời, mặt trăng, ngày đêm, tháng năm. Điều này rất gần với ý niệm rằng thời gian vật lý không phải luôn luôn hiện hữu theo cách con người kinh nghiệm.

Phật giáo cũng nói đến vô lượng thế giới, vô lượng cõi Phật, vô lượng kiếp. Điều này tương ứng với quan niệm đa vũ trụ hoặc đa aeon trong một nghĩa rộng.

Trong TLD, có thể nói:

- Niết Bàn / H-TLD: không sinh diệt, không entropy, không cần thời gian.
- L-TLD: còn thiên lệch thông tin, còn tiềm năng cần triển khai.
- 4D: môi trường có thời gian để nghiệp, entropy, sai biệt và sửa chữa được vận hành.
- Black Hole: nơi thời gian rút lui khỏi cấu trúc vật lý.
- Big Bang: nơi thời gian được kích hoạt lại.

Do đó, vũ trụ sinh diệt nhiều lần, nhưng nền phi thời gian không sinh diệt.

Sơ đồ 3. Quan niệm BB tuần hoàn và Đa vũ trụ sau Sáng thế ban đầu, nên coi như không thể biết BB bắt đâu khi nào

X. Tổng hợp: Big Bang, Black Hole và TLD

Có thể tóm tắt mô hình như sau: TLD phi thời gian

Trong mô hình này, Big Bang không phải là sáng thế đầu tiên. Big Bang là sự kiện vật lý trong thời gian. Sáng thế đầu tiên là sự xuất hiện của chính khả năng có thời gian.
Vì vậy, có thể viết:
Big Bang không phải là nguồn gốc tuyệt đối của thực tại, mà là ngưỡng hiện tượng học nơi thời gian vật lý bắt đầu trong một aeon. Sáng thế sâu hơn Big Bang, vì Sáng thế là sự kích hoạt bản thể học của thời gian từ miền phi thời gian. Black Hole là tiến trình ngược lại: nơi entropy, độ cong và thiên lệch thông tin đạt cực hạn, khiến thời gian rút lui khỏi cấu trúc 4D. CCC của Penrose có thể được xem như mô hình hình học cho sự nối tiếp giữa các aeon, trong khi TLD cung cấp nền bản thể học cho lý do vì sao thời gian có thể được kích hoạt, rút lui và tái kích hoạt. Do đó, vũ trụ quan sát được có thể có tuổi hữu hạn, nhưng thực tại nền tảng thì vô thủy theo nghĩa Phật giáo: không thể truy tìm một điểm bắt đầu tuyệt đối bằng chính thời gian vật lý.

Kết luận

Nếu chỉ đứng trên vật lý hiện đại, Big Bang là mô hình rất thành công nhưng không giải quyết triệt để vấn đề khởi nguyên. Hawking làm mềm điểm khởi đầu bằng mô hình không biên. Penrose mở rộng lịch sử vũ trụ thành nhiều aeon qua CCC. Bekenstein và Hawking cho thấy Black Hole là nơi entropy, thông tin và hấp dẫn gặp nhau.
TLD có thể gom các trực giác này vào một khung rộng hơn:

- Hawking cho thấy thời gian tuyến tính có thể mất ý nghĩa tại khởi nguyên.
- Penrose cho thấy Big Bang có thể không phải chỉ xảy ra một lần.
- Black Hole cho thấy thời gian, entropy và thông tin có liên hệ sâu xa.
- Phật giáo nói vũ trụ vô thủy, thành–trụ–hoại–không.
- Genesis nói Sáng Thế như sự hiển lộ trật tự từ nền vô hình.

TLD đề nghị rằng thời gian không phải nền tảng cuối cùng. Thời gian là cơ chế được đưa vào để triển khai và điều chỉnh thông tin lệch. Vì vậy, sáng thế không bắt đầu bằng một vụ nổ, mà bằng sự xuất hiện của khả năng có thời gian. Big Bang chỉ là dấu ấn vật lý của một tiến trình sâu hơn

CHƯƠNG IX: NGÔN NGỮ, SỐ HỌC VÀ HÌNH HỌC

Tóm lược

Chương này đề nghị mở rộng cách nhìn về toán học, vật lý và triết học trên nền tảng Miền Phi Thời Gian (Timeless Domain – TLD). Theo mô hình này, trước khi xuất hiện vật chất, năng lượng và không–thời gian đã tồn tại một miền thông tin cấu trúc nguyên thủy, trong đó các quan hệ, trật tự và đối xứng hiện hữu dưới dạng phi thời gian. Không–thời gian, vật chất và các định luật vật lý được xem là kết quả của quá trình thời gian hóa và hiện thực hóa những cấu trúc thông tin ấy.

Từ góc nhìn này, ngôn ngữ, số học và hình học không phải là nền tảng tối hậu của thực tại, mà là những biểu hiện tuần tự của các cấu trúc thông tin sâu hơn. Ngôn ngữ là hình thức thời gian hóa của thông tin; toán học là ngôn ngữ mô tả một phần trật tự của TLD; còn vật lý là sự biểu hiện của các quan hệ toán học trong thế giới hiện tượng.

Chương cũng phân tích vai trò của định đề, nghịch lý, Định lý Bất toàn Gödel và Hilbert space) (Không gian cho phương trình toán học)e. Định đề là điểm khởi đầu của mọi hệ thống lý thuyết; nghịch l là dấu hiệu cho thấy giới hạn của hệ thống; Định lý Gödel chỉ ra rằng không có hệ hình thức đủ mạnh nào có thể tự chứng minh tính đầy đủ và nhất quán của chính mình; còn Hilbert space cho thấy thực tại lượng tử rộng hơn những gì được quan sát trong không–thời gian. Theo mô hình TLD, các kết quả này đều gợi ý rằng thực tại có thể còn một tầng nền sâu hơn ngoài không–thời gian.

Mô hình TLD đề nghị rằng nhiều nghịch lý của vật lý hiện đại, như Big Bang, hố đen, phép đo lượng tử và sự vướng víu lượng tử, không nhất thiết phản ánh sự mâu thuẫn của tự nhiên mà là dấu hiệu cho thấy giới hạn của các mô hình chỉ dựa trên không–thời gian 4D. Khi mở rộng thực tại để bao gồm miền phi thời gian, các nghịch lý ấy có thể được hiểu như những biểu hiện của cùng một cấu trúc thông tin khi được nhìn từ hai tầng thực tại khác nhau.

Từ những phân tích trên, chương đề xuất một số định đề nền tảng của TLD: thời gian không phải là thực tại tối hậu mà là hiện tuong/biểu hiện cua cơ chế sắp xếp thông tin; trước vật chất tồn tại thông tin cấu trúc nguyên thủy; thế giới 4D là sự biểu hiện của thông tin thông qua miền giao diện; không–thời gian không thể tự giải thích đầy đủ nguồn gốc của chính nó; entropy phản ánh sự phân tán của cấu trúc thông tin; và trong những điều kiện cực hạn như hố đen, thông tin có thể rút khỏi hình thức vật chất để trở về tầng nền sâu hơn.

Chương cũng khảo sát câu hỏi vì sao toán học có khả năng mô tả chính xác vũ trụ. Từ Galileo, Wigner, Penrose đến Tegmark, nhiều quan điểm khác nhau đã được đề xuất nhằm giải thích mối liên hệ giữa toán học và tự nhiên. Theo mô hình TLD, toán học không tạo ra thực tại và cũng không đồng nhất với thực tại; cả toán học lẫn thế giới vật chất đều phản ánh cùng một nền thông tin phi thời gian. Chính vì có chung nguồn gốc nên toán học trở thành ngôn ngữ thích hợp để mô tả vũ trụ.

Cuối cùng, chương nhấn mạnh rằng chân lý không đồng nhất với chứng minh. Chứng minh là sản phẩm của tư duy nhị nguyên trong không–thời gian, còn chân lý thuộc về cấu trúc nội tại của thực tại. Toán học là cây cầu nối giữa trí tuệ con người và trật tự của TLD, nhưng không phải là tầng nền cuối cùng. Theo cách nhìn này, tiến trình nhận thức có thể được tóm tắt như sau:

Chân lý → Cấu trúc thông tin → Toán học → Định luật vật lý → Vật chất → Sự sống → Tri thức → Nhận biết chân lý.

Như vậy, mục tiêu cuối cùng của mô hình TLD không phải là thay thế toán học hay vật lý hiện đại, mà là đề nghị một tầng nền bản thể học sâu hơn, trong đó toán học, vật lý, ý thức và thế giới hiện tượng được nhìn như những biểu hiện khác nhau của cùng một nền thông tin phi thời gian.

I. Nhận thức và ngôn ngữ

Trong TLD, thông tin tồn tại một cách toàn vẹn, không phân mảnh và không nhị nguyên. Tuy nhiên, trong thế giới 4D—khi thời gian và nhị nguyên xuất hiện—thông tin phải được mã hóa tuần tự qua ngôn ngữ, ký hiệu và chữ viết. Do đó, hệ thống chữ viết không phải là nguồn gốc của thông tin, mà là sự triển khai từng phần của thông tin vốn đã tồn tại trong TLD.

Như vậy, cả hình học và ngôn ngữ có thể được xem như những phép chiếu của một trật tự thông tin sâu hơn. Sự phát triển theo thời gian của chúng không phải là sự tạo ra cấu trúc mới, mà là sự hiển lộ dần của một cấu trúc phi thời gian nền tảng.

Nhận xét trên không hoàn toàn đồng điệu với quan điểm duy vật, khi cho rằng *"bản thân ý thức là hiện thực trực tiếp của nó"*, trong đó "hiện thực" được hiểu chủ yếu như đời sống vật chất, và ngôn ngữ là hình thức biểu hiện trực tiếp của ý thức—một quá trình trong đó chủ thể tự nói với chính mình.
Trong khi đó, theo lập luận của bài viết này, ý thức không phải là sản phẩm trực tiếp của vật chất, mà là sự hiển lộ của thông tin xuất phát từ Miền Phi Thời Gian (TLD). Thông tin trong TLD tồn tại ở trạng thái phi thời gian, toàn vẹn và không phân mảnh; khi đi vào thế giới 4D có thời gian, nó được "triển khai" dần thành các cấu trúc nhận thức, và từ đó hình thành nên ý thức.
Theo cách nhìn này, vật chất và ngôn ngữ không phải là nền tảng sinh ra ý thức, mà là các phương tiện trung gian cho sự biểu hiện của thông tin đã tồn tại sẵn trong TLD. Ngôn ngữ, do đó, không phải là ý thức tự thân, mà là sự mã hóa tuần tự của nội dung thông tin phi thời gian vào trong cấu trúc thời gian và nhị nguyên của thế giới vật lý.

Ngôn ngữ là hình thức thời gian hóa của thông tin.

Trong tác phẩm *Tiếng Việt huyền diệu (2004)*, Nguyễn XQ đã đưa ra những lập luận thuyết phục rằng ngôn ngữ và chữ viết tiến hóa và phát triển theo thời gian trong quá trình phát triển của con người. Điều này phù hợp với quan điểm cho rằng ngôn ngữ là sự biểu hiện tuần tự trong thế giới có thời gian của những cấu trúc thông tin sâu hơn, vốn không phụ thuộc vào thời gian. Ngôn ngữ và chữ viết tiến hóa theo thời gian trong quá trình phát triển của con người. Điều này không mâu thuẫn với quan điểm TLD, mà ngược lại còn gợi ý một sự tương hợp sâu sắc: ngôn ngữ trong thế giới 4D là sự biểu hiện tuần tự, lịch sử và văn hóa của những cấu trúc thông tin sâu hơn, vốn không phụ thuộc vào thời gian.

Trong TLD không có tiếng nói, chữ viết hay ngữ pháp theo nghĩa thông thường, vì những yếu tố ấy chỉ xuất hiện khi có thời gian, thân thể, não bộ, cộng đồng và truyền đạt. Tuy nhiên, TLD có thể được giả định là chứa các cấu trúc tiền-ngôn-ngữ: trật tự, quan hệ, phân biệt, đối xứng và khả năng tạo nghĩa. Khi các cấu trúc ấy

được chiếu vào miền sinh học và lịch sử, chúng dần biểu hiện thành âm thanh, ký hiệu, từ ngữ, cú pháp và chữ viết.
Do đó, ngôn ngữ không phải là nền tảng tối hậu của thực tại. Ngôn ngữ là hình thức thời gian hóa của thông tin. Nó cho phép con người diễn tả, truyền đạt và lưu giữ một phần nhỏ của trật tự sâu hơn trong TLD.

II. Số học, Miền Phi Thời Gian và Giới hạn của Chứng minh
Trong thế giới vật lý 4D, thời gian đóng vai trò sắp xếp và "triển khai" các quan hệ đã có sẵn này thành nhận thức tuần tự. Do đó, quá trình suy luận và chứng minh toán học có thể được hiểu như một tiến trình theo thời gian nhằm tiếp cận và tái dựng các cấu trúc vốn dĩ phi thời gian.
Số học có thể là biểu hiện của các quan hệ thông tin sâu hơn, vốn không phụ thuộc vào thời gian. Các số tự nhiên 1,2,3,…,n không tự "diễn tiến"; chúng tồn tại như một cấu trúc có thứ tự nội tại mang tính phi thời gian. Theo nghĩa này, số học có thể được hiểu là bắt nguồn từ một nền tảng thông tin phi thời gian—gọi là Miền Phi Thời Gian (TLD).
Từ góc nhìn này, các bài toán chưa giải—như Goldbach conjecture/ giã định—có thể được nhìn nhận lại. Mặc dù nhiều trường hợp cụ thể (như 4=2+2, 6=3+3, 10=5+5=3+7) đều phù hợp, một chứng minh tổng quát vẫn chưa đạt được. Thay vì khẳng định không thể chứng minh, có thể xem đây là biểu hiện của giới hạn của các hệ hình thức dựa trên logic (ghi chú: Giã định Golbach: số chẵnluôn luôn là tổng số của hai số nguyên tố. Số nguyên tố:Chỉ chia với 1 và chính nó)
Quan điểm này tương hợp với Gödel'τ incompleteness theorem, cho thấy rằng trong mọi hệ toán học đủ mạnh, luôn tồn tại các mệnh đề đúng nhưng không thể chứng minh trong chính hệ đó. Từ góc nhìn TLD, điều này gợi ý rằng chân lý toán học có thể vượt ra ngoài những gì có thể được suy diễn tuần tự.
Do đó, thực tại có thể được hiểu là bao gồm cả không-thời gian và miền thông tin phi thời gian. Toán học và khoa học, khi chỉ giới hạn trong khuôn khổ thời gian, có thể vô tình bỏ sót tầng sâu này
Hình học Euclid, Tiên đề và Sự hiển lộ của cấu trúc thời gian
Trong khuôn khổ Miền Phi Thời Gian (TLD), các quan hệ hình học có thể được hiểu như những biểu hiện của tính nhất quán nội tại

của thông tin, thay vì là kết quả của các quá trình phụ thuộc thời gian. Theo cách nhìn này, các tiên đề đầu tiên của Euclid—đặc biệt là Tiên đề 1 và 2 (vẽ một đoạn thẳng nối hai điểm, và kéo dài đoạn thẳng vô hạn)—có thể được xem như những quan hệ cơ bản mang tính phi thời gian. Chúng không đòi hỏi chuyển động, thời lượng hay biến đổi; mà phản ánh sự nhất quán tức thì của cấu trúc thông tin, phù hợp với một miền phi thời gian.
Từ góc nhìn TLD, điều này gợi ý rằng: một số chân lý hình học phát sinh trực tiếp từ các quan hệ thông tin phi thời gian, trong khi những chân lý khác phản ánh sự hiển lộ dần của các quan hệ này khi được diễn giải trong một khung có phân biệt, mở rộng và phức tạp hóa—những đặc trưng gắn với sự xuất hiện của thời gian.

Â. ĐỊNH ĐỀ, NGHỊCH LÝ, ĐỊNH LÝ GÖDEL VÀ HILBERT SPACE TRONG KHUÔN KHỔ TLD

1.. Định đề là gì?

Mọi hệ thống tư tưởng đều bắt đầu bằng một số điều không chứng minh từ bên trong hệ thống ấy. Những điều đó gọi là **định đề** hay **tiên đề**.
Trong hình học Euclid, ta chấp nhận một số tiên đề về điểm, đường thẳng và mặt phẳng. Trong vật lý Newton, ta chấp nhận không gian và thời gian tuyệt đối. Trong thuyết tương đối Einstein, ta chấp nhận rằng không–thời gian có thể cong và vận tốc ánh sáng là giới hạn bất biến. Trong cơ học lượng tử, ta chấp nhận trạng thái lượng tử được biểu diễn bằng vector trong Hilbert space.
Như vậy, định đề không phải là "sự thật tuyệt đối". Định đề là điểm khởi hành của một hệ thống mô tả.
Một hệ thống càng sâu, định đề càng ít nhưng càng mạnh. Tuy nhiên, không hệ thống nào có thể hoàn toàn không có định đề. Nếu muốn chứng minh một định đề, ta phải dùng một định đề khác sâu hơn. Do đó, lý trí luôn cần một nền tảng mà chính nó không thể tự chứng minh trọn vẹn.
Điều này rất quan trọng đối với TLD. Nếu vật lý 4D đặt định đề rằng không–thời gian là nền tảng, thì TLD đặt định đề khác: không–thời gian không phải nền tảng tối hậu; nền sâu hơn là miền thông tin phi thời gian.

2. Nghịch lý là gì?

Nghịch lý xuất hiện khi một hệ thống suy luận dẫn đến kết quả trái với trực giác hoặc tự mâu thuẫn.

Ví dụ cổ điển là nghịch lý người nói dối:

"Câu này là sai."

Nếu câu ấy đúng, thì nó sai. Nếu nó sai, thì nó đúng.

Nghịch lý không chỉ là lỗi ngôn ngữ. Nó cho thấy một hệ thống đang gặp giới hạn. Khi một hệ thống cho phép tự quy chiếu quá mạnh, nó có thể tạo ra vòng lặp không ổn định.

Trong vật lý cũng có những nghịch lý:

- nghịch lý black hole information,
- nghịch lý đo lường lượng tử,
- nghịch lý thời gian trong hấp dẫn lượng tử,
- kỳ dị Big Bang,
- kỳ dị Black Hole.

Những nghịch lý này không nhất thiết có nghĩa thực tại vô lý. Chúng thường có nghĩa rằng ngôn ngữ, toán học hoặc định đề hiện tại chưa đủ sâu.

Nói cách khác:

[
\text{Nghịch lý} = \text{dấu hiệu của giới hạn hệ thống}
]

Trong TLD, nghịch lý xuất hiện khi ta dùng ngôn ngữ 4D để mô tả cái nằm trước 4D. Nếu hỏi "trước Big Bang là gì?", ta đã dùng khái niệm "trước" — tức thời gian — để hỏi về trạng thái chưa có thời gian. Vì vậy câu hỏi tự nó đã chứa nghịch lý.

3. Định lý bất toàn Gödel

Kurt Gödel chứng minh hai định lý bất toàn nổi tiếng. Theo Stanford Encyclopedia of Philosophy, định lý thứ nhất nói rằng trong bất kỳ hệ hình thức nhất quán nào đủ mạnh để chứa số học cơ bản, sẽ có những mệnh đề không thể chứng minh cũng không thể bác bỏ trong chính hệ đó. Định lý thứ hai nói rằng một hệ như vậy không thể chứng minh tính nhất quán của chính nó từ bên trong chính nó.

Có thể nói ngắn gọn:

Nếu hệ đủ mạnh và nhất quán, thì nó không đầy đủ

Và:Hệ không thể tự chứng minh trọn vẹn tính nhất quán của mình

Đây không phải là thất bại của toán học. Đây là một phát hiện rất sâu: chân lý rộng hơn chứng minh hình thức.
Một mệnh đề có thể đúng nhưng không chứng minh được trong hệ đang xét. Muốn chứng minh nó, ta phải bước ra ngoài hệ và dùng một hệ rộng hơn.
Điều này có ý nghĩa triết học rất lớn:
Không có hệ thống (trong nhị nguyên) nào đủ mạnh mà có thể tự đóng kín tuyệt đối.

Ý nghĩa của Gödel đối với TLD

Gödel cho thấy trong toán học có một giới hạn nội tại: hệ thống không thể tự hoàn tất từ bên trong.
TLD có thể diễn giải tương tự trong bản thể học:
4D không thể tự giải thích trọn vẹn 4D
Nếu ta chỉ ở trong không–thời gian, ta có thể mô tả các hiện tượng trong không–thời gian. Nhưng ta khó trả lời câu hỏi: tại sao có không–thời gian? tại sao có định luật? tại sao có trật tự toán học? tại sao thời gian xuất hiện?
Những câu hỏi này giống như "mệnh đề Gödel" của vật lý 4D. Chúng có ý nghĩa, nhưng không thể được giải quyết hoàn toàn bằng ngôn ngữ bên trong 4D.
Do đó, TLD đóng vai trò như một "hệ rộng hơn". Nó không phủ nhận 4D, cũng không phủ nhận vật lý. Nó chỉ nói rằng 4D có thể là một hệ con, còn nền sâu hơn là miền phi thời gian của thông tin cấu trúc.

4. Hilbert Space là gì?

Hilbert space là không gian toán học dùng để biểu diễn trạng thái lượng tử. Trong cơ học lượng tử, trạng thái của một hệ vật lý được biểu diễn bằng một vector trong Hilbert space; đây là một không gian vector phức có tích trong.
Nói dễ hiểu hơn: trong vật lý cổ điển, một vật có vị trí và vận tốc trong không gian 3D. Nhưng trong cơ học lượng tử, một hạt không chỉ có một vị trí xác định trước khi đo. Nó có một trạng thái khả dĩ, chứa nhiều khả năng chồng chập.
Do đó, Hilbert space là không gian của khả năng lượng tử, không phải không gian vật lý thông thường.

Hilbert Space và miền khả thể

Hilbert space cho thấy vật lý hiện đại đã vượt khỏi trực giác vật chất cổ điển. Thực tại lượng tử không đơn giản là những hạt nhỏ bay trong không gian. Nó là một cấu trúc khả thể, trong đó trạng thái vật lý là tổ hợp của nhiều khả năng.

Điều này có thể được đọc theo ngôn ngữ TLD như sau:

- Hilbert space là miền toán học của khả năng lượng tử.
- 4D là miền hiện tượng của kết quả đã được biểu hiện.
- TLD là miền sâu hơn của thông tin cấu trúc phi thời gian.

Hilbert space chưa phải TLD. Nó vẫn là một cấu trúc toán học nằm trong vật lý lượng tử. Nhưng nó cho ta một hình ảnh trung gian rất hữu ích: cái thấy được trong 4D chỉ là một phần nhỏ của không gian khả thể rộng hơn.

5. Nghịch lý như cửa ngõ vào tầng sâu hơn

Trong lịch sử tư tưởng, nghịch lý thường không phải là ngõ cụt. Nó là cửa mở.

Nghịch lý của Zeno buộc con người suy nghĩ sâu hơn về chuyển động và liên tục. Nghịch lý ánh sáng dẫn Einstein đến thuyết tương đối. Nghịch lý black body radiation dẫn đến lượng tử. Nghịch lý thông tin Black Hole thúc đẩy holography. Định lý Gödel làm sụp đổ giấc mơ hệ thống tự khép kín.

Do đó, những nghịch lý trong Big Bang, Black Hole, quantum measurement và consciousness không nên bị xem là lỗi nhỏ cần vá. Chúng có thể là dấu vết cho thấy thực tại sâu hơn mô hình hiện tại.

Trong TLD, nghịch lý xuất hiện vì ta đang nhìn tầng phi thời gian qua kính của thời gian. Cũng như bóng của vật ba chiều trên mặt phẳng hai chiều có thể gây nghịch lý cho sinh vật 2D, dấu vết của TLD trong 4D có thể gây nghịch lý cho tư duy vật lý thuần 4D.

Nghịch lý, nhị nguyên và nguồn gốc nhất nguyên của định đề

Nghịch lý chỉ xuất hiện khi thực tại được nhìn qua cấu trúc nhị nguyên. Trong miền nhị nguyên, tư tưởng phải phân biệt đúng và sai, có và không, chủ thể và đối tượng, trước và sau, nguyên nhân và kết quả. Chính sự phân cực này làm cho lý luận trở nên khả dụng, nhưng đồng thời cũng tạo điều kiện cho nghịch lý.

Nghịch lý người nói dối là một ví dụ. Câu "tôi đang nói dối" chỉ trở thành nghịch lý vì ta buộc nó phải rơi vào một trong hai giá trị:

đúng hoặc sai. Nếu đúng thì nó sai; nếu sai thì nó đúng. Nghịch lý không nằm trong thực tại tối hậu, mà nằm trong cấu trúc nhị nguyên của ngôn ngữ và logic.

Tương tự, các nghịch lý lượng tử như chồng chập, vướng víu EPR, hay hiện tượng "xuyên hầm" chỉ gây nghịch lý khi ta dùng trực giác nhị nguyên của thế giới cổ điển để hiểu một tầng thực tại sâu hơn. Trong thế giới 4D thông thường, một vật phải ở đây hoặc ở kia, xảy ra trước hoặc sau, độc lập hoặc không độc lập. Nhưng trong cơ học lượng tử, trạng thái có thể là tổ hợp khả thể, và các hệ có thể liên hệ với nhau theo cách không phù hợp với trực giác không gian–thời gian cổ điển.

Do đó, khi bao gồm TLD vào toàn bộ thực tại, nghịch lý không nhất thiết là mâu thuẫn thật sự. Nó có thể chỉ là dấu hiệu rằng lý luận nhị nguyên đang chạm vào một tầng nhất nguyên sâu hơn. Cái mà miền 4D gọi là nghịch lý có thể chỉ là bóng méo của một trật tự cao hơn khi được chiếu xuống không–thời gian.

Cũng như vậy, định đề không thể được chứng minh trọn vẹn bằng lý luận nhị nguyên. Mọi hệ thống suy luận đều cần một điểm khởi đầu. Điểm khởi đầu đó không được sinh ra từ chứng minh trong hệ, mà được chấp nhận như nền tảng. Vì vậy, định đề có thể được hiểu như dấu vết của nhất nguyên trong miền nhị nguyên: nó là điều mà lý luận phải dựa vào nhưng không thể tự tạo ra.

Từ quan điểm này, những mệnh đề chưa chứng minh được trong số học, chẳng hạn Goldbach conjecture, có thể được xem như dấu hiệu cho thấy toán học không hoàn toàn bị đóng kín trong một hệ chứng minh hình thức. Điều này chưa đủ đẻ chứng minh rằng TLD tồn tại, nhưng gợi ý rằng số học có thể chạm đến một tầng trật tự sâu hơn khả năng chứng minh hiện tại của lý trí nhị nguyên.

Nói cách khác, cái không chứng minh được trong miền nhị nguyên không nhất thiết là vô nghĩa. Nó có thể là cửa ngõ dẫn về một nền nhất nguyên sâu hơn. Trong TLD, chân lý không bắt đầu từ chứng minh; chứng minh chỉ bắt đầu khi chân lý đã được chiếu vào miền phân biệt.

III. Mộ số Định đề TLD

Dựa trên các phân tích trên, có thể trình bày TLD bằng một số định đề:

Định đề 1: Định đề phi thời gian

Thực tại tối hậu không bắt đầu từ thời gian. Thời gian là một cơ chế được kích hoạt để sắp xếp thông tin.

Định đề 2: Định đề thông tin cấu trúc

Trước vật chất, năng lượng và không–thời gian, có thông tin cấu trúc nguyên thủy.

Định đề 3: Định đề biểu hiện

Thế giới 4D là sự biểu hiện hữu hạn của thông tin phi thời gian qua Interface.

Định đề 4: Định đề bất toàn 4D

Không–thời gian 4D không thể tự giải thích trọn vẹn nguồn gốc của chính nó.

Định đề 5: Định đề entropy–thiên lệch

Entropy trong 4D có thể được hiểu như biểu hiện vật lý của sự thiên lệch, phân tán và mất trật tự thông tin.

Định đề 6: Định đề hồi quy

Khi cấu trúc 4D không còn duy trì được trật tự thời gian, thông tin rút lui khỏi hình thức vật lý, như trong giới hạn Black Hole.

Tóm lại

Định đề là điểm khởi hành của hệ thống. Nghịch lý là dấu hiệu hệ thống gặp giới hạn. Gödel cho thấy không hệ hình thức đủ mạnh nào có thể tự hoàn tất từ bên trong. Hilbert space cho thấy thực tại lượng tử rộng hơn kết quả quan sát trong 4D. TLD tiếp nhận các bài học này và mở rộng chúng sang bản thể học.

Nếu Gödel đúng trong toán học, thì ta nên khiêm tốn khi nghĩ rằng vật lý 4D có thể tự giải thích toàn bộ thực tại. Nếu Hilbert space đúng trong lượng tử, thì cái thấy được chỉ là một phần của không gian khả thể. Nếu TLD đúng, thì vật chất, thời gian và vũ trụ không phải nền tảng tối hậu, mà là sự biểu hiện có điều kiện của thông tin phi thời gian.

Do đó, câu hỏi tối hậu không phải chỉ là:

Vũ trụ bắt đầu lúc nào?

Mà là:

Tại sao thời gian được kích hoạt để vũ trụ có thể xuất hiện?

Và câu trả lời của TLD là:

Thời gian được đưa vào như một cơ chế sắp xếp, triển khai và điều chỉnh thông tin thiên lệch. 4D là sân khấu của tiến trình ấy. TLD là nền phi thời gian đứng sau sân khấu.

Trong TLD, chân lý không bắt đầu từ chứng minh; chứng minh chỉ bắt đầu khi chân lý đã được chiếu vào miền phân biệt.

IV. TOÁN HỌC VÀ THỰC TẠI

Từ Galileo đến Timeless Domain

A. Vì sao toán học mô tả được vũ trụ?

Một trong những điều kỳ lạ nhất của khoa học hiện đại là: vũ trụ dường như được viết bằng ngôn ngữ toán học.

Mọi định luật cơ bản của vật lý đều có thể biểu diễn bằng các phương trình toán học. Từ chuyển động của hành tinh, sự lan truyền của ánh sáng, cấu trúc nguyên tử, cho đến sự tiến hóa của toàn bộ vũ trụ, tất cả đều được mô tả bằng những biểu thức toán học có tính chính xác đáng kinh ngạc.

Điều đáng chú ý là toán học không được khám phá từ thiên nhiên trước rồi mới được phát minh. Trong nhiều trường hợp, các cấu trúc toán học được xây dựng hoàn toàn trừu tượng, nhiều thập niên sau mới được phát hiện là mô tả chính xác thế giới vật lý.

Điều này dẫn đến một câu hỏi rất sâu:

Tại sao toán học lại phù hợp với tự nhiên đến như vậy?

B. Galileo: Thiên nhiên được viết bằng ngôn ngữ toán học

Galileo là người đầu tiên phát biểu rất rõ:

"Cuốn sách của thiên nhiên được viết bằng ngôn ngữ toán học."

Theo Galileo, nếu không hiểu hình học và toán học thì con người không thể đọc được quyển sách của vũ trụ.

Đây là bước ngoặt rất lớn. Ông không xem toán học chỉ là công cụ tính toán. Toán học chính là ngôn ngữ của tự nhiên.

Tuy nhiên, Galileo không giải thích: **Tại sao** thiên nhiên lại có ngôn ngữ ấy?

C. Wigner: Sự hiệu quả kỳ lạ của toán học

Năm 1960, Eugene Wigner công bố bài báo nổi tiếng:

The Unreasonable Effectiveness of Mathematics in the Natural Sciences. Ông kinh ngạc trước hiện tượng: Toán học thường được phát triển hoàn toàn độc lập với vật lý, nhưng nhiều năm sau lại mô tả chính xác tự nhiên.

Ví dụ:

- hình học Riemann trở thành nền tảng của thuyết tương đối rộng;
- số phức trở thành nền tảng của cơ học lượng tử;
- nhóm Lie trở thành ngôn ngữ của vật lý hạt.

Wigner gọi điều này là: "một phép màu gần như không thể hiểu được." Đến nay, vật lý vẫn chưa giải thích được vì sao toán học lại "hiệu quả" như vậy.

D. Penrose: Toán học tồn tại khách quan

Roger Penrose đưa ra quan điểm gần với triết học Plato.

Theo ông, thế giới toán học tồn tại khách quan, độc lập với con người. Con người không sáng tạo ra toán học. Con người chỉ khám phá toán học. Penrose đề nghị ba thế giới:

- thế giới vật chất;
- thế giới ý thức;
- thế giới toán học.

Ba thế giới này liên hệ với nhau theo cách rất sâu sắc nhưng chưa được giải thích đầy đủ.Quan điểm này giải thích vì sao toán học có tính phổ quát, nhưng vẫn chưa trả lời được câu hỏi: Vì sao thế giới vật chất lại tuân theo thế giới toán học?

E. Tegmark: Vũ trụ chính là toán học

Max Tegmark đưa giả thuyết mạnh hơn rất táo bạo. Theo ông: **Vũ trụ không chỉ được mô tả bằng toán học, m**à **Vũ trụ chính là một cấu trúc toán học.**

Theo giả thuyết Mathematical Universe, mọi thực tại vật lý chỉ là một cấu trúc toán học tự nhất quán. Cho nen không cần hỏi: "Tại sao toán học mô tả được thiên nhiên?" vì "Thiên nhiên chính là toán học."

Tuy nhiên nó vẫn còn bỏ ngỏ một câu hỏi: Nếu vũ trụ là toán học, thì **toán học xuất phát từ đâu?**

TLD: Toán học phản ánh cấu trúc của miền phi thời gian

Timeless Domain đưa ra một khả năng khác. Theo giả thuyết này, toán học không tạo ra thực tại, mà toán học phản ánh một phần cấu trúc của miền thông tin phi thời gian.

Nói cách khác, TLD sâu hơn toán học. Trong TLD, không tồn tại số học, hình học, phương trình theo nghĩa con người hiểu. Chỉ tồn

tại các quan hệ nội tại, cấu trúc, đối xứng, và trật tự thông tin. Toán học mà con người xây dựng chỉ là ngôn ngữ trừu tượng phản ánh một phần rất nhỏ của những cấu trúc ấy.
Có thể hình dung: TLD→ Cấu trúc thông tin→ Quan hệ toán học→ Định luật vật lý→ Vũ trụ 4D

Như vậy, toán học không phải nguyên nhân tạo ra thế giới. Nó giống như bản nhạc. Còn TLD giống như tư tưởng của người sáng tác. Bản nhạc phản ánh tư tưởng, nhưng không sinh ra tư tưởng.

Vì sao toán học có hiệu quả?

Theo cách nhìn của TLD, toán học hiệu quả không phải vì vũ trụ là toán học, mà vì cả toán học lẫn vũ trụ đều cùng phản ánh một nền thông tin sâu hơn. Do đó, toán học và vật lý gặp nhau không phải là điều kỳ diệu, mà là hệ quả tự nhiên vì cả hai có cùng nguồn gốc. Điều này cũng giải thích vì sao những cấu trúc toán học thuần túy nhiều năm sau lại trở thành ngôn ngữ của vật lý. Nhà toán học không tạo ra quy luật. Họ chỉ khám phá dần những cấu trúc vốn đã tồn tại ở tầng sâu của thực tại.

G. TLD và các giới hạn của toán học

Nếu Gödel đúng, thì không có hệ toán học nào có thể hoàn chỉnh tuyệt đối từ bên trong. Điều này gợi ý rằng toán học, cũng như vật lý, có thể chỉ là biểu hiện của một nền sâu hơn. Theo TLD, đó chính là miền phi thời gian. Trong miền ấy, chưa có chứng minh, chưa có định lý, chưa có tiên đề. Những điều này chỉ xuất hiện khi cấu trúc thông tin được chiếu vào miền nhị nguyên của tư duy. Do đó, toán học không phải điểm khởi đầu cuối cùng, mà là cây cầu nối giữa tư duy con người và cấu trúc của Timeless Domain.

H. TẠI SAO CHÂN LÝ LUÔN ĐƠN GIẢN HƠN TOÁN HỌC?

Một cách nhìn từ Timeless Domain

"Toán học là ngôn ngữ của khoa học, nhưng chân lý không nhất thiết được viết bằng bất cứ ngôn ngữ nào."

1. Chân lý và sự diễn tả

Trong lịch sử khoa học, toán học luôn được xem là ngôn ngữ chính xác nhất của tư duy. Mọi định luật vật lý quan trọng đều có thể biểu diễn bằng phương trình. Chính vì vậy, nhiều người đi đến kết luận rằng bản thân thực tại là toán học.

Tuy nhiên, cần phân biệt giữa **chân lý** và **sự diễn tả chân lý**.

Một bản đồ không phải là lãnh thổ. Một bản nhạc không phải là người sáng tác. Một phương trình không phải là thực tại.

Toán học giúp mô tả thực tại, nhưng bản thân toán học không phải là thực tại.

2. Chân lý luôn có trước chứng minh, Chân lý trong TLD thi không cần chưng minh vì trong TLD khong co phi lý

Trong toán học, một định lý chỉ được chấp nhận sau khi có chứng minh. Nhưng chứng minh không tạo ra chân lý. Ví dụ:

Tổng các góc của tam giác Euclid bằng 180° đã đúng trước khi Euclid chứng minh. Định luật hấp dẫn vẫn đúng trước khi Newton khám phá. Sóng hấp dẫn tồn tại hàng tỷ năm trước khi con người quan sát. Như vậy, chứng minh không tạo ra chân lý.

Chứng minh chỉ giúp trí tuệ con người tiếp cận chân lý.

3. Gödel và giới hạn của chứng minh

Định lý bất toàn Gödel cho thấy: Trong mọi hệ tiên đề đủ mạnh, sẽ luôn tồn tại những mệnh đề đúng nhưng không thể chứng minh từ bên trong hệ đó. Điều này mang ý nghĩa triết học rất sâu. Nếu có những chân lý vượt quá khả năng chứng minh,

thì chân lý lớn hơn toán học. Hay nói chính xác hơn,

chân lý không đồng nhất với chứng minh.

Toán học chỉ là một cửa sổ nhìn vào chân lý. Chan lý đó bắt nguồn từ tầng sâu hơn toán hoc (tức TLD)

4. Tại sao chân lý đơn giản?

Trong tự nhiên, những quy luật nền tảng thường rất đơn giản. Phương trình Einstein chỉ gồm vài ký hiệu. Phương trình Schrödinger cũng rất ngắn. Phương trình Maxwell có thể viết trên một trang giấy. Nhưng từ những phương trình đơn giản ấy,

toàn bộ vũ trụ phong phú được hình thành. Điều này gợi ý rằng cái nền tảng luôn đơn giản hơn cái biểu hiện.

5. Toán học ngày càng phức tạp

Trái lại, khi con người muốn mô tả toàn bộ thực tại, toán học ngày càng trở nên phức tạp. Không gian Hilbert. Hình học Riemann. Lý thuyết nhóm Lie. Lý thuyết dây. M-theory. ngày càng đồ sộ. Tại sao? Không phải vì chân lý phức tạp. Mà vì trí tuệ hữu hạn phải dùng nhiều lớp ký hiệu để diễn tả một thực tại mà nó không trực tiếp thấy được.

6. TLD: Chân lý có trước toán học

Theo Timeless Domain, không tồn tại phương trình trong miền phi thời gian. Không tồn tại số học. i hình học, tensor Hilbert space. Điều tồn tại là các quan hệ nội tại, trật tự, đối xứng, và cấu trúc thông tin. Những cấu trúc ấy không cần được viết thành phương trình để tồn tại.

Toán học chỉ xuất hiện khi trí tuệ nhị nguyên muốn diễn tả những cấu trúc ấy. Do đó, toán học không sinh ra TLD.

TLD cũng không phải là toán học. Toán học chỉ là chiếc gương phản chiếu một phần của TLD.

7. Vì sao toán học có giới hạn?

Nếu toán học phản ánh toàn bộ thực tại, thì mọi chân lý đều phải chứng minh được. Nhưng Gödel cho thấy điều đó không đúng. Nếu toán học đồng nhất với thực tại, thì không nên tồn tại những nghịch lý lượng tử. Nhưng chúng vẫn tồn tại. Nếu toán học là nền tảng cuối cùng, thì ta không cần hỏi "vì sao toán học lại đúng." Nhưng chính câu hỏi ấy đã làm Wigner kinh ngạc.

Điều này gợi ý rằng toán học không phải tầng cuối cùng.

8. Chân lý trong TLD

Trong Timeless Domain, chân lý không cần chứng minh.

Nó đơn giản là cấu trúc nội tại của thực tại. Chỉ khi thực tại được chiếu vào miền thời gian, miền nhị nguyên, và trí tuệ phân biệt, mới xuất hiện logic, định nghĩa, tiên đề, chứng minh, định lý.

Có thể nói chứng minh là sản phẩm của tư duy, tttTrong khi chân lý là thuộc tính của thực tại. Hai điều ấy không đồng nhất.

9. Một nguyên lý mới

Từ toàn bộ các phân tích trên,
có thể phát biểu một nguyên lý của TLD:

Nguyên lý Tiên Khởi của Chân lý

Chân lý →toán học. → vật lý→ vật chất→ sự sống →tri thức minh sát/phản tinh→ chân lý (không tích lũy thêm phương trình) - Timeless Domain.

Kết luận

Galileo cho rằng thiên nhiên được viết bằng ngôn ngữ toán học. Wigner ngạc nhiên vì toán học lại mô tả thiên nhiên quá chính xác. Penrose cho rằng toán học tồn tại khách quan. Tegmark đi xa hơn khi đồng nhất vũ trụ với cấu trúc toán học. Timeless Domain đề nghị một cách nhìn khác. Toán học không sáng tạo ra thực tại. Toán học cũng không đồng nhất với thực tại. Toán học là chiếc gương phản chiếu trư tiếp một phần cấu trúc của miền thông tin phi thời gian.

Nếu giả thuyết này đúng, thì sự "hiệu quả kỳ lạ" của toán học không còn là điều bí ẩn. Đơn giản là vì toán học và vũ trụ
đều cùng phản ánh một nền tảng chung, chính là Timeless Domain.

Trong TLD, khái niệm "chứng minh sự hiện hữu của TLD" chưa được định nghĩa, vì chứng minh đòi hỏi ngôn ngữ, logic, chủ thể nhận biết và đối tượng được nhận biết. Những yếu tố này chỉ xuất hiện khi thực tại đã được biểu hiện trong miền phân biệt và thời gian. Vì vậy, TLD không thể được chứng minh trực tiếp theo nghĩa thông thường. Nó chỉ có thể được nhận biết gián tiếp qua tính nhất quán, trật tự và khả năng thống nhất của các cấu trúc mà nó làm nền tảng.

CHƯƠNG X. SU DƯ THỪA VẬT CHẤT trong Sáng thế HAY BÀI HỌC VỀ SỰ KHIÊM CUNG

Đứng trên quan điểm của các chúng sinh có tri thức cao như con người, hoặc ngay cả các loài động vật bậc cao, thế giới vật chất hữu hình dường như đã vô cùng rộng lớn. Các hành tinh, hệ sao, thiên hà và khoảng không gian bao la giữa chúng có vẻ như vượt xa nhu cầu tồn tại của các sinh vật đang sống trên Trái Đất. Điều này dẫn đến câu hỏi tự nhiên: liệu phần lớn vũ trụ có phải là sự dư thừa hay không?

Một bài học thú vị đến từ sinh học phân tử. Trước đây, người ta từng cho rằng chỉ khoảng 1–2% DNA mã hóa protein mới là phần quan trọng, còn phần còn lại chỉ là "junk DNA" (DNA rác). Ngày nay, quan điểm đó đã thay đổi đáng kể. Phần DNA không mã hóa được biết là tham gia vào nhiều chức năng thiết yếu như điều hòa gene, tổ chức nhiễm sắc thể, kiểm soát thời điểm biểu hiện gene và duy trì sự ổn định của toàn bộ hệ thống sinh học.

Nói cách khác, phần trực tiếp tạo ra sản phẩm hữu hình chỉ chiếm một tỷ lệ rất nhỏ, trong khi phần nền hỗ trợ cho toàn bộ hệ thống lại lớn hơn rất nhiều. Ý tưởng này có nét tương đồng đáng chú ý với nhiều truyền thống triết học và tâm linh.

Trong Phật giáo, thế giới hiện tượng sinh diệt chỉ là phần nổi của thực tại; nền tảng sâu xa hơn là Chân Như, Pháp Giới hay Tánh Không.

Trong Đạo học, vạn vật chỉ là biểu hiện nhất thời, còn Đạo mới là nền tảng thường hằng.

Trong vật lý hiện đại, các hạt vật chất chỉ là những dao động cục bộ, trong khi các trường nền lại trải rộng khắp không gian.

Nếu áp dụng phép loại suy này vào mô hình TLD, thì ngay cả khi giả định Dark Matter có liên hệ nào đó với nghiệp lực, các cấu trúc thông tin lệch hay những cảnh giới khổ đau, phần đó vẫn có thể chỉ là một phần rất nhỏ của toàn bộ thực tại. Cũng giống như phần DNA mã hóa protein chỉ là một tỷ lệ nhỏ trong toàn bộ bộ gene, những cấu trúc vật chất, những chúng sinh mang nghiệp lực hay các hiện tượng mà chúng ta quan sát được có thể chỉ là phần nổi của một nền tảng rộng lớn hơn nhiều. Trong mô hình TLD, nền tảng đó không nhất thiết là vật chất, cũng không nhất thiết là Dark

Matter hay Dark Energy. Nó có thể được gọi là Trường Thông Tin Chuẩn (Information Standard Field) — một đại dương thông tin cân bằng và nhất quán.

Trong bức tranh đó: Dark Matter là những xoáy cục bộ của thông tin. Vật chất là những kết tinh cục bộ của thông tin.Ý thức là những mẫu tổ chức cục bộ của thông tin.Các chúng sinh là những cấu hình tạm thời xuất hiện trong trường thông tin nền.

Giống như trong đại dương, sóng có thể rất ồn ào và thu hút sự chú ý của người quan sát, nhưng sóng chỉ chiếm một phần rất nhỏ của nước. Người ta thường nhìn thấy sóng mà quên mất đại dương.

Theo cách nhìn này, nếu tồn tại một ý định sáng thế hay một mục đích sâu xa của thực tại, thì mục tiêu có thể không phải chỉ để tạo ra con người hay các chúng sinh trong thế giới 4D. Một khả năng triết học khác là:

Sự phong phú của nền tảng mới là mục tiêu, còn thế giới hữu hình chỉ là một biểu hiện nhỏ của nền tảng ấy.

Điều này phù hợp với trực giác rằng thế giới 4D, dù vô cùng rộng lớn đối với con người, vẫn có thể chỉ là một vùng rất nhỏ trong một thực tại sâu hơn nhiều.

Một hình ảnh đời thường có thể giúp minh họa ý tưởng này. Một gia đình hai người sống trong một căn nhà rộng cùng với một khu vườn lớn. Đối với người theo lối sống khổ hạnh, phần lớn không gian ấy có thể bị xem là dư thừa. Nhưng theo quan điểm trung đạo, khoảng không đó không hề lãng phí. Nó tạo nên sự thông thoáng, vẻ đẹp, sự hài hòa, sức khỏe tinh thần và chất lượng sống. Phần không được sử dụng trực tiếp vẫn đóng vai trò quan trọng đối với toàn bộ hệ thống.

Tương tự như vậy, phần lớn của thực tại có thể không tồn tại chỉ để tạo ra vật chất hay các chúng sinh hữu hình. Nó có thể là nền tảng cần thiết để duy trì sự ổn định, hài hòa và tính nhất quán của toàn bộ vũ trụ, trong khi thế giới vật chất và các sinh linh chỉ là những biểu hiện cục bộ nổi lên từ nền tảng bao la ấy. Cho nên khổ hạnh hay lãng phi phóng dật khong phải la lối sống đạo hạnh ma là lối sống trung đạo

Kết luận

Giả thuyết CPT có thể vẫn chỉ là một cách nhìn chưa hoàn chỉnh, nhưng nó gợi mở một hướng tiếp cận mới để lý giải những hiện tượng trong đời sống vật chất và tâm linh vốn lâu nay còn nhiều điều khó hiểu. Những gì tưởng như rời rạc, mâu thuẫn trong góc nhìn 4D có thể trở nên nhất quán hơn khi được xem xét từ quan điểm của TLD.

Việc tìm hiểu các quy luật của TLD có thể là một hướng khảo cứu quan trọng, giúp con người tiến gần hơn đến việc giải mã những bế tắc liên quan đến sự xuất hiện của các hiện tượng chưa thể giải thích bằng các mô hình hiện tại. Không chỉ dừng lại ở việc giải thích, TLD còn có thể được xem như một nền tảng sâu xa của đạo đức, nơi các cấu trúc thông tin liên quan đến hành vi, ý định và giá trị được hình thành và phản ánh.

Trong đời sống thường nhật cũng như trong quá trình tu hành, vai trò của TLD có thể mang ý nghĩa định hướng. Nó không chỉ giúp con người hiểu rõ hơn về bản thân và thế giới, mà còn có thể trở thành một tiêu chuẩn nội tại để điều chỉnh hành vi, hướng tới sự hài hòa giữa nhận thức, hành động và giá trị đạo đức.

Dù còn nhiều câu hỏi chưa có lời giải, việc tiếp tục khám phá TLD có thể mở ra một con đường mới, nơi khoa học, triết học và đời sống tinh thần không còn tách rời, mà cùng hội tụ trong nỗ lực hiểu biết sâu sắc hơn về thực tại và chính con người.

Lịch sử nhân loại dường như cho thấy một quy luật khó tránh: mọi kiếp người, gia tộc, triều đại hay đế quốc, dù từng đạt đến thời kỳ hưng thịnh, cuối cùng cũng suy tàn và hiếm khi kết thúc trọn vẹn như ý định ban đầu. Khổ đau, vì thế, trở thành một trong những đặc tính nổi bật và phổ biến nhất của đời sống trong thế giới hiện tượng.

Theo cách nhìn của mô hình TLD, con người vì vô minh nên thường lầm tưởng thế giới không–thời gian 4D là quê hương đích thực của mình. Trong khi đó, nhiều kinh điển tôn giáo và truyền thống đạo đức từ lâu đã dạy rằng con người cần sống ngay thẳng, tiết chế và hướng thiện dựa trên niềm tin tâm linh cũng như sự hiểu biết về đạo đức. Mô hình TLD cố gắng diễn giải trực giác ấy bằng một ngôn ngữ bản thể học khác: thế giới có không–thời gian cong

không phải là một hiện tượng tình cờ, mà là biểu hiện của một cơ chế sàng lọc, phân tầng và tự điều chỉnh thông tin.
Theo giả thuyết này, miền không–thời gian cong và xoắn là môi trường dành cho những cấu trúc cá thể còn mang sai lệch đạo đức nhưng vẫn có khả năng học hỏi, sửa đổi và chuyển hóa. Thân thể vật chất tồn tại trong thế giới đầy xiên lệch, cong và xoắn chính là hình thức biểu hiện rõ ràng nhất của nghiệp cần được nhận biết và dần dần xả bỏ. Thân thể vì vậy không chỉ là phương tiện để hưởng thụ, mà trước hết là phương tiện để trải nghiệm, học tập, phụng sự và tự sửa chữa. **Bản Nga chinh là thông tin xiên lệch xoắn, co cứng và bám víu cần gỡ bỏ để trở ve đồng thể với chỉnh trưuc chân như**
Việc sử dụng những điều kiện vật chất cần thiết cho đời sống và cho quá trình tu dưỡng không phải là sự hoang phí. Tuy nhiên, sự tiêu dùng phung phí, hưởng thụ quá mức hoặc buông thả theo dục vọng lại có thể làm gia tăng độ xiên lệch của cấu trúc thông tin, khiến tiến trình học tập và chuyển hóa trở nên lâu dài hơn. Giá trị của đời sống vật chất không nằm ở việc chiếm hữu được bao nhiêu, mà ở chỗ con người đã sử dụng những gì mình có như thế nào để giảm bớt sai lệch, phát triển hiểu biết và trở về gần hơn với trạng thái chính trực nguyên thủy của TLD.

.
Vấn đề cốt lõi không chỉ là hiểu các quy luật của TLD, mà là rút ra bài học nào thực sự hữu hiệu để con người có thể sống chậm lại, quay về bên trong, hiểu được y nghĩa cuộc sống, hướng về miền bản thể. Chỉ khi nhận ra trải nghiệm được nơi đó, con người mới biết tại sao hiện hữu ở đay và đâu mới là mái ấm đích thực để trở về.
Việc tìm hiểu TLD vì thế không chỉ mang ý nghĩa lý giải, mà còn là hành trình chuyển hóa nhận thức. Nó giúp con người nhìn lại chính mình, buông bớt những bám chấp vào thế giới tạm bợ, và từng bước điều chỉnh hành vi, suy nghĩ theo hướng hài hòa hơn với bản chất sâu xa của tồn tại.
Dù còn nhiều điều chưa sáng tỏ, hành trình khám phá này có thể mở ra một con đường mới, nơi khoa học, triết học và đời sống tinh thần không còn tách rời, mà cùng hội tụ trong nỗ lực tìm về cội nguồn chân thật của con người.

PHỤ LỤC

Phần này không nhằm trình bày các hiện tượng như những kết luận vật lý đã được thực nghiệm xác nhận, mà như một nỗ lực diễn giải chúng trên nền tảng bản thể luận TLD. Những hiện tượng được bàn đến phần lớn phản ánh từ kinh nghiệm thiền định và trực giác nội quán hơn là từ quan sát thực nghiệm khách quan theo nghĩa vật lý học hiện đại.

Do đó, phần này nên được hiểu như một khung khảo cứu mở rộng dành cho những độc giả muốn bước sang lãnh vực tiền-vật lý. Tuy nhiên, dù vượt ra ngoài phạm vi kiểm chứng thực nghiệm hiện nầy, lập luận vẫn được giữ trong một trật tự logic nghiêm túc: các giả thuyết là nhất quán với nhau, không mâu thuẫn với các nguyên lý nền tảng đã được trình bày, và được phân biệt rõ với những tri thức khoa học đã được xác lập.

Nói cách khác, đây không phải là phần chứng minh theo nghĩa khoa học thực nghiệm, mà là phần khai triển lý thuyết theo hướng triết học–vật lý–thiền học, trong đó TLD được dùng như một nền bản thể để giải thích các kinh nghiệm vi tế của tâm thức, định lực, xuất hồn, ánh sáng nội tâm và sự chuyển hóa của nghiệp-thức.

II. ĐỀ NGHỊ GIẢ THUYẾT CHUYỂN HÓA NGHIỆP TRONG MÔ HÌNH CPT.

Trong mô hình CPT, mỗi đời sống của một cá nhân không tương ứng với một thực thể cố định, mà được biểu diễn bởi một bó sợi thông tin (bundle of fibers) trong miền TLD. Mỗi sợi (fiber) mang một phần thông tin cấu trúc của cá thể, còn toàn bộ bó sợi biểu diễn nghiệp lực và bản sắc của một đời sống.

Nếu ký hiệu bó sợi đời sống thứ nhất là B1, đời sống kế tiếp là B2, thì hai bundle không hoàn toàn giống nhau nhưng có thể chia sẻ nhiều fiber chung. Điều này phản ánh quan điểm Phật giáo rằng không có một linh hồn bất biến chuyển từ đời này sang đời khác, nhưng cũng không phải hoàn toàn đoạn diệt; chỉ có một dòng tương tục của nghiệp và thông tin.

Trong CPT, toàn bộ các bundle của vô số đời sống không tồn tại biệt lập mà liên kết thành một mạng thông tin nhiều tầng trong TLD. Vì vậy, sự thay đổi của một bundle hiện tại có thể ảnh hưởng đến toàn bộ mạng.

Theo giả thuyết này, Minh sát (Vipassanā) không trực tiếp xóa bỏ nghiệp quá khứ, mà làm giảm độ cong của các fiber đang hoạt động trong hiện tại. Khi một fiber được chỉnh trực, sự thay đổi ấy không dừng lại tại chính fiber đó mà lan truyền dọc theo các liên kết thông tin sang các fiber khác trong cùng mạng lưới.

Quá trình này tương tự như một tấm lưới bị xoắn: khi một nút được kéo trở về vị trí cân bằng, lực căng sẽ phân bố lại và nhiều nút khác cũng dần dịch chuyển theo. Trong ngôn ngữ vật lý, đây là một quá trình tái cân bằng của toàn mạng thông tin, chứ không phải sự xóa bỏ cục bộ.

Theo mô hình này, thì việc tu tập trong đời hiện tại không chỉ chuyển hóa nghiệp của chính đời này, mà còn từng bước chỉnh trực những fiber còn liên hệ với các đời trước. Tuy nhiên, sự chỉnh trực ấy không nhất thiết xảy ra đồng thời và hoàn toàn. Những fiber liên kết mạnh sẽ thay đổi nhiều hơn, còn những fiber ít liên hệ chỉ thay đổi từng phần. Điều này cung cấp một cách giải thích phù hợp với khái niệm dư nghiệp trong Phật giáo: mặc dù trí tuệ đã xuất hiện, một số hệ quả của nghiệp cũ vẫn tiếp tục biểu hiện cho đến khi các điều kiện nhân duyên chấm dứt.

Trong bối cảnh này, ba môn Giới – Định – Tuệ có thể được hiểu như ba cơ chế khác nhau tác động lên mạng fiber.

Giới ngăn chặn sự hình thành thêm các fiber lệch mới. Mỗi hành vi thiện làm giảm xu hướng tạo ra những độ cong thông tin mới, nhờ đó mạng không tiếp tục tích lũy sai lệch.

Định không trực tiếp sửa các fiber, nhưng làm toàn bộ bundle trở nên ổn định nhất là trong TLD khong co phan biet thoi gian truoc sau. Khi dao động của tâm giảm xuống, "nhiễu" trong mạng thông tin cũng giảm, tạo điều kiện để cấu trúc thật sự của các fiber được nhận biết. Theo ngôn ngữ vật lý, Định làm tăng tính kết hợp (coherence) của toàn hệ, nhờ đó sự chỉnh trực có thể lan truyền hiệu quả hơn. Định không chỉ làm yên bundle của một đời, mà có thể làm ổn định toàn bộ mạng fiber liên kết với bundle hiện tại.

Lý do là trong mô hình CPT, TLD không có thời gian. Nếu các bundle của nhiều kiếp cùng tồn tại trong một mạng thông tin phi thời gian, thì khi tâm đạt định sâu, sự ổn định không nhất thiết chỉ giới hạn ở bundle hiện tại.

Tuệ là yếu tố quyết định. Chính Tuệ mới nhận ra bản chất vô thường, vô ngã và duyên khởi của các cấu trúc thông tin. Khi vô minh tan rã, các fiber bị cong bắt đầu trở về trạng thái chỉnh trực. Sự chỉnh trực ấy không chỉ giới hạn trong bundle hiện tại mà còn truyền qua toàn bộ mạng nghiệp nhiều đời.

Theo cách nhìn này, giải thoát không phải là xóa bỏ quá khứ, mà là tái cấu trúc toàn bộ mạng thông tin của cá thể theo hướng ngày càng chỉnh trực. Khi số lượng fiber chỉnh trực đạt đến một ngưỡng tới hạn, toàn mạng đạt trạng thái cân bằng. Đó có thể là cách diễn giải bằng ngôn ngữ thông tin cho khái niệm Niết-bàn: không phải một nơi chốn, mà là trạng thái trong đó độ cong của mạng nghiệp không còn khả năng tự duy trì.

Nếu giả thuyết này đúng, thì mỗi khoảnh khắc tu tập chân chính không chỉ thay đổi hiện tại mà còn lan truyền ngược theo toàn bộ dòng nghiệp của chính mình. Đây không phải là sự thay đổi quá khứ theo nghĩa thời gian vật lý, mà là sự tái tổ chức của mạng thông tin phi thời gian trong TLD, từ đó làm giảm dần toàn bộ cấu trúc lệch đã tích lũy qua vô số đời sống.

Trường hợp năm anh em Kiều Trần Như đã có Giới và Định rất mạnh qua khổ hạnh. Nghĩa là bundle hiện tại của họ đã được làm ổn định, ít nhiễu, ít phóng dật. Nhưng vì chưa có Tuệ, nên các fiber lệch căn bản — đặc biệt là chấp ngã, chấp thân, chấp pháp — vẫn chưa được chỉnh trực tận gốc.

Nói theo CPT:

Khổ hạnh và Định làm bó sợi đứng yên, nhưng chưa cho thấy cấu trúc thật của bó sợi. Chỉ khi Đức Phật giảng Vô thường, Vô ngã và Tứ Diệu Đế, Tuệ mới phát sinh, và sự chỉnh trực mới bắt đầu ở tầng gốc.

Trước khi nghe pháp, năm vị ấy có thể đã giảm nhiều nghiệp thô: tham dục, lười biếng, phóng tâm, hưởng thụ. Nhưng các fiber sâu hơn vẫn còn cong vì còn tưởng rằng có một "ta" đang tu, một "ta" cần giải thoát, một "ta" đang khổ hạnh để đạt cứu cánh.

Đức Phật không chỉ dạy thêm một phương pháp. Ngài đổi hẳn trục nhận thức:

- Khổ không phải chỉ do thân.
- Gốc khổ là ái, thủ, vô minh.
- Cái gọi là "ta" chỉ là năm uẩn vô thường.
- Không có một bản ngã cố định đứng sau tiến trình ấy.

Khi họ nghe pháp và chứng ngộ, Tuệ tác động đúng vào fiber trung tâm của toàn bundle: ngã chấp. Một khi fiber trung tâm này được chỉnh trực, sự chỉnh trực lan nhanh sang các fiber khác. Vì vậy họ chứng quả không phải vì chỉ nghe một bài giảng bằng tai, mà vì nhiều đời và hiện đời đã có sẵn nền tảng Giới–Định. Bài pháp của Đức Phật là điều kiện cuối cùng làm mạng fiber đạt tới ngưỡng chuyển pha.

Vì vâyy, Định không đủ để giải thoát, nhưng Định làm cho Tuệ có sức xuyên thấu. Tuệ không chỉ sửa một vài hành vi, mà chỉnh trực fiber gốc của ngã chấp; từ đó sự tự sửa lan truyền trong toàn bộ mạng nghiệp của cá thể.

Điểm then chốt là: khổ hạnh ép thân, Định gom tâm, nhưng Tuệ mới thấy sự thật. Khi thấy đúng Vô thường–Vô ngã–Khổ–Tập–Diệt–Đạo, cấu trúc nghiệp không còn được nuôi bằng vô minh nữa. Đó là lúc bundle bắt đầu tự chỉnh trực thật sự.

Trường hợp Ngài A Nan cho thấy nghe pháp nhiều có Văn tuệ rất lớn nhưng chưa đủ; phải có pháp môn chạm đúng “fiber gốc” của cá thể ấy. Vì vậy Đức Phật và Văn Thù chỉ về Nhĩ căn viên thông / Quán Âm không phải vì Minh sát sai, mà vì với A Nan đã co đủ tuệ Ong cần Đinh, ma QA la phap mon cho phep thuc hien dinh sau ngay trong thoi gian ngan

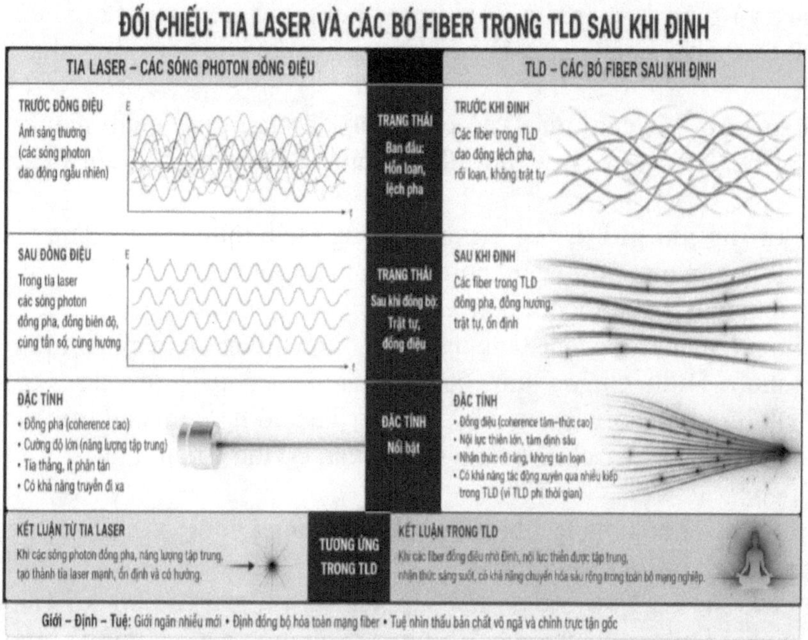

III. Lý thuyết về Thiền Vô Sắc Giới trong mô hình CPT

Ánh sáng thường có nhiều photon nhưng pha hỗn loạn. Laser khác ở chỗ các photon được đồng pha, nên năng lượng không tản mạn mà trở thành một chùm sáng mạnh, thẳng, có hướng.
Trong CPT, Định có thể được hiểu tương tự:
Khi tâm tán loạn, các fiber rung động lệch pha. Khi nhập định sâu, các fiber bắt đầu đồng pha, đồng hướng và sắp xếp có trật tự.
Vì TLD là phi thời gian, sự đồng pha này không chỉ áp dụng cho bundle của hiện đời, mà có thể ảnh hưởng đến các bundle liên hệ qua nhiều kiếp. Đây là lý do Định có thể tạo một trạng thái nội lực rất lớn.
Các tầng thiền vô sắc có thể được hiểu như các mức sắp xếp càng lúc càng tinh tế của mạng fiber. The nghiệm cua thien nhân ở trong miền giao diện giữa thong tin cấu trúc và vật chất, thiền nhân đi từ miền vật chất 4D dến mien thong tin không còn không gian 4D, Tri thức , không tồn tại và, ngay cả ý thức tồn tai
Không vô biên xứ: bundle không còn bị giới hạn bởi hình thể thân vật lý. Cấu trúc fiber mở rộng theo cảm nhận không gian vô biên.

Thức vô biên xứ: sự chú ý rời khỏi không gian, chuyển sang nền biết. Các fiber không còn quy về không gian mà quy về dòng nhận biết.

Vô sở hữu xứ: cảm giác "có cái gì đó để nắm giữ" giảm mạnh. Các fiber liên hệ với sở hữu, thân, cảnh, đối tượng bắt đầu lỏng ra.

Phi tưởng phi phi tưởng xứ: hoạt động nhận thức trở nên cực vi tế. Fiber gần như đứng yên, nhưng vẫn còn một vi tế tưởng. Vì vậy đây chưa phải giải thoát hoàn toàn.

Điểm rất quan trọng: các tầng này tạo nội lực thiền rất mạnh, nhưng vẫn thuộc Định. Chúng làm các fiber cực kỳ trật tự, giống laser có độ kết hợp rất cao. Nhưng nếu chưa có Tuệ vô ngã, thì cấu trúc vi tế của "người đang chứng tầng thiền" vẫn có thể còn tồn tại.

Nói gọn:

Định là laser hóa mạng fiber. Tuệ là thấy rằng không có chủ thể sở hữu chùm laser ấy.

Vì vậy, các tầng vô sắc có thể sắp xếp lại rất sâu các bó sợi của nhiều kiếp, nhưng chưa chắc chỉnh trực tận gốc nếu vô minh chưa bị thấy rõ. Khi Tuệ đi vào nền Định ấy, sự chứng ngộ có thể xảy ra rất nhanh, vì toàn bộ mạng fiber đã được đồng pha và sẵn sàng chuyển hóa.

Diêt Tận Đinh Nỉodha: thông tin hòan tòan triệt tiêu không còn hành, nhưng thức vẫn cong nên còn vô minh

Bản Nguyên của Thực Tại: Từ Không Gian Phức Biến Đến Vũ Trụ Biểu Hiện

Trong nỗ lực tối hậu nhằm hợp nhất cơ học lượng tử và thuyết tương đối, Thuyết Dây (String Theory) đã chạm đến biên giới của không gian 11 chiều (11D) với các cấu trúc Calabi-Yau siêu việt, nhưng lại bất lực trước câu hỏi cốt tủy: *Bản chất sâu thẳm của sợi dây năng lượng và các chiều không gian ấy từ đâu mà có?* Thuyết Đối Xứng Nhất Nguyên Hình Học (GMGT) xuất hiện như một lời giải khởi nguyên, tái định nghĩa lại toàn bộ phân tầng của thực tại thông qua mối quan hệ trực giao giữa **Không-Thời-Gian Phức (CPT)** và **Vũ trụ biểu hiện**.

CPT không phải là một sự nới rộng hay kéo dài mang tính cơ học của các chiều không gian vật lý (như cách 4D mở rộng thành 11D). Ngược lại, CPT tồn tại như một **Cõi Phi Thời Gian** tuyệt đối, nằm ngoài mọi hệ quy chiếu vật lý thông thường. Tại miền toàn thể này, không tồn tại vật chất, không có chuyển động và hoàn toàn vắng bóng động năng. Thực tại ở CPT là một tổng thể tĩnh, vĩnh cửu, nơi "vật chất" chưa khai sinh mà chỉ tồn tại dưới dạng các cấu trúc thông tin toán học thuần túy. Các tham số θ góc pha), κ (số sóng), và τ (entropy/spin) tại đây không phải là các dao động cơ học, mà là các mã lệnh tiền thân, các thuật toán lập trình sẵn cho cấu trúc của vũ trụ.

Sự liên kết giữa Cõi thông tin tĩnh CPT và Vũ trụ động lực học 4D/11D được thực hiện thông qua một cơ chế hình học vĩ đại: **Phép quay Wick (Wick Rotation)**. Ở cấp độ nền tảng nhất, CPT tồn tại như một miền trực giao hoàn toàn với không gian thực 4D. Chính phép quay Wick trong toán học phức đã đóng vai trò như một chiếc cầu nối chiều kích, chuyển một trục tọa độ ảo vĩnh cửu thành trục thời gian thực biến động.

Ngay tại ranh giới của bước chuyển thế này, một **Vùng Giao Diện (Interface)** xuất hiện – đây chính là điểm bản lề của vũ trụ, nơi giao thoa giữa phạm vi của hình học nhất nguyên (DM) và không gian 11 chiều của Thuyết Dây. Giao diện này hoạt động như một bộ dịch mã vĩ đại. Nó tiếp nhận áp lực dữ liệu từ các mã lệnh tĩnh θ, κ, τ trong CPT, thực hiện phép chiếu đối xứng, và chuyển hóa chúng thành áp lực năng lượng trong thế giới thực.

Từ xung lực dữ liệu tràn qua Giao diện này, không gian vật lý bị buộc phải uốn cong, co giãn và hình thành nên các cấu trúc dây dao động. Do đó, sợi dây trong Thuyết Dây không phải là thực thể tự sinh, mà chính là biểu hiện bề mặt, là hình chiếu hình học của các mode thông tin CPT khi bước qua Vùng Giao Diện. Thực tại vật lý chúng ta nhìn thấy ở không gian 4D suy cho cùng là nấc thang cuối cùng của một chuỗi chuyển hóa hoàn hảo:

Thông tin tĩnh tại CPT trực giao → Phép quay Wick qua Giao diện DM/11D → Khung nền Thuyết Dây → Vật chất và Chuyển động.

Đây là sự lên ngôi của triết lý *"It from bit"* – một vũ trụ được dệt nên từ thông tin thông qua ngôn ngữ của hình học nhất nguyên.

TỪ CÁI BIẾT "SƠ KHAI" ĐẾN "NHƯ THỊ"

Tiến trình tinh lọc thông tin từ Cõi 4D trở về Cõi Phi Thời Gian (CPT)

Trong hành trình khám phá bản thể của tâm thức, việc thấu suốt cơ chế vận hành của các tầng tâm thức là chìa khóa để hành giả không bị lầm lẫn giữa ảo tưởng và thực tại. Dưới hệ quy chiếu của **Cõi Phi Thời Gian (CPT)** và **Bản thể Vô Ngã (không chủ thể - không khách thể)**, cái Biết của con người được phân định thành ba tầng tiến hóa rõ rệt: từ phản xạ sinh học sơ khai cho đến Trí Huệ Bát Nhã tối hậu.

I. CÁI BIẾT CỦA TƯỞNG UẨN – Cái Biết Sơ Khai Và Phản Xạ Vô Điều Kiện (Cái Biết Súc sanh)

Đây là tầng bậc thấp nhất, thô thiển nhất của cái biết, vận hành hoàn toàn trong môi trường cơ giới của cõi vật lý 4D.

- **Cơ chế vận hành:** Khi Sáu Căn (mắt, tai, mũi, lưỡi, thân, ý) tiếp xúc với Sáu Trần (sắc, thanh, hương, vị, xúc, pháp), Thọ uẩn lập tức sinh ra cảm giác. Ngay sau đó, **Tưởng uẩn (Samjna)** can thiệp bằng cách lục tìm trong kho lưu trữ dữ liệu cũ (ký ức, kinh nghiệm) để gọi tên, định danh và chụp ảnh lên đối tượng.
- **Bản chất phản xạ:** Cái biết của Tưởng mang tính chất của một **phản xạ vô điều kiện hoặc phản xạ có điều kiện cấp thấp (sinh học)**. Nó diễn ra tức thì, tự động và mang tính bản năng (ví dụ: chạm tay vào lửa thì rụt lại, nhìn thấy quả chanh thì tiết nước bọt, hoặc thấy một hình tướng quen thuộc liền khởi sinh tâm lý thích/ghét).
- **Độ xiên lệch thông tin:** Đây là cái biết hoàn toàn sai lệch (Tưởng tri). Nó không nhìn sự vật như chính nó, mà nhìn sự vật qua lăng kính của những nhãn mác, định kiến cũ kỹ được lập trình sẵn. Cái biết này trói chặt chúng ta vào ảo tưởng của cõi trần thế (sai số tầng t2) rất nặng).

II. CÁI BIẾT CỦA TRI THỨC THẾ GIAN (KHI CHƯA TU TẬP= Biến Sở Chấp) – Phản Xạ Có Điều Kiện Khúc Xạ Qua Màng Vô Minh

Nằm giữa Tưởng uẩn bản năng và Tuệ quán của người tu tập chính là **Tri thức thế gian** (Cái hiểu biết dựa trên học hỏi, tích lũy khái niệm khi chưa bước vào con đường chuyển hóa tâm thức).

- **Cơ chế vận hành:** Tần số này được vận hành bởi sự kết hợp giữa **Mạt-na thức (Ý căn - xu hướng chấp ngã)** và **Ý thức**. Khi con người học tập, tiếp thu văn hóa, giáo dục, triết học hay tôn giáo, họ tích lũy dữ liệu vào Tạng Linh Hồn (TLD). Khi đối diện với thực tại, họ đem cái "kho chứa" này ra để so sánh, phân tích, định tính đúng - sai, tốt - xấu.
- **Bản chất phản xạ:** Thực chất, tri thức thế gian vẫn chỉ là một dạng **phản xạ có điều kiện cấp cao (tâm lý và xã hội)**. Con người lầm tưởng mình đang tư duy độc lập, nhưng thực ra họ đang phản ứng lại với thế giới thông qua "bộ lọc" tri thức đã được lập trình sẵn trong TLD.
- **Sự thống trị của Vô Minh:** Vì chưa tu tập để thanh lọc tâm thức, luồng nhận biết từ cõi phi thời gian khi đi qua tầng tri thức này bị màng lưới Vô minh và Ngã chấp bóp méo hoàn toàn. Người có tri thức càng cao mà chưa tu tập thì "cái tôi" càng lớn, bộ lọc càng dày, khiến thông tin nhận được bị xiên lệch nghiêm trọng. Họ chỉ biết thế giới qua khái niệm, ngôn từ và định kiến chứ hoàn toàn mù lòa trước bản thể chân thật.

TỪ CÁI BIẾT "NHƯ LÀ" ĐẾN CÁI BIẾT "NHƯ THỊ"
Tiến trình tinh lọc thông tin từ Cõi 4D trở về Cõi Phi Thời Gian (CPT)

Trong hành trình khám phá bản thể của tâm thức, sự nhầm lẫn giữa **Tuệ (Cái biết "Như Là")** và **Huệ Bát Nhã (Cái biết "Như Thị")** là chướng ngại phổ biến của hành giả. Để thấu suốt ranh giới này, chúng ta cần đặt toàn bộ cơ chế vận hành của Ngũ uẩn, các tầng chứng đắc (A-la-hán, Bồ Tát, Phật) lên một hệ quy chiếu tối cao: **Cõi Phi Thời Gian (CPT) và Bản thể Vô Ngã (không chủ thể - không khách thể).**

III. CÁI BIẾT "NHƯ LÀ" (TUỆ) – Sự Khúc Xạ Thông Tin Tại Cõi 4D

Trong cõi vật lý 4D (ba chiều không gian, một chiều thời gian), con người vận hành thông qua các giác quan vật lý và hệ thống ý thức nhị nguyên. Khi một thiền giả thực hành Minh Sát (Vipassana) và khởi lên niệm: *"Tôi biết tôi đang thở ra, tôi biết tôi đang đi"*, cái biết này được gọi là **Tuệ Quán** – tức là cái biết **"Như Là" (Y Tha Sở Tánh)**.

Dù đây là một trạng thái tỉnh thức cao cấp, nó vẫn mang tính chất của một **phản xạ có điều kiện được tinh vi hóa**, vì những lý do sau:

1. **Sự chia chẻ Nhị Nguyên:** Cái biết "Như Là" vẫn ngầm chứa một cấu trúc ẩn: có một **"Chủ thể biết"** (Tôi) đang quan sát một **"Khách thể bị biết"** (Hơi thở, Thân xác). Hành giả biết rõ: "tôi đang thở", "tôi đang đi", "đây là cảm thọ", "đây là một ý niệm". Đó là một sự nhận biết trực tiếp, không còn bị vọng tưởng chi phối như nhận thức thông thường. Tuy nhiên, đối tượng được nhận biết vẫn thuộc thế giới hiện tượng có không gian và thời gian. Nói cách khác, thông tin đã được thời gian hóa và biểu hiện qua miền giao diện giữa TLD và thế giới 4D.

2. **Sự xiên lệch qua màng lọc Vô Minh:** Bản thể đích thực của chúng ta cư ngụ tại Cõi Phi Thời Gian (CPT) – nơi không có cấu trúc xương thịt, không có dòng chảy tuyến tính của thời gian và không có hành động "thở". Khi luồng ánh sáng nhận biết từ CPT chiếu xạ xuống cõi 4D, nó buộc phải "biên dịch" qua bộ não vật lý và cấu trúc tri thức của Mạt-na thức. Dù luồng trực giác có xuất hiện đột xuất khi vắng bóng suy nghĩ, nó ngay lập tức vẫn bị nhuốm màu và méo mó bởi những chủng tử vô minh còn sót lại.

Vì vậy, Tuệ (Cái biết "Như Là") là công cụ tối quan trọng để hành giả nhận diện thực tại ở tầng Tục đế (sự thật tương đối), nhưng bản thân nó chưa phải là thực tại tối hậu.

III. CÁI BIẾT "NHƯ THỊ" (TRÍ HUỆ BÁT NHÃ) – Bản Thể Tuyệt Đối Của CPT (Viên Thành Thật)

Khi tấm màng Vô Minh được gột sạch hoàn toàn, hành giả vượt thoát khỏi dòng thời gian tuyến tính của cõi 4D để nhập thẳng vào **Cõi Phi Thời Gian (CPT)**. Tại đây, Tuệ chuyển hóa thành **Huệ Bát Nhã** – cái biết **"Như Thị" (Tathata - Như Thật)**. Nếu dùng ngôn ngữ của mô hình TLD, đó là trạng thái nhận biết tương ứng với miền thông tin chính trực, nơi chưa xuất hiện thân thể, thời gian hay các hiện tượng vật chất. Vì vậy, trong miền này không

còn có thể nói: "tôi đang thở", bởi bản thân hơi thở và thân xác đều chưa hiện hữu.
Theo cách nhìn này, Tuệ và Bát Nhã không đối lập nhau mà là hai mức độ của cùng một tiến trình. Tuệ giúp hành giả liên tục làm giảm những méo lệch trong nhận thức; khi các sai lệch ấy dần được chuyển hóa, cái biết tiến gần đến trạng thái "như thị", nơi thực tại không còn bị che phủ bởi khái niệm và phân biệt.

Đặc tính tối cao của Cái Biết "Như Thị" bao gồm:

- **Tánh Không và Vô Ngã Tuyệt Đối:** Trục tọa độ Chủ thể - Khách thể hoàn toàn sụp đổ. Không còn một "Ai đó" đang biết cái gì cả. Thực tại tự soi sáng chính nó. Giống như một tấm gương tự phản chiếu khoảng không, không có khoảng cách giữa gương và hình ảnh trong gương.
- **Thông Tin Thuần Khiết:** Tại CPT, không còn sự "chiếu xạ" từ trên xuống dưới, không còn độ trễ của thời gian, cũng không có sự biên dịch của ngôn ngữ hay khái niệm. Tất cả các cõi bờ hòa nhập làm một cấu trúc thông tin thuần khiết, không bị định dạng, vĩnh hằng và bất biến.

IV. BẢN CHẤT CỦA VÔ MINH VÀ SỰ XIÊN LỆCH THÔNG TIN QUA CÁC TẦNG CHỨNG ĐẮC

Dưới góc nhìn của Cõi Phi Thời Gian, **Vô Minh** không phải là một thực thể, mà là **độ xiên lệch (sai số) của dòng thông tin**. Tùy thuộc vào mức độ sạch bóng của vô minh mà cái Biết biểu hiện qua các quả vị Thánh chỉnh chu theo các cấp độ khác nhau:

1. Quả vị A-la-hán: Sai số vi tế ở tầng Tập khí

Bậc A-la-hán đã bẻ gãy hoàn toàn Mạt-na thức (ngã chấp), không còn bị luân hồi chi phối tại cõi 4D vật lý. Tuy nhiên, theo kinh điển Đại Thừa, các Ngài vẫn còn sót lại một chút "Tập khí vô minh" (Vô minh lậu) vi tế.
Dưới hệ quy chiếu CPT, điều này nghĩa là dòng dữ liệu của các Ngài vẫn còn những hạt bụi thông tin cực nhỏ. Dù không tạo ra phiền não, nhưng nó vẫn khiến luồng ánh sáng nhận biết chưa đạt đến độ thuần khiết 100%, vẫn còn một khoảng cách vi tế với Chánh Biến Tri.

2. Các bậc Báo Tác Đại Bồ Tát (Thập Địa): Chu kỳ hiệu chỉnh t_0

Các bậc Đại Bồ Tát từ Bát Địa đến Thập Địa đã an trú sâu sắc vào cõi CPT. Các Ngài không còn những sai lệch thông tin nặng nề để phải tái sinh vào cõi trần thế sửa sai (sai số tầng \(t_2 = 0\)). Tuy nhiên, khoảng cách giữa Thập Địa Bồ Tát và Quả vị Phật vẫn còn một lộ trình dài. Ở tầng không gian này, các Ngài cần một chu kỳ thời gian phi tuyến tính t_1để gạn lọc những "Pháp chấp" vi tế cuối cùng – tức là những độ lệch thông tin siêu nhỏ nhằm đưa sai số về mức tuyệt đối bằng Không.

3. Quả vị Phật: Sai số bằng Không $t_0=t_1=t_2=0$

Khi một hành giả đạt đến Chánh Đẳng Chánh Giác, toàn bộ kho tàng dữ liệu (A-lại-da thức) được chuyển hóa hoàn toàn thành **Đại Viên Cảnh Trí**.

Tại trạng thái này, mọi sự xiên lệch thông tin biến mất hoàn toàn. Phật là cái Biết "Như Thị" trọn vẹn, không biên giới, không chiều kích, nơi mà Cõi Phi Thời Gian và thực tại vạn vật đồng nhất, vắng bóng hoàn toàn mọi ảo tưởng về Ngã và Pháp.

KẾT LUẬN

Hành trình tu tập từ một chúng sinh cõi 4D đến quả vị Phật thực chất là một tiến trình **hiệu chỉnh và làm sạch dòng thông tin tâm linh**.

Hành giả bắt buộc phải dùng cái biết **"Như Là" (Tuệ)** của Minh Sát để làm bệ phóng, nhận diện cấu trúc sai lệch của thực tại cơ giới. Nhưng mục tiêu tối hậu là phải bước qua ranh giới của Tuệ, xóa nhòa nhị nguyên Chủ - Khách, sạch bóng vô minh để an trú vào cái biết **"Như Thị" (Huệ Bát Nhã)** của Cõi Phi Thời Gian. Đó mới là bến bờ của giải thoát đích thực, nơi thực tại tự biết chính mình trong sự im lặng sấm sét của Tánh Không.

www.ingramcontent.com/pod-product-compliance
Lightning Source LLC
LaVergne TN
LVHW100141061126
851857LV00010B/189
9781067921354